工业和信息化人才培养规划教材

Industry And Information Technology Training Planning Materials

Technical And Vocational Education

高职高专计算机系列

计算机网络基础（第2版）

Fundamentals of Computer Networks

龚娟 ◎ 主编

薛志良 肖素华 ◎ 副主编

U0286936

人民邮电出版社

北京

图书在版编目（CIP）数据

计算机网络基础 / 龚娟主编. -- 2版. -- 北京：
人民邮电出版社，2013.3（2017.2重印）
工业和信息化人才培养规划教材. 高职高专计算机系
列
ISBN 978-7-115-30769-9

Ⅰ. ①计… Ⅱ. ①龚… Ⅲ. ①电子计算机－高等职业
教育－教材 Ⅳ. ①TP393

中国版本图书馆CIP数据核字(2013)第011970号

内 容 提 要

根据高职高专教育的培养目标、特点和要求，本书在内容上遵循"宽、新、浅、用"的原则，较全面地
介绍了计算机网络的基础知识和基本技术。全书共分为 11 章，内容包括计算机网络概述、数据通信基础、
计算机网络体系结构、TCP/IP 协议集、局域网技术、网络互连、广域网技术、Internet 基础与应用、常见的
网络故障排除、计算机网络安全技术以及实际技能训练。

本书在结构上采取"问题引入—知识讲解—知识应用"的方式，充分体现了启发式教学和案例教学的思
想，并以提示的方式对重点知识、常见问题和实用技巧等进行补充介绍，从而加深理解，强化应用，提高实
际操作能力。

本书可作为高职高专各专业计算机网络技术基础课程的教材，也可作为计算机网络培训班的培训教材和
计算机网络爱好者的自学参考书。

工业和信息化人才培养规划教材——高职高专计算机系列

计算机网络基础（第 2 版）

◆ 主　编　龚　娟

　　副 主 编　薛志良　肖素华

　　责任编辑　桑　珊

◆ 人民邮电出版社出版发行　　北京市丰台区成寿寺路 11 号
　　邮编　100164　电子邮件　315@ptpress.com.cn
　　网址　http://www.ptpress.com.cn
　　北京昌平百善印刷厂印刷

◆ 开本：787×1092　1/16
　　印张：15.75　　　　　　　　2013 年 3 月第 2 版
　　字数：403 千字　　　　　　2017 年 2 月北京第 10 次印刷

ISBN 978-7-115-30769-9

定价：33.00 元

读者服务热线：(010) 81055256　印装质量热线：(010) 81055316
反盗版热线：(010) 81055315

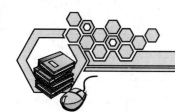

《计算机网络基础》自 2008 年 9 月出版以来，受到了广大高职高专院校师生的欢迎。为此，我们结合近几年的课程教学改革实践和广大读者的反馈意见，在保留原书特色的基础上，对教材进行了全面的修订。此次修订的主要内容如下。

- 对本书第 1 版的部分章节进行了完善，对存在的一些问题加以校正。
- 在第 1 章中增加了计算机网络发展新技术的介绍，使读者对物联网技术、3G 技术等有了初步了解。
- 在第 4 章中增加了 Ipv6 编址技术的介绍，以适应互联网技术的发展。
- 第 10 章杀毒软件使用实例中的案例改为现在较为常用的 360 杀毒软件。
- 对第 11 章中的实训环境进行了更新，并依据新的实训环境，对实训内容和步骤进行了更新。
- 为了方便教学，本书提供了配套习题及答案、多媒体课件、授课计划、期末考试试卷等教学辅助资源。

本书在结构上采取"问题引入—知识讲解—知识应用"的方式，充分体现了启发式教学和案例教学的思想。每一个问题的引入，都经过周密安排，巧妙地引出要讲述的内容。问题的提出不仅可以让学生带着疑问去学习、去思考，让学生的学习从被动变为主动，激发学生的学习兴趣，还可以让教师的授课变得更加轻松、方便，授课会随着具体问题的引入变得更加"有血有肉"，更具吸引力和说服力。书中每个问题都充分联系实际，让学生清楚地知道所学知识可以运用在哪里，可以怎样运用，可以怎么去解决实际问题，从根本上实现学以致用的目的。书中还以提示的方式对重点知识、常见问题、实用技巧等进行补充介绍，达到加深理解、强化应用、提高实际操作能力的目的。

本书条理清晰，难度适中，理论结合实际，讲解深入浅出，通俗易懂，并附有大量的图形、表格、实例和习题。建议采用传统教学方式加多媒体教室或机房现场演示及实物讲解的形式，教师通过图片、动画、实物、实例等引入到要讲授的内容，然后再分析理论知识，最后讲解实例。教学中以课堂教学为主，加强实践环节的训练，通过例题讲解和习题练习，加深学生对基本概念的理解，同时安排足够数量的实践课时，以巩固和加深学生对计算机网络理论、方法和实现技术的理解。本书建议课时为 68～96 课时，教师可根据教学目标、学生基础和实际教学课时等情况对课时进行适当增减，课程结束后，可以增加一个课程设计（28～40 课时）。具体的课时分配可参考课时分配表。

序　号	章　节	名　　称	课　时
1	第 1 章	计算机网络概述	4
2	第 2 章	数据通信基础	10
3	第 3 章	计算机网络体系结构	6
4	第 4 章	TCP/IP 协议集	10
5	第 5 章	局域网技术	10

续表

序　号	章　节	名　　称	课　时
6	第 6 章	网络互连	4
7	第 7 章	广域网技术	8
8	第 8 章	Internet 基础与应用	6
9	第 9 章	常见的网络故障排除	6
10	第 10 章	计算机网络安全技术	4
11	第 11 章	实际技能训练	0～28
合计课时			68～96

　　本书由龚娟任主编，薛志良和肖素华任副主编。薛志良和肖素华对本书的改版提供了许多宝贵的意见与建议。参与本书编写和资料整理的还有湖南铁道职业技术学院的吴献文、谢树新、言海燕。同时感谢湖南铁道职业技术学院各级领导在本书编写过程中给予的帮助与支持。

　　由于编者水平有限，书中难免存在错误和疏漏之处，欢迎广大读者提出宝贵的意见和建议，可发邮件至：juan9615061@163.com。

编　者
2012 年 10 月

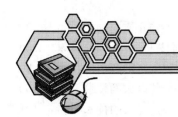

目　录

第1章　计算机网络概述……………1

1.1　计算机网络概述……………1
　　1.1.1　计算机网络的定义……………1
　　1.1.2　计算机网络的功能……………2
　　1.1.3　计算机网络的应用……………3
1.2　计算机网络的产生与发展……………5
　　1.2.1　面向终端的计算机网络……………5
　　1.2.2　计算机—计算机网络……………6
　　1.2.3　开放式标准化的计算机
　　　　　网络……………7
　　1.2.4　互联网……………8
1.3　计算机网络的组成……………8
　　1.3.1　计算机网络的系统组成……………8
　　1.3.2　计算机网络的逻辑结构……………10
1.4　计算机网络的分类……………11
　　1.4.1　按网络覆盖的地理范围
　　　　　分类……………11
　　1.4.2　按传输技术分类……………12
　　1.4.3　按其他的方法分类……………12
1.5　计算机网络发展新技术……………13
　　1.5.1　物联网……………13
　　1.5.2　三网融合……………15
　　1.5.3　3G 技术……………15
练习与思考……………16

第2章　数据通信基础……………19

2.1　数据通信的基本概念……………19
　　2.1.1　信息、数据、信号与
　　　　　信道……………19
　　2.1.2　数据通信系统的基本
　　　　　结构……………20
　　2.1.3　数据通信系统的性能
　　　　　指标……………21

2.2　数据编码与调制技术……………24
　　2.2.1　数据的编码类型……………24
　　2.2.2　数据的调制技术……………24
　　2.2.3　数据的编码技术……………25
2.3　数据传输……………26
　　2.3.1　信道通信的工作方式……………27
　　2.3.2　数据的传输方式……………27
　　2.3.3　同步技术……………28
　　2.3.4　通信网络中节点的连接
　　　　　方式……………28
　　2.3.5　数据传输的基本形式……………29
2.4　数据交换技术……………30
　　2.4.1　电路交换……………31
　　2.4.2　报文交换……………32
　　2.4.3　分组交换……………32
　　2.4.4　高速交换技术……………35
2.5　信道复用技术……………36
　　2.5.1　频分多路复用……………36
　　2.5.2　时分多路复用……………37
　　2.5.3　波分多路复用……………38
　　2.5.4　码分多路复用……………38
2.6　传输介质……………39
　　2.6.1　有线传输介质……………39
　　2.6.2　无线传输介质……………45
2.7　差错控制技术……………46
　　2.7.1　差错的产生……………46
　　2.7.2　差错控制编码……………47
　　2.7.3　差错控制方法……………48
练习与思考……………49

第3章　计算机网络体系结构……………52

3.1　网络体系结构的基本概念……………52
　　3.1.1　网络体系结构的形成……………52
　　3.1.2　网络体系的分层结构……………53

3.1.3　层次结构中的相关概念 … 55
3.2　开放系统互连参考模型 ………… 57
　3.2.1　OSI 参考模型 ………… 57
　3.2.2　OSI/RM 各层的主要
　　　　　功能 ………………… 58
　3.2.3　OSI/RM 数据流向 ……… 61
　3.2.4　对等层之间的通信 …… 61
3.3　TCP/IP 参考模型 …………… 62
　3.3.1　TCP/IP 参考模型的层次
　　　　　划分 ………………… 62
　3.3.2　TCP/IP 参考模型各层的
　　　　　功能 ………………… 63
3.4　OSI 参考模型与 TCP/IP 参考
　　　模型的比较 ………………… 64
练习与思考 ……………………… 65

第 4 章　TCP/IP 协议集 …………… 67
4.1　TCP/IP 协议集 ……………… 67
　4.1.1　TCP/IP 网际层协议 …… 67
　4.1.2　传输层协议 ………… 68
　4.1.3　应用层协议 ………… 70
4.2　IPv4 编址 ……………………… 71
　4.2.1　IPv4 编址 ……………… 71
　4.2.2　子网技术 ………… 75
　4.2.3　可变长子网划分 …… 83
　4.2.4　超网和无类域间路由 … 84
4.3　IPv6 编址 ……………………… 85
　4.3.1　IPv6 特性 …………… 86
　4.3.2　IPv6 地址表示 ……… 87
　4.3.3　IPv4 到 IPv6 的过渡
　　　　　技术 ………………… 88
练习与思考 ……………………… 89

第 5 章　局域网技术 ……………… 91
5.1　局域网概述 ………………… 91
5.2　局域网的模型与标准 ……… 92
　5.2.1　局域网参考模型 …… 92
　5.2.2　IEEE 802 标准 ……… 93
5.3　局域网的关键技术 ………… 94
　5.3.1　拓扑结构 …………… 94
　5.3.2　介质访问控制方法 …… 96

5.3.3　传输介质 ……………… 99
5.4　以太网技术 ………………… 99
　5.4.1　以太网的产生与发展 …… 99
　5.4.2　传统以太网技术 …… 100
　5.4.3　高速以太网技术 …… 101
5.5　局域网连接设备 ………… 102
　5.5.1　网卡 ………………… 102
　5.5.2　中继器 ………………… 103
　5.5.3　集线器 ………………… 104
　5.5.4　交换机 ………………… 105
5.6　虚拟局域网 ……………… 107
　5.6.1　VLAN 的产生 ……… 107
　5.6.2　VLAN 的优点 ……… 108
　5.6.3　VLAN 的划分 ……… 109
　5.6.4　VLAN 之间的通信 … 110
　5.6.5　VLAN 划分实例 …… 111
5.7　无线局域网 ……………… 113
　5.7.1　无线局域网技术 …… 113
　5.7.2　无线局域网标准 …… 114
　5.7.3　蓝牙技术 …………… 115
　5.7.4　无线局域网组建实例 … 117
练习与思考 …………………… 120

第 6 章　网络互连 ………………… 122
6.1　网络互连的基本概念 …… 122
6.2　网络互连的类型与层次 … 123
6.3　网络互连的层次与设备 … 124
　6.3.1　物理层互连设备 …… 125
　6.3.2　数据链路层互连设备 … 125
　6.3.3　网络层互连设备 …… 129
　6.3.4　高层互连设备 ……… 131
6.4　实例 ……………………… 132
练习与思考 …………………… 133

第 7 章　广域网技术 ……………… 135
7.1　广域网概述 ……………… 135
7.2　广域网的接入技术 ……… 136
　7.2.1　ISDN 接入 …………… 136
　7.2.2　xDSL 接入 …………… 138
　7.2.3　DDN 接入 …………… 141

7.2.4 Cable Modem 接入 ……… 142
7.2.5 光纤接入 …………… 143
7.2.6 无线接入 …………… 144
7.3 虚拟专用网络 …………… 147
练习与思考 ………………… 149

第 8 章 Internet 基础与应用 …… 151

8.1 Internet 基础 ……………… 151
8.1.1 Internet 概述 ………… 151
8.1.2 Internet 的管理机构 … 152
8.1.3 Internet 在中国的发展 … 153
8.2 Internet 的应用 …………… 154
8.2.1 域名系统（DNS）… 154
8.2.2 WWW 服务 ………… 157
8.2.3 电子邮件服务 ……… 160
8.2.4 文件传输服务 ……… 162
8.2.5 远程登录服务 ……… 164
8.3 企业内联网（Intranet）… 165
8.3.1 Intranet 的概念 ……… 165
8.3.2 Intranet 的技术特点 … 166
8.3.3 Intranet 网络的组成 … 167
练习与思考 ………………… 168

第 9 章 常见的网络故障排除 …… 172

9.1 网络故障概述 …………… 172
9.1.1 产生网络故障的主要
原因 ………………… 173
9.1.2 常见故障排查过程 … 173
9.2 网络故障检测工具 ……… 175
9.2.1 网络故障检测硬件
工具 ………………… 175
9.2.2 网络故障检测软件
工具 ………………… 175
9.3 实例：常见的网络故障
排除 …………………181
9.3.1 连通性故障 ………… 181
9.3.2 网络协议故障 ……… 183
9.3.3 网络配置故障 ……… 185
练习与思考 ………………… 186

第 10 章 计算机网络安全技术 …… 188

10.1 网络安全概述 …………… 188
10.1.1 网络面临的安全威胁· 189
10.1.2 计算机网络安全的
内容 ………………… 190
10.1.3 网络安全的关键技术· 191
10.2 防火墙技术 ……………… 194
10.2.1 防火墙概述 ………… 194
10.2.2 防火墙系统结构 …… 196
10.3 杀毒软件的应用 ………… 199
10.3.1 杀毒软件介绍 ……… 200
10.3.2 杀毒软件的使用实例· 203
练习与思考 ………………… 211

第 11 章 实际技能训练 …………… 214

11.1 实训 1 网线的制作 …… 214
一、实训目的 …………… 214
二、实训环境 …………… 214
三、实训内容和步骤 …… 214
四、实训思考 …………… 216
11.2 实训 2 对等局域网的组
建与设置 ………… 216
一、实训目的 …………… 216
二、实训环境 …………… 216
三、实训内容和步骤 …… 216
四、实训思考 …………… 218
11.3 实训 3 有中心拓扑结构
的无线局域网的组建 … 219
一、实训目的 …………… 219
二、实训环境 …………… 219
三、实训内容和步骤 …… 219
四、实训思考 …………… 221
11.4 实训 4 交换机与路由器
的初始化配置 …… 221
一、实训目的 …………… 221
二、实训环境 …………… 221
三、实训内容和步骤 …… 222
四、实训思考 …………… 223
11.5 实训 5 VLAN 之间的通信 … 223
一、实训目的 …………… 223
二、实训环境 …………… 223

三、实训内容和步骤 ············· 224
四、实训思考 ·························· 226

11.6 实训 6 Windows Server
2008 中 VPN 的配置 ·········· 226
一、实训目的 ·························· 226
二、实训环境 ·························· 226
三、实训内容和步骤 ············· 226
四、实训思考 ·························· 231

11.7 实训 7 DNS 服务器的
配置与管理 ······················· 231
一、实训目的 ·························· 231
二、实训环境 ·························· 231
三、实训内容和步骤 ············· 231

四、实训思考 ·························· 234

11.8 实训 8 使用 IIS 构建 WWW
服务器和 FTP 服务器 ·········· 234
一、实训目的 ·························· 234
二、实训环境 ·························· 235
三、实训内容和步骤 ············· 235
四、实训思考 ·························· 239

11.9 实训 9 防火墙的配置 ········ 239
一、实训目的 ·························· 239
二、实训环境 ·························· 239
三、实训内容和步骤 ············· 239
四、实训思考 ·························· 244

第1章

计算机网络概述

📖 【学习目标】

随着计算机应用的日趋广泛和深入，网络越来越受到公众的重视。本章讲述计算机网络的基础知识，主要包括计算机网络的定义、组成、功能与应用，以及计算机网络的产生、发展与分类等基本概念。通过本章的学习，读者将会对计算机网络的相关知识有较为详细的了解。

📢 【学习要点】

1. 掌握计算机网络的定义与组成
2. 了解计算机网络的功能与应用
3. 熟悉计算机网络的分类

1.1 计算机网络概述

我们通过网络收发邮件，通过网络下载歌曲，通过网络进行聊天……在我们享受网络带来这些便捷的时候，有没有思考过，究竟什么是网络？这一切是怎么实现的呢？

1.1.1 计算机网络的定义

随着 Internet 技术的飞速发展和信息基础设施的不断完善，计算机网络技术正改变着人们的生活、学习和工作方式，推动着社会文明的进步。那么，究竟什么是计算机网络呢？

计算机网络是指利用通信线路和通信设备，把分布在不同地理位置、具有独立功能的多台计算机系统、终端及其附属设备互相连接，以功能完善的网络软件（网络操作系统和网络通信协议等）实现资源共享和网络通信的计算机系统的集合，它是计算机技术和通信技术相结合的产物。

"具有独立功能的计算机系统"是指入网的每一个计算机系统都有自己的软、硬件系统，都能完全独立地工作，各个计算机系统之间没有控制与被控制的关系，网络中任意一个计算机系统只在需要使用网络服务时才自愿登录上网，真正进入网络工作环境。"通信线路和通信设备"是指通信媒介和相应的通信设备。通信媒介可以是光纤、双绞线、微波等多种形式，一个地域范围较大的网络中可能使用多种媒介。将计算机系统与通信媒介连接，需要使用一些与媒介类型有关的接口设备以及信号转换设备。"网络操作系统和网络通信协议"是指在每个入网的计算机系统的系统软件之上增加的、专门用来实现网络通信、资源管理、实现网络服务的软件。"资源"是指网络中可共享的所有软、硬件，包括程序、数据库、存储设备、打印机等。

由上面的定义可知，带有多个终端的多用户系统、多机系统都不是计算机网络。通信部门的电报、电话系统是通信系统，也不是计算机网络。

如今，我们可以随处接触到各种各样的计算机网络，如企业网、校园网、图书馆的图书检索网、商贸大楼内的计算机收费网，还有提供多种多样接入方式的 Internet 等。

现在有 3 种最主要的网络，即电信网络、有线电视网络和计算机网络。在这 3 种网络中，计算机网络的发展最快，其技术已成为信息时代的核心技术。

1.1.2 计算机网络的功能

计算机网络具有丰富的资源和多种功能，其主要功能是资源共享和数据通信。

1. 资源共享

所谓资源共享就是共享网络上的硬件资源、软件资源和信息资源。

（1）硬件资源

计算机网络的主要功能之一就是共享硬件资源，即连接在网络上的用户可以共享使用网络上各种不同类型的硬件设备。计算机的许多硬件设备是十分昂贵的，不可能为每个用户所独自拥有，例如，可以进行复杂运算的巨型计算机、海量存储器、高速激光打印机、大型绘图仪和一些特殊的外设等。

共享硬件资源的好处是显而易见的。网上一个低性能的计算机，可以通过网络使用不同类型的设备，既解决了部分资源贫乏的问题，同时也有效地利用了现有的资源，充分发挥了资源的潜能，提高了资源的利用率。

（2）软件资源

互联网上有极为丰富的软件资源，可以让大家共享，如网络操作系统、应用软件、工具软件、数据库管理软件等。共享软件允许多个用户同时调用服务器的各种软件资源，并且保持数据的完整性和统一性。用户可以通过使用各种类型的网络应用软件，共享远程服务器上的软件资源；也可以通过一些网络应用程序，将共享软件下载到本机使用，例如，匿名 FTP 就是一种专门提供共享软件的信息服务。

（3）信息资源

信息是一种非常重要和宝贵的资源。互联网就是一个巨大的信息资源宝库，其信息资源涉及各个领域，内容极为丰富。每个接入互联网的用户都可以共享这些信息资源，可以在任何时间以任何形式去搜索、访问、浏览和获取这些信息资源。

2．通信功能

组建计算机网络的主要目的就是使分布在不同地理位置的计算机用户能够相互通信、交流信息和共享资源。在计算机网络中的计算机与计算机之间或计算机与终端之间，可以快速可靠地相互传递各种信息，如数据、程序、文件、图形、图像、声音、视频流等。利用网络的通信功能，人们可以进行各种远程通信，实现各种网络上的应用，如收发电子邮件、视频点播、视频会议、远程教学、远程医疗、在网上发布各种消息、进行各种讨论等。

3．其他功能

计算机网络除了上述功能之外，还有以下功能。

（1）提高系统的可用性

当网络中某台主机负担过重时，通过网络和一些应用程序的管理，可以将任务传送给网络中其他计算机进行处理，以平衡工作负荷，减少延迟，提高效率，充分发挥网络系统上各主机的作用。

（2）提高系统的可靠性

在某些实时控制和要求高可靠性的场合，通过计算机网络实现的备份技术可以提高计算机系统的可靠性。当某一台计算机发生故障时，可以立即由网络中的另一台计算机代替其完成所承担的任务。这种技术在许多领域得到了广泛应用，如铁路、工业控制、空中交通、电力供应等。

（3）实现分布式处理

这是计算机网络追求的目标之一。对于大型任务或当某台计算机的任务负荷太重时，可采用合适的算法将任务分散到网络中的其他计算机上进行处理。

（4）提高性能价格比

提高系统的性能价格比是联网的出发点之一，也是资源共享的结果。

1.1.3　计算机网络的应用

计算机网络可以应用于任何行业和领域，包括政治、经济、军事、科学、文教及日常生活等诸多方面。它为人们的工作、学习和生活提供更大的空间，计算机网络的应用主要分为商业、家庭及个人应用两个方面。

1．商业应用

商业应用主要有以下几个方面。

（1）实现资源共享

现在的企业、机关或校园，一般都有相当数量的计算机，它们通常分布在不同的办公大楼或校区，甚至是不同的城市或国家。通过计算机网络，可以将分布在不同地理区域的计算机连入公司的网络，方便收集各种信息资源，实现各地计算机资源的共享，从而超越地理位置的限制。还可以将各种管理信息发布到各地的机构中，完成信息资源的收集、分析、使用与管理；完成从产品设计、生产、销售到财务的全面管理，从而实现公司的信息化管理。

（2）提高系统的可靠性

网络中的机器可以互相备份，如果有一台机器发生了故障，其他机器仍然能够正常使用，不至于造成系统工作中断，从而提高了系统的可靠性。

（3）节约成本，易于维护

在网络中通过对硬件设备的共享，既可以降低成本，也便于设备的维护。例如，一个办公室有 20 个员工，他们经常需要使用打印机，是为这 20 个员工每人配备 1 台打印机呢，还是通过网络让大家共享 1 台高性能的打印机呢？答案当然是后者，通过共享，不仅可以节约成本，还可以减少维护设备的工作量。

（4）节约时间，提高效率

当今社会，企业间的竞争日益加剧，在众多影响企业竞争的因素中，工作效率是十分重要的。如果我们善于利用网络，可以大大减少处理相同工作所花的时间，从而提高工作效率。例如，我们可以通过电子邮件在几秒钟之内将本月的工作计划与安排快速地发送到每个员工手中；我们可以通过视频会议，将相距甚远的雇员召集起来，一起讨论公司最新的销售方案，这时大家可以相互看得见、听得到，甚至可以在一个虚拟的黑板上一起写写画画，从而节约以前的差旅开销和路途上所花费的时间；我们还可以通过 Internet 进行各种交易，可以在线购买商品或者下订单，这就是电子商务。

2. 家庭及个人应用

家庭与个人应用主要有以下几个方面。

（1）访问远程信息

我们可以通过浏览 Web 网页来获取许多远程信息，如政府、教育、艺术、保健、娱乐、科学、旅游等方面的信息。随着报刊的网络化，我们可以在线阅读报刊，甚至下载自己感兴趣的内容。

（2）通信

21 世纪，个人之间通信将会更多地依靠计算机网络。目前，电子邮件已广泛应用，我们可以通过电子邮件传送文本、图片及语音信息。我们还可以参与互联网中的某个新闻组，阅读我们感兴趣的资料，参与我们感兴趣的问题的讨论。利用计算机网络我们还可以进行即时的语音或视频聊天，可以拨打价格低廉的 IP 电话。

（3）家庭娱乐

家庭娱乐正在对信息服务业产生着巨大的影响，它可以让人们在家里点播电影和电视节目。新的电影可能成为交互式的，观众在看电影时还可以随时参与到电影情节中去。

游戏在家庭娱乐中的应用最为普遍。目前，已经有许多人喜欢上多人实时仿真游戏。借助虚拟的三维、实时、高清晰度的图像，可以共享虚拟现实的很多游戏或进行多种训练。

总之，随着网络技术的发展和各种应用需求的增长，计算机网络的应用范围在不断扩大，许多新的计算机网络应用系统不断涌现出来，如工业自动化、辅助决策、虚拟大学、远程教育、远程医疗、数字图书馆、电子博物馆、情报检索、网上购物、电子商务、视频会议、视频广播与点播等。基于计算机网络的信息服务、通信与家庭网络应用正在促进网络、软件产业、信息产品制造业与信息服务业的高速发展，也正在引起产业结构和从业人员结构的变化，将来会有更多的人进入基于网络的信息服务业。

1.2　计算机网络的产生与发展

> ❓任何一种技术都有其逐步发展的过程。计算机网络技术的发展过程是怎样的呢？从什么时候开始它如此巨大地影响着我们的生活？

1946 年世界上第一台计算机（ENIAC）研制成功。随着计算机应用的迅速普及与发展，人类开始走向信息时代。计算机技术与信息技术在发展中相互渗透，相互结合。计算机网络随着计算机和通信技术的发展而不断发展，其发展速度异常迅猛。从 20 世纪 60 年代开始发展至今，计算机网络已形成从小型的办公室局域网到全球性的大型广域网的规模，对现代人类的生产、生活、经济等各个方面都产生了巨大的影响。在过去的 30 多年里，计算机和计算机网络技术取得了惊人的发展，处理和传输信息的计算机网络形成了信息社会的基础。不论是企业、机关、团体或个人，其工作效率都由于使用这些革命性的工具而有了大幅提高。计算机应用范围的扩大、通信技术的发展和人们对计算机应用需求的增长，共同促进了计算机网络的快速发展，其发展过程大致可划分为以下几个阶段。

1.2.1　面向终端的计算机网络

在 20 世纪 60 年代以前，计算机价格昂贵，数量很少。每次上机，用户都必须要进入计算机机房，在计算机的控制台上进行操作。这种方式不能充分地利用计算机资源，用户使用起来也极不方便。为了实现对计算机的远程操作，提高对计算机这个昂贵资源的利用率，人们将分布在远距离的多个终端通过通信线路与某地的中心计算机相连，以达到使用中心计算机系统主机资源的目的。这种具有通信功能的面向终端的计算机系统，被称为单计算机联机系统，如图 1-1 所示。

在面向终端的计算机通信网络中，已涉及多种通信技术、数据传输设备和数据交换设备等。从计算机技术上来看，这是由单用户独占一个系统发展到分时多用户系统，即多个终端用户分时占用主机上的资源。在面向终端的计算机通信网络中，远程主机既要承担数据处理，又要承担通信工作，因此主机的负荷较重，且效率低。另外，每一个分散的终端都要单独占用一条通信线路，线路利用率低。随着终端用户的增多，系统费用也在增加。因此，为了提高通信线路的利用率并减轻主机的负担，便使用了多点通信线路、集中器以及通信控制处理机。

多点通信线路要在一条通信线路上连接多个终端，如图 1-2 所示，多个终端可以共享同一条通信线路与主机进行通信。由于主机与终端间的通信具有突发性和高带宽的特点，所以各个终端与主机间的通信可以分时地使用同一高速通信线路。相对于每个终端与主机之间都设立专用通信线路的方式，这种多点线路能极大地提高信道的利用率。

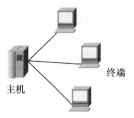

图1-1　单计算机联机系统

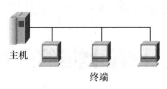

图1-2　多点通信线路

集中器主要负责从终端到主机的数据集中，以及从主机到终端的数据分发，它可以放置于终端相对集中的位置，一端用多条低速线路与各终端相连，用于收集终端的数据，另一端用一条较高速的线路与主机相连，实现高速通信，以提高通信效率。

通信控制处理机（Communication Control Processor，CCP）也称前端处理机（Front End Processor，FEP），其作用是负责数据的收发等通信控制和通信处理工作，让主机专门进行数据处理，以提高数据处理的效率，如图1-3所示。

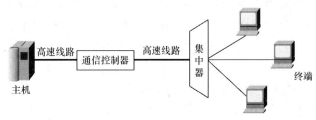

图1-3　通信控制处理机

具有代表性的面向终端的计算机网络是美国在20世纪50年代建立的半自动地面防空系统（SAGE）。该系统共连接了1 000多个远程终端，主要用于远程控制导弹制导。该系统能够将远程雷达设备收集到的数据，由终端输入后经通信线路送到一台中央主计算机，由主机进行计算处理，然后将处理结果再通过通信线路回送给远程终端，并控制导弹的制导。

另一个典型实例是SABRE-1。SABRE-1是20世纪60年代美国建立的航空公司飞机订票系统，该系统由一台主机和连接到美国各地区的2 000多台终端组成，人们可以通过这个系统在远程终端上预订飞机票。

1.2.2　计算机—计算机网络

计算机—计算机网络是在20世纪60年代中期发展起来的一种由多台计算机相互连接在一起的系统。随着计算机硬件价格的不断下降和计算机应用的飞速发展，在一个大的部门或者一个大的公司里已经能够拥有多台主机系统，这些主机系统可能分布在不同的地区，它们之间经常需要交换一些信息，如子公司的主机系统需将其信息汇总后送给总公司的主机系统，供有关人员查阅和审批。这种利用通信线路将多台计算机连接起来的系统，引入了计算机—计算机之间的通信，它是计算机网络的低级形式，这种网络中的计算机彼此独立又相互连接，它们之间没有主从关系，其网络结构有以下两种形式。

第一种形式是通过通信线路将主机直接连接起来，主机既承担数据处理又承担通信工作，如图1-4所示。

第二种形式是把通信任务从主机分离出来，设置通信控制处理机（CCP），主机间的通信通过 CCP 中的中继功能间接进行，如图 1-5 所示。

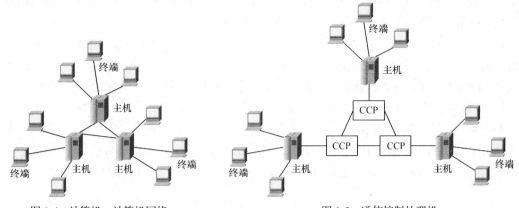

图 1-4　计算机—计算机网络　　　　　　　　图 1-5　通信控制处理机

通信控制处理机负责网上各主机间的通信控制和通信处理，由它们组成了带有通信功能的内层网络，也称为通信子网，是网络的重要组成部分。主机负责数据处理，是计算机网络资源的拥有者，网络中的所有主机构成了网络的资源子网。通信子网为资源子网提供信息传输服务，资源子网上用户间的通信是建立在通信子网的基础上的，没有通信子网，网络就不能工作，没有资源子网，通信子网的传输也失去了意义，两者统一起来组成了资源共享的网络。

美国国防部高级研究计划局研制的 ARPANET 是世界上早期最具有代表性的、以资源共享为目的的计算机通信网络，是第二阶段计算机网络的一个典型范例。最初，该网仅由 4 台计算机连接组成，发展到 1975 年，已有 100 多台不同型号的大型计算机。20 世纪 80 年代，ARPANET 采用了开放式网络互连协议 TCP/IP 以后，发展得更为迅速。到了 1983 年，ARPANET 已拥有 200 台 IMP 和数百台主机，网络覆盖范围也延伸到了夏威夷和欧洲。事实上，ARPANET 就是 Internet 的雏形，也是 Internet 初期的主干网。

1.2.3　开放式标准化的计算机网络

第二代计算机网络，大多是由研究部门、大学或计算机公司自行开发研制的，没有统一的体系结构和标准。如 IBM 公司于 1974 年公布了"系统网络体系结构（SNA）"，DEC 公司于 1975 年公布了"分布式网络体系结构（DNA）"，UNIVAC 公司公布了"数据通信体系结构（DCA）"，Burroughs（宝来）公司公布了"宝来网络体系结构（BNA）"等。各个厂家生产的计算机产品和网络产品无论从技术上还是从结构上都有很大的差异，从而造成不同厂家生产的计算机产品、网络产品很难实现互连。这种局面严重阻碍了计算机网络的发展，给广大用户带来了极大的不便。因此，建立开放式网络，实现网络标准化，已成为历史的必然。

1977 年，国际标准化组织（International Standards Organization，ISO）为适应网络标准化发展的需要，成立了 TC97（计算机与信息处理标准化委员会）下属的 SC16（开放系统互连分技术委员会）。在研究、吸收各计算机制造厂家的网络体系结构标准化经验的基础上，开始着手制定开放系统互连的一系列标准，旨在方便异种计算机互连。该委员会制定了"开放系统互连参考模型"

（OSI/RM），又称为 OSI。作为国际标准，OSI 规定了可以互连的计算机系统之间的通信协议，遵从 OSI 协议的网络通信产品都是所谓的开放系统，符合 OSI 标准的网络也被称为第三代计算机网络。目前，几乎所有的网络产品厂商都在生产符合国际标准的产品。这种统一的、标准化的产品互相争夺市场，给网络技术的发展带来了更大的繁荣。

20 世纪 80 年代，个人计算机（PC）有了极大的发展。这种更适合办公室环境和家庭使用的计算机，对社会生活的各个方面都产生了深刻的影响。在一个单位内部的微型计算机和智能设备的互连网络不同于以往的远程公用数据网，因而局域网技术也得到了相应的发展。1980 年 2 月 IEEE802 局域网标准出台。局域网的发展道路不同于广域网，局域网厂商从一开始就按照标准化、互相兼容的方式展开竞争，他们大多进入了专业化的成熟时期。今天，在一个用户的局域网中，工作站可能是 IBM 的，服务器可能是 HP 的，网卡可能是 Intel 的，集线器可能是 Cisco 的，而网络上运行的软件则可能是 Novell 公司的 NetWare 或是 Microsoft 的 Windows NT/2000。

1.2.4　互联网

随着计算机网络的发展，在全球建立了不计其数的局域网和广域网，为了扩大网络规模以实现更大范围的资源共享，人们又提出了将这些网络互连在一起的迫切需要，国际互联网（Internet）应运而生。到目前止，Internet 的发展已经历了 3 个阶段，正逐渐走向成熟。

① 从 1969 年 Internet 的前身 ARPANET 的诞生到 1983 年，这是研究试验阶段，主要是进行网络技术的研究和试验。

② 从 1983 年到 1994 年是 Internet 的实用阶段，在美国和一部分发达国家的大学和研究部门中得到广泛应用，它是作为用于教学、科研和通信的学术网络。

③ 从 1994 年以后，Internet 开始进入商业化阶段，除了原有的学术网络应用外，政府部门、商业企业以及个人都广泛使用 Internet，全世界绝大部分国家都纷纷接入 Internet，这种迅速发展的进程反映了 Internet 正日益成熟。

根据 2012 年 1 月 16 日中国互连网络信息中心（CNNIC）在北京发布的《第 29 次中国互连网络发展状况统计报告》显示，中国网民规模已突破 5 亿户，达到 5.13 亿户，互联网普及率达到 38.3%。

截至 2012 年 6 月底，中国网民数量达到 5.38 亿户，是 15 年前的 867 倍，互联网普及率为 39.9%，手机首次超越台式计算机成为第一大上网终端。互联网已经成为当今世界推动经济发展和社会进步的重要信息基础设施。

1.3　计算机网络的组成

1.3.1　计算机网络的系统组成

根据网络的定义，一个典型的计算机网络主要由计算机系统、数据通信系统、网络软件及协议三大部分组成。计算机系统是网络的基本模块，为网络内的其他计算机提供共享资源；数据通信系统是连接网络基本模块的桥梁，它提供各种连接技术和信息交换技术；网络软件是网络的组织者和管理者，在网络协议的支持下，为网络用户提供各种服务。

1．计算机系统

计算机系统主要完成数据信息的收集、存储、处理和输出，提供各种网络资源。计算机系统根据在网络中的用途可分为两类：主计算机和终端。

（1）主计算机

主计算机（Host）负责数据处理和网络控制，是构成网络的主要资源。主计算机又称主机，主要由大型机、中小型机和高档微机组成，网络软件和网络的应用服务程序主要安装在主机中。在局域网中，主机称为服务器（Server）。

（2）终端

终端（Terminal）是网络中数量大、分布广的设备，是用户进行网络操作、实现人—机对话的工具。一台典型的终端看起来很像一台 PC，有显示器、键盘和一个串行接口。与 PC 不同的是终端没有 CPU 和主存储器。在局域网中，以 PC 代替了终端，既能作为终端使用又可作为独立的计算机使用，被称为工作站（Workstation）。

2．数据通信系统

数据通信系统主要由通信控制处理机、传输介质和网络互连设备组成。

（1）通信控制处理机

通信控制处理机（CCP）又称通信控制器或前端处理机，是计算机网络中完成通信控制的专用计算机，一般由小型机或微机充当，或者是带有 CPU 的专用设备。通信控制处理机主要负责主机与网络的信息传输控制，它的主要功能是线路传输控制、差错检测与恢复、代码转换以及数据帧的装配与拆装等。这些工作对网络用户是完全透明的。它使得计算机系统不再关心通信问题，而集中进行数据处理工作。

在广域网中，常采用专门的计算机充当通信处理机。在局域网中，由于通信控制功能比较简单，所以没有专门的通信处理机，而采用网络适配器也称网卡，插在计算机的扩展槽中，完成通信控制功能。在以交互式应用为主的微机局域网中，一般不需要配备通信控制处理机，但需要安装网络适配器，用来担任通信部分的功能。

（2）传输介质

传输介质是传输数据信号的物理通道，通过它将网络中各种设备连接起来。根据网络使用的传输介质，可以把计算机网络分为有线网络和无线网络。有线网络包括以双绞线为传输介质的双绞线网、以光缆为传输介质的光纤网、以同轴电缆为传输介质的同轴电缆网等；无线网络包括以无线电波为传输介质的无线网和通过卫星进行数据通信的卫星数据通信网等。

（3）网络互连设备

网络互连设备用来实现网络中各计算机之间的连接、网与网之间的互连、数据信号的变换以及路由选择等功能，主要包括中继器（Repeater）、集线器（Hub）、调制解调器（Modem）、网桥（Bridge）、路由器（Router）、网关（Gateway）和交换机（Switch）等。

3．网络软件和网络协议

软件一方面授权用户对网络资源的访问，帮助用户方便、安全地使用网络，另一方面管理和调度网络资源，提供网络通信和用户所需的各种网络服务。网络软件一般包括网络操作系统、网络协议、网络管理和网络应用软件等。

（1）网络操作系统

任何一个网络在完成了硬件连接之后，需要继续安装网络操作系统（NOS）软件，才能形成一个可以运行的网络系统。网络操作系统是网络系统管理和通信控制软件的集合，它负责整个网络软、硬件资源的管理，网络通信和任务的调度，并提供用户与网络之间的接口。其主要功能如下。

① 管理网络用户，控制用户对网络的访问。

② 提供多种网络服务，或对多种网络应用提供支持。

③ 提供网络通信服务，支持网络协议。

④ 进行系统管理，建立和控制网络服务进程，监控网络活动。

目前，计算机网络操作系统有 UNIX、Windows NT、Windows Server 2008、Netware 和 Linux 等。

（2）网络协议

网络协议是实现计算机之间、网络之间相互识别并正确进行通信的一组标准和规则，它是计算机网络工作的基础。

在 Internet 上传送的每个消息至少通过三层协议：网络协议（Network Protocol），它负责将消息从一个地方传送到另一个地方；传输协议（Transport Protocol），它管理被传送内容的完整性；应用程序协议（Application Protocol），作为对通过网络应用程序发出的一个请求的应答，将传输转换成人类能识别的东西。

网络协议主要由语法、语义和同步三部分组成：语法指数据与控制信息的结构或格式；语义指需要发出何种控制信息，完成何种动作，以及做出何种应答；同步指事件实现顺序的详细说明。

（3）网络管理和网络应用软件

任何一个网络中都需要多种网络管理和网络应用软件。网络管理软件是用来对网络资源进行管理以及对网络进行维护的软件，而网络应用软件为用户提供丰富简便的应用服务，是网络用户在网络上解决实际问题的软件。

1.3.2　计算机网络的逻辑结构

计算机网络要完成数据处理和数据通信两大功能，因此它在结构上也必然分成两个组成部分：负责数据处理的计算机与终端；负责数据通信的通信控制处理机（CCP）与通信线路。从计算机网络系统组成的角度来看，典型的计算机网络从逻辑功能上可以分为资源子网和通信子网两部分，如图 1-6 所示。在图 1-6 中，曲线内的部分是通信子网，其余部分是资源子网。

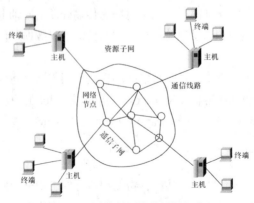

图 1-6　计算机网络的逻辑组成

1. 资源子网

资源子网提供访问网络、数据处理和分配共享资源的功能，为用户提供访问网络的操作平台和共享资源与信息。资源子网由计算机系统、存储系统、终端服务器、终端或其他数据终端设备组成，由此构成整个网络的外层。

2. 通信子网

通信子网提供网络的通信功能，专门负责计算机之间的通信控制与处理，为资源子网提供信息传输服务。通信子网由通信处理机（CCP）或通信控制器、通信线路和通信设备等组成。

1.4　计算机网络的分类

根据不同的分类标准，可对计算机网络做出不同的分类。本节将介绍计算机网络的分类，采用的分类方法如下。

- 按网络覆盖的地理范围分类。
- 按传输技术分类。
- 按局域网的标准协议分类。
- 按使用的传输介质分类。
- 按网络的拓扑结构分类。
- 按所使用的网络操作系统分类。

1.4.1　按网络覆盖的地理范围分类

按照网络覆盖的地理范围分类，可以将计算机网络分为局域网、城域网、广域网三种。

1. 局域网

局域网（Local Area Network，LAN）是一种在小范围内实现的计算机网络，一般指在一个建筑物内或一个工厂、一个单位内部。局域网覆盖的范围一般在几十米到几十千米以内，网络传输速率高，从 10～100Mbit/s，甚至可以达到 10Gbit/s。局域网的结构简单，常用的拓扑结构有总线型、星型和环型等。通过局域网各种计算机可以共享资源，如打印机或数据库等。局域网通常归属于一个单一的组织管理。

2. 城域网

城域网（Metropolitan Area Network，MAN）规模局限于一个城市的范围内，覆盖的地理范围可从几十千米到上百千米，是一种中等形式的网络。城域网的设计目标是要满足几十千米范围内的大量企业、机关、公司等多个局域网互连的需求，以实现用户之间的数据、语音、图形与视频等多种信息的传输功能。目前城域网的发展越来越接近局域网，通常采用局域网和广域网技术构成宽带城域网。

3. 广域网

广域网（Wide Area Network，WAN）覆盖的地理范围从数百千米至数千千米，甚至上万千米，可以是一个地区或一个国家，甚至世界几大洲，故又称远程网。广域网一般由中间设备（路由器）和通信线路组成，其通信线路大多借助于一些公用通信网，如 PSTN、DDN、ISDN 等。广域网信道传输速率较低，结构比较复杂，使用的主要是存储转发技术。广域网的作用是实现远距离计算机之间的数据传输和资源共享。

1.4.2　按传输技术分类

1. 广播式网络

在广播式网络（Broadcast Network）中，仅有一条通信信道，网络上的所有计算机都共享这一条公共通信信道。当一台计算机在信道上发送分组或数据包（分组和数据包实质上就是一种短的消息，按照特定的数据结构组织而成）时，网络中的每台计算机都会接收到这个分组，并且将自己的地址与分组中的目的地址进行比较，如果相同，则处理该分组，否则将它丢弃。

在广播式网络中，若某个分组发出以后，网络上的每一台计算机都接收并处理它，则称这种方式为广播（Broadcasting）；若分组是发送给网络中的某些计算机，则被称为多点播送或组播（Multicasting）；若分组只发送给网络中的某一台计算机，则称为单播。

2. 点到点网络

与广播式网络相反，在点到点（Point to Point）网络中，每条物理线路连接两台计算机。假如两台计算机之间没有直接连接的线路，那么它们之间的分组传输就要通过一个或多个中间节点的接收、存储、转发，才能将分组从信源发送到目的地。由于连接多台计算机之间的线路结构可能更复杂，因此从源节点到目的节点可能存在多条路由。决定分组从通信子网的源节点到达目的节点的路由需要由路由选择算法实现，因此，在点到点的网络中如何选择最佳路径显得特别重要。采用分组存储转发与路由选择机制是点到点网络与广播式网络的重要区别。

1.4.3　按其他的方法分类

1. 按局域网的标准协议分类

根据网络所使用的局域网标准协议分类，可以把计算机网络分为以太网（IEEE 802.3）、快速以太网（IEEE 802.3u）和千兆以太网（IEEE 802.3z 和 IEEE 802.3ab）以及万兆以太网（IEEE 802.3ae）和令牌环网（IEEE 802.5）等。

2. 按使用的传输介质分类

传输介质是指数据传输系统中发送装置和接收装置间的物理媒体，按其物理形态可以划分为有线和无线两大类。传输介质采用有线介质连接的网络称为有线网，常用的有线传输介质有双绞线、同轴电缆和光导纤维。

无线局域网使用的是无线传输介质，常用的无线传输介质有无线电、微波、红外线、激光等。

3．按网络的拓扑结构分类

计算机网络的物理连接形式叫做网络的物理拓扑结构。连接在网络上的计算机、大容量的外存、高速打印机等设备均可看做网络上的一个节点，也称为工作站。计算机网络中常用的拓扑结构有总线型、星型、环型、混合型等。

4．按所使用的网络操作系统分类

根据网络所使用的操作系统分类，我们可以把网络分为 Netware 网、UNIX 网、Windows NT 网、3+网等。

1.5 计算机网络发展新技术

1.5.1 物联网

1．物联网的提出

物联网概念最早出现于比尔·盖茨 1995 年出版的《未来之路》一书。该书提出了"物—物"相连的物联网雏形，只是当时受限于无线网络、硬件及传感器设备的发展，并未引起世人的重视。

1998 年，美国麻省理工学院（MIT）创造性地提出了当时被称为 EPC（Electronic Product Code）系统的"物联网"构想。1999 年，美国 Auto-ID 首先提出"物联网"的概念，主要是建立在物品编码、射频识别（Radio Frequency Identification, RFID）技术和互联网的基础上。这时对物联网的定义很简单，主要是指把所有物品通过射频识别等信息传感设备与互联网连接起来，实现智能化识别和管理。也就是说，物联网是指各类传感器和现有的互联网相互衔接的一种技术。

2005 年，国际电信联盟（ITU）在《ITU 互联网报告 2005：物联网》中，正式提出了"物联网"的概念。该报告指出，无所不在的"物联网"通信时代即将来临，世界上所有的物体从轮胎到牙刷、从房屋到纸巾都可以通过互联网主动进行交换。射频识别技术、传感器技术、纳米技术、智能嵌入技术将得到更加广泛的应用。

2008 年 3 月在苏黎世举行了全球首个国际物联网会议"物联网 2008"，探讨了"物联网"的新理念和技术，以及如何推进"物联网"发展。2009 年，中国政府对物联网产业的关注和支持力度已提升到国家战略层面。2009 年 9 月 11 日，"传感器网络标准工作组成立大会暨感知中国高峰论坛"在北京举行，会议提出了传感网发展的一些相关政策。2009 年 11 月 12 日，中国移动与无锡市人民政府签署"共同推进 TD-SCDMA 与物联网融合"战略合作协议，中国移动将在无锡成立中国移动物联网研究院，重点开展 TD-SCDMA 与物联网融合的技术研究与应用开发。

2010 年初，我国正式成立了传感（物联）网技术产业联盟。同时，中华人民共和国工业和信息化部也宣布牵头成立一个全国推进物联网的部际领导协调小组，以加快物联网产业化进程。2010 年 3 月 2 日，上海物联网中心正式揭牌。

2．物联网的概念

物联网（Internet of Things）的概念是在 1999 年提出的，目前，物联网的精确定义并未统一。关于物联网（IoT）的比较准确的定义是：物联网是通过各种信息传感设备及系统（传感器、射频识别系统、红外感应器、激光扫描器等）、条码与二维码、全球定位系统，按约定的通信协议，将物与物、人与物、人与人连接起来，通过各种接入网、互联网进行信息交换，以实现智能化识别、定位、跟踪、监控和管理的一种信息网络。这个定义的核心是，物联网的主要特征是每一个物件都可以寻址，每一个物件都可以控制，每一个物件都可以通信。

3．物联网的特点

和传统的互联网相比，物联网有着鲜明的特征。首先，它是各种感知技术的广泛应用。物联网上部署了海量的多种类型传感器，每个传感器都是一个信息源，不同类别的传感器所捕获的信息内容和信息格式不同。传感器获得的数据具有实时性，按一定的频率周期性采集环境信息，不断更新数据。其次，它是一种建立在互联网上的泛在网络。物联网技术的重要基础和核心仍旧是互联网，通过各种有线和无线网络与互联网融合，将物体的信息实时准确地传递出去。在物联网上传感器定时采集的信息需要通过网络传输，由于其数量极其庞大，形成了海量信息，在传输过程中，为了保障数据的正确性和及时性，必须适应各种异构网络和协议。最后，物联网不仅仅提供了传感器的连接，其本身也具有智能处理的能力，能够对物体实施智能控制。物联网将传感器和智能处理相结合，利用云计算、模式识别等各种智能技术，扩充其应用领域，从传感器获得的海量信息中分析、加工和处理出有意义的数据，以适应不同用户的不同需求，发现新的应用领域和应用模式。

物联网中的"物"要满足以下条件才能够被纳入"物联网"的范围：①要有数据传输通路；②要有一定的存储功能；③要有 CPU；④要有操作系统；⑤要有专门的应用程序；⑥遵循物联网的通信协议；⑦在世界网络中有可被识别的唯一编号。

4．物联网分类

物联网可分为私有物联网（Private IoT）、公有物联网（Public IoT）、社区物联网（Community IoT）和混合物联网（Hybrid IoT）4 种。私有物联网一般面向单一机构内部提供服务，公有物联网基于互联网（Internet）向公众或大型用户群体提供服务，社区物联网向一个关联的"社区"或机构群体（如一个城市政府下属的各委办局：如公安局、交通局、环保局、城管局等）提供服务，混合物联网是上述两种或以上物联网的组合，但后台有统一运维实体。

5．物联网的主要应用领域

物联网的应用领域非常广阔，从日常的家庭个人应用，到工业自动化应用，以至军事反恐、城建交通。当物联网与互联网、移动通信网相连时，可随时随地全方位"感知"对方，人们的生活方式将从"感觉"跨入"感知"，从"感知"到"控制"。目前，物联网已经在智能交通、智能安防、智能物流、公共安全等领域初步得到实际应用。2010 年上海"世博会"的门票系统就是一个小型物联网的应用，该系统采用 RFID 技术，每张门票内都含有一块芯片，通过采用特定的密码算法技术，确保数据在传输过程中的安全性，外界无法对数据进行任何篡改或窃取。"世博会"

门票的内部包含电路和芯片，记录着参观者资料，并能以无线方式与遍布园区的传感器交换信息。通过这张门票，计算机系统能了解"观众是谁"、"现在在哪"、"同伴在哪"。观众进入园区，手机上就能收到一份游览路线建议图；随着参观的进行，观众随时能知道最近的公交站、餐饮点的位置。相应地，组织者也能了解各场馆的观众分布，既能及时向观众发出下一步的参观建议，防止场馆间冷热不均；又能有效调动车辆，提高交通效率。

物联网比较典型的应用有：水电行业无线远程自动抄表系统、数字城市系统、智能交通系统、危险源和家居监控系统、产品质量监管系统等。

1.5.2　三网融合

三网融合又叫"三网合一"，是指电信网、广播电视网、互联网在向宽带通信网、数字电视网、下一代互联网演变过程中，相互渗透、互相兼容，并逐步整合成为全世界统一的信息通信网络。

三网融合并不意味着三大网络的物理合一，而主要是指高层业务应用的融合。三大网络通过技术改造，使其技术功能趋于一致，业务范围趋于相同，网络互连互通、资源共享，为用户提供语音、数据和广播电视等多种服务。

三网融合可以将信息服务由单一业务转向文字、话音、数据、图像、视频等多媒体综合业务，有利于极大地减少基础建设投入，并简化网络管理，降低维护成本，使网络从各自独立的专业网络向综合性网络转变，网络性能得以提升，资源利用水平进一步提高。三网融合是业务的整合，它不仅继承了原有的话音、数据和视频业务，而且通过网络的整合，衍生出了更加丰富的增值业务类型，如图文电视、VoIP、视频邮件和网络游戏等，极大地拓展了业务提供的范围。三网融合还将打破电信运营商和广电运营商在视频传输领域长期的恶性竞争状态，对用户来说，看电视、上网、打电话的资费可能打包下调。

2010 年至 2012 年为三网融合的试点阶段，重点开展广电和电信业务，双向进入试点，探索形成保障三网融合规范有序开展的政策体系和体制机制。2013 年至 2015 年为三网融合推广阶段，总结推广试点经验，全面实现三网融合发展，普及应用融合业务，基本形成适度竞争的网络产业格局，基本建立适应三网融合的体制机制和职责清晰、协调顺畅、决策科学、管理高效的新型监管体系。

1.5.3　3G 技术

3G 技术是指第三代移动通信技术（Third Generation），它的理论研究、技术开发和标准制定工作始于 20 世纪 80 年代中期，在此之前，移动通信技术经历了两个阶段。

第一阶段是模拟蜂窝移动通信网，典型代表有美国的 AMP 高级移动电话系统和后来的改进型系统 TACS 以及瑞典的 NMT、日本的 NTT 等。第一代移动通信系统采用频分复用语音信号为模拟调制，其主要弊端有频谱利用率低、业务种类有限、无高速数据业务、保密性差、易被窃听和盗号、设备成本高、体积大、重量大等。

第二阶段是数字蜂窝移动通信系统，典型代表有美国的 DAMPS　Digital AMPS 系统、IS-95

和欧洲的 GSM 系统。由于第二代移动通信以传输语音和低速数据业务为目的，从 1996 年开始为了解决中速数据传输问题，又出现了 2.5 代的移动通信系统，如 GPRS 和 IS-95B。第二代移动通信主要提供的服务仍然是语音服务以及低速率数据服务。

由于网络的发展，数据和多媒体通信的发展势头很快，因此第三代移动通信的目标就是宽带多媒体通信。第三代移动通信系统是一种能提供多种类型、高质量的多媒体业务，能实现全球无缝覆盖，具有全球漫游能力与固定网络相兼容并以小型便携式终端在任何时候、任何地点进行任何种类的通信系统。虽然现在应用最广泛的仍是第二代移动通信系统，但第三代移动通信技术 3G 也已经逐渐开始规模商用。

国际上目前最具代表性的第三代移动通信技术标准有 3 种，它们分别是 CDMA2000，WCDMA 和 TD-SCDMA。相对于第二代移动通信 GSM 系统，CDMA 系统的信道容量是 GSM 系统的 4 倍左右；采用高质量的语音编码，比 GSM 拥有更好的通话质量；采用扩频调制，拥有很高的保密性；采用有效的功率控制方法，使手机发射功率控制在较低的水平；采用软切换技术；不容易断线。由于其技术的优越性，CDMA 已成为第三代移动通信系统采用的主要技术之一。

练习与思考

一、名词解释（请在每个术语前的下画线上标出正确定义的序号）

_____ 1. 计算机网络　　　　　　　_____ 2. 局域网

_____ 3. 城域网　　　　　　　　　_____ 4. 广域网

_____ 5. 通信子网　　　　　　　　_____ 6. 资源子网

A. 用于有限地理范围（如一幢大楼），将各种计算机、外设互连起来的计算机网络。

B. 由各种通信控制处理机、通信线路与其他通信设备组成，负责全网的通信处理任务。

C. 覆盖范围从几十千米到几千千米，可以将一个地区、一个国家或横跨几个洲的网络互连起来。

D. 可以满足几十千米范围内的大量企业、机关、公司的多个局域网互连的需要，并能实现用户与数据、语音、图像等多种信息传输的网络。

E. 由各种主机、终端、连网外设、软件与信息资源组成，负责全网的数据处理业务，并向网络用户提供各种网络资源与网络服务。

F. 把分布在不同地理区域的计算机与专门的外部设备用通信线路互连成一个规模大、功能强的网络系统，从而使众多的计算机可以方便地互相传递信息，共享硬件、软件、数据信息等资源。

二、填空题

1. 在计算机网络的定义中，一个计算机网络包含多台具有_____功能的计算机；把众多计算机有机连接起来要遵循规定的约定和规则，即_____；计算机网络的最基本特征是_____。

2. 计算机网络系统的逻辑结构包括_____和 _____两部分。

3. 计算机网络按网络覆盖范围分为_____、_____和_____ 3 种。

4. 计算机网络的系统组成包括_____、_____和_____ 3 部分。

5. 常见的计算机网络拓扑结构有：_____、_____、_____、

_____和_____。

6. 常用的传输介质有两类：有线和无线。有线介质有_____、_____和

_____。

7. 网络按覆盖的范围可分为广域网、_____和_____。

三、单项选择题

1. 世界上第一个计算机网络是（   ）。

    A. ARPANET   B. ChinaNet   C. Internet   D. CERNET

2. 计算机互联的主要目的是（   ）。

    A. 制定网络协议

    B. 将计算机技术与通信技术相结合

    C. 集中计算

    D. 资源共享

3. 下列说法中正确的是（   ）。

    A. 网络中的计算机资源主要指服务器、路由器、通信线路与用户计算机

    B. 网络中的计算机资源主要指计算机操作系统、数据库与应用软件

    C. 网络中的计算机资源主要指计算机硬件、软件、数据

    D. 网络中的计算机资源主要指 Web 服务器、数据库服务器与文件服务器

4. 组建计算机网络的目的是实现连网计算机系统的（   ）。

    A. 硬件共享   B. 软件共享   C. 数据共享   D. 资源共享

5. 一座大楼内的一个计算机网络系统，属于（   ）。

    A. PAN   B. LAN   C. MAN   D. WAN

6. 计算机网络中可以共享的资源包括（   ）。

    A. 硬件、软件、数据、通信信道

    B. 主机、外设、软件、通信信道

    C. 硬件、程序、数据、通信信道

    D. 主机、程序、数据、通信信道

7. 早期的计算机网络是由（   ）组成系统。

    A. 计算机—通信线路—计算机

    B. PC—通信线路—PC

    C. 终端—通信线路—终端

    D. 计算机—通信线路—终端

8. 在计算机网络中处理通信控制功能的计算机是（   ）。

    A. 通信线路   B. 终端

    C. 主计算机   D. 通信控制处理机

9. 在计算机和远程终端相连时必须有一个接口设备，其作用是进行串行和并行传输的转换，

    以及进行简单的传输差错控制，该设备是（   ）。

    A. 调制解调器   B. 线路控制器

    C. 多重线路控制器   D. 通信控制器

10. 在计算机网络发展过程中，（   ）对计算机网络的形成与发展影响最大。

A. ARPANET   B. OCTOPUS
C. DATAPAC   D. NOVELL

11. 下面不是局域网特征的是（   ）。

    A. 分布在一个宽广的地理范围之内
    B. 提供给用户一个高宽带的访问环境
    C. 连接物理上相近的设备
    D. 传输速率高

12. 下面不属于"三网融合"的是（   ）。

    A. 电信网   B. 互联网   C. 广播电视网   D. 物联网

四、问答题

1. 什么是计算机网络？

2. 什么是网络拓扑结构？计算机网络有哪些拓扑结构，各有什么优缺点？

3. 计算机网络的发展经过了哪几个阶段？

4. 计算机网络的主要功能是什么？

5. 什么是通信子网和资源子网？它们各有什么特点？

6. 计算机网络可以应用在哪些领域？请举例说明。

7. 查阅资料，说说物联网的典型应用。

第2章

数据通信基础

📖 【学习目标】

数据通信技术是计算机网络的技术基础，本章主要讲述与数据通信有关的基础知识，其中包括数据通信的基本概念、数据通信的方式、传输介质、数据编码、数据交换、信道复用和差错控制技术等。

📢 【学习要点】

1. 理解数据通信的基本概念
2. 了解数据编码技术
3. 掌握数据通信方式
4. 掌握数据交换技术
5. 熟悉信道复用技术
6. 了解传输介质
7. 掌握差错控制技术

2.1 数据通信的基本概念

❓ 国家广播电影电视总局 2004 年 11 月宣布，到 2015 年将停止模拟电视播出，实现数字广播电视有线、卫星和无线的全国覆盖。那么究竟什么是模拟电视，什么是数字电视？它们有什么区别？

2.1.1 信息、数据、信号与信道

数据通信是指通过通信系统将数据以某种信号的方式从一处安全、可靠地传输到另

一处，包括数据的传输及传输前后的处理。其中信息、数据与信号等是数据通信系统中最基本的概念，必须了解其中的区别和联系。

1. 信息

信息（Information）是对客观事物特征和运动状态的描述，其形式可以有数字、文字、声音、图形、图像等。

2. 数据

数据（Data）是传递信息的实体。通信的目的是传送信息，传送之前必须先将信息用数据表示出来。

数据可分为两种：模拟数据和数字数据。用于描述连续变化量的数据称为模拟数据，如声音、温度等；用于描述不连续变化量（离散值）的数据称为数字数据，如文本信息、整数等。

3. 信号

信号（Signal）是数据在传输过程中的电磁波表示形式。

信号可以分为模拟信号和数字信号两种。模拟信号是一种连续变化的信号，其波形可以表示成为一种连续性的正弦波，如图 2-1（a）所示；数字信号是一种离散信号，最常见也是最简单的数字信号是二进制信号，用数字"1"和数字"0"表示，其波形是一种不连续方波，如图 2-1（b）所示。

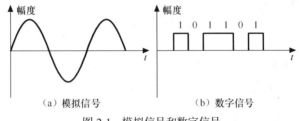

图 2-1　模拟信号和数字信号

4. 信道

信道是传输信号的通道，由传输介质及相应的附属信号设备组成。

信道可分为逻辑信道和物理信道。一条线路可以是一条信道（一般称为物理信道），但这条线路上可以有多条逻辑信道，如一条光纤可以供上千人通话，就有上千个逻辑信道。通常所讲的信道都是指逻辑信道。根据信道传输的信号不同，将其分为模拟信道和数字信道。

5. 带宽

数据信号传送时信号的能量或功率的主要部分集中的频率范围称为信号带宽。若通信线路不失真地传送 2MHz 或 10MHz 的信号，则该通信线路的带宽为 2MHz 或 10MHz。信道上能够传送信号的最大频率范围称为信道的带宽，信道带宽大于信号带宽。

2.1.2　数据通信系统的基本结构

通信的目的是传送信息。为了使信息在信道中传送，首先应将信息表示成模拟数据或数字数据，然后将模拟数据转换成相应的模拟信号或将数字数据转换成相应的数字信号进行传输。

以模拟信号进行通信的方式叫做模拟通信，实现模拟通信的通信系统称为模拟通信系统；用数字信号作为载体来传输信息或用数字信号对载波进行数字调制后再传输的通信方式叫做数字通信，实现数字通信的通信系统称为数字通信系统。

1. 模拟通信系统

传统的电话、广播、电视等系统都属于模拟通信系统，模拟通信系统的模型如图 2-2 所示。

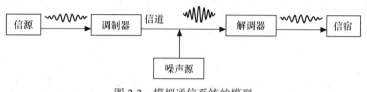

图 2-2　模拟通信系统的模型

　　信源是指在数据通信过程中，产生和发送信息的数据终端设备；信宿是指在数据通信过程中，接收和处理信息的数据终端设备。

模拟通信系统通常由信源、调制器、信道、解调器、信宿以及噪声源组成。信源所产生的原始模拟信号一般都要经过调制后再通过信道传输。到达信宿后，再通过解调器将信号解调出来。

在理想状态下，数据从信源发出到信宿接收，不会出现问题。但实际的情况并非如此。对于实际的数据通信系统，由于信道中存在噪声，传送到信道上的信号在到达信宿之前可能会受到干扰而出错。因此，为了保证在信源和信宿之间能够实现正确的信息传输与交换，还要使用差错检测和控制技术。

2. 数字通信系统

计算机通信、数字电话以及数字电视系统都属于数字通信系统。数字通信系统的模型如图 2-3 所示。

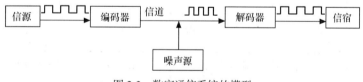

图 2-3　数字通信系统的模型

数字通信系统通常由信源、编码器、信道、解码器、信宿以及噪声源组成，发送端和接收端之间还有时钟同步系统。时钟同步是数字通信系统一个不可缺的部分，为了保证接收端正确地接收数据，发送端与接收端必须有各自的发送时钟和接收时钟，接收端的接收时钟必须与发送端的发送时钟保持同步。

2.1.3　数据通信系统的性能指标

通信的任务是快速、准确地传递信息。因此，从研究信息传输的角度来说，有效性和可靠性是评价数据通信系统优劣的主要性能指标。有效性是指通信系统传输信息的"速率"问题，即快慢问题；可靠性是指通信系统传输信息的"质量"问题，即好坏问题。

通信系统的有效性和可靠性，是一对矛盾。一般情况下，要提高系统的有效性，就得降低可靠性，反之亦然。在实际中，常常依据实际系统的要求采取相对统一的办法，即在满足一定可靠性指标下，尽量提高信息的传输速率，即有效性；或者在维持一定有效性的条件下，尽可能提高系统的可靠性。

对于模拟通信系统来说，系统的有效性和可靠性可用信道带宽和输出信噪比（或均方误差）来衡量；对于数字通信系统而言，系统的有效性和可靠性可用数据传输速率和误码率来衡量。

1. 有效性指标的具体表述

（1）数据传输速率

数字通信系统的有效性可用数据传输速率来衡量，数据传输速率越高，系统的有效性越好。通常可从码元速率和信息速率两个不同的角度来定义数据传输速率。

① 码元速率。

码元速率又称波特率或调制速率，是每秒传送的码元数，单位为波特（Bd），常用符号 B 来表示。由于数字信号是用离散值表示的，因此，每一个离散值就是一个码元，如图 2-4 所示。其定义为

$$B = 1/T(\text{Bd})$$

其中，T 为一个数字脉冲信号的宽度。

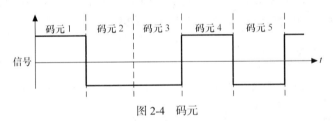

图 2-4　码元

实例 2-1　某系统在 2s 内共传送 4 800 个码元，请计算该系统的码元速率。

根据公式可知，4 800 个码元/2s=2 400（Bd）

提示

数字信号一般有二进制与多进制之分，但码元速率与信号的进制数无关，只与码元宽度 T 有关。

② 信息速率。

信息速率又称为比特率，它反映出一个数字通信系统每秒实际传送的信息量，单位为位/秒（bit/s）。其定义为

$$S = 1/T \times \log_2 M(\text{bit/s}) \text{ 或 } S = B \times \log_2 M(\text{bit/s})$$

其中，T 为一个数字脉冲信号的宽度；M 表示采用 M 级电平传送信号；$\log_2 M$ 表示一个码元所取的离散值个数，即一个脉冲所表示的有效状态。因为信息量与信号进制数 M 有关，因此，信息速率 S 也与 M 有关。

对于一个用二级电平（二进制）表示的信号，每个码元包含 1 位比特信息，也就是每个码元

携带了 1 位信息量，其信息速率与码元速率相等。若对于一个用四级电平（四进制）表示的信号，每个码元包含了两位比特信息，也就是每个码元携带了 2 位信息量，因此，其信息速率应该是码元速率的两倍，如图 2-5 所示。

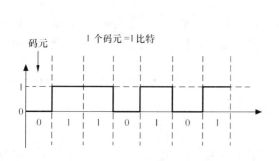
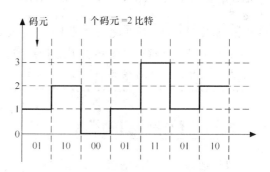

图 2-5 二级电平（二进制信号）与四级电平（四进制信号）

一个数字通信系统最大的信息速率称为信道容量，即单位时间可能传送的最大比特数，它代表一个信道传输数字信号的能力，单位为 bit/s。

（2）信道带宽

信道带宽是指信道中传输的信号在不失真的情况下所占用的频率范围，单位用赫兹（Hz）表示。信道带宽是由信道的物理特性决定的。例如，电话线路的频率范围在 300～3 400Hz，则它的带宽范围也在 300～3 400Hz。

通常，带宽越大，信道容量越大，数据传输速率越高。所以要提高信号的传输率，信道就要有足够的带宽。从理论上讲，增加信道带宽是可以增加信道容量的。但实际上，信道带宽的无限增加并不能使信道容量无限增加，其原因是在信道中存在噪声，制约了带宽的增加。

提示

通常所说数据传输率就是指信息速率，最大数据传输率是指信道容量。

2. 可靠性指标的具体表述

衡量数字通信系统可靠性的指标，可用信号在传输过程中出错的概率来表述，即用差错率来衡量：差错率越高，表明系统可靠性越差。模拟通信系统可靠性用信噪比来衡量，本书不作介绍，感兴趣的读者可以参考相关书籍。

差错率通常有如下两种表示方法：

（1）误码率

$$误码率\ P_e = \frac{传输出错的码元数}{传输的总码元数}$$

（2）误比特率

$$误比特率\ P_b = \frac{传输出错的比特数}{传输的总比特数}$$

2.2 数据编码与调制技术

> ❓ 家庭用户很多采用电话拨号上网，电话线（模拟信道）中传输的是模拟信号，而计算机中的信号是数字信号，怎样能使数字信号通过模拟信道进行传输？我们现在使用的数字电话是怎样传输模拟音频信号的？

2.2.1 数据的编码类型

模拟数据和数字数据都可以用模拟信号或数字信号来表示和传输。在一定条件下，可以将模拟信号编码成数字信号，或将数字信号编码成模拟信号。其编码类型有以下4种，如图2-6所示。

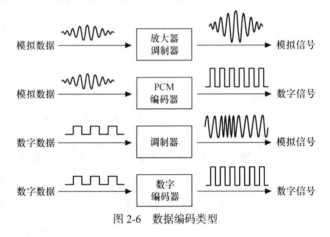

图2-6 数据编码类型

2.2.2 数据的调制技术

若模拟数据或数字数据采用模拟信号传输，须采用调制解调技术。

1. 模拟数据的调制

模拟数据的基本调制技术主要有调幅、调频和调相。对于该部分内容本书不做详细说明，感兴趣的读者请参阅相关书籍。

2. 数字数据的调制

在目前的实际应用中，数字信号通常采用模拟通信系统传输，如目前我们通过传统电话线上网时，数字信号就是通过模拟通信系统（公共电话网）传输的，如图2-7所示。

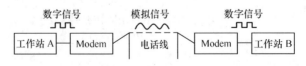

图2-7 数字信号通过模拟通信系统的传输情况

传统的电话通信信道是为传输话音信号设计的，用于传输 300～3 400Hz 的音频模拟信号，不能直接传输数字数据。为了利用模拟话音通信的传统电话网实现计算机之间的远程通信，必须将发送端的数字信号转换成能够在公共电话网上传输的模拟信号，这个过程称为调制（Modulation）；经传输后在接收端将话音信号逆转换成对应的数字信号，这个过程称为解调（Demodulation）。实现数字信号与模拟信号互换的设备叫做调制解调器（Modem）。

对数字数据调制有 3 种基本技术：移幅键控（ASK）、移频键控（FSK）和移相键控（PSK）。在实际应用中，以上 3 种调制技术通常结合起来使用。

2.2.3　数据的编码技术

若模拟数据或数字数据采用数字信号传输，须采用编码技术。

1. 模拟数据的编码

在数字化的电话交换和传输系统中，通常需要将模拟话音数据编码成数字信号后再进行传输。常用的一种方法称为脉冲编码调制（Pulse Code Modulation，PCM）技术。

脉冲编码调制技术以采样定理为基础，对连续变化的模拟信号进行周期性采样，以有效信号最高频率的两倍或两倍以上的速率对该信号进行采样，那么通过低通滤波器可不失真地从这些采样值中重新构造出有效信号。

采用脉冲编码调制把模拟信号数字化的 3 个步骤如下。

采样：以采样频率把模拟信号的值采出，如图 2-8 所示。

量化：使连续模拟信号变为时间轴上的离散值。例如，在图 2-9 中采用 8 个量化级，每个采样值用 3 位二进制数表示。

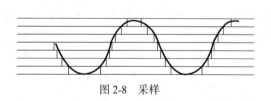

图 2-8　采样

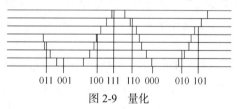

图 2-9　量化

编码：将离散值变成一定位数的二进制码，如图 2-10 所示。

图 2-10　编码

实例 2-2　一个数字化语音系统，将声音分为 128 个量化级，用一位比特进行差错控制，采样速率为 8 000 次/s，则一路话音的数据传输率是多少？

（1）128 个量化级，表示的二进位制位数为 7 位，加 1 位差错控制，则每个采样值用 8 位表示。

（2）数据传输率为 8 000 次/s×8 位=64kbit/s。

2. 数字数据的编码

数字信号可以直接采用基带传输。基带传输就是在线路中直接传送数字信号的电脉冲，是一种最简单的传输方式，近距离通信的局域网都采用基带传输。基带传输时，需要解决的问题是数字数据的数字信号表示及收发两端之间的信号同步两个方面。

提示 基带传输技术与同步技术将在 2.3 节中介绍。

数字数据的编码方式主要有 3 种：不归零码、曼彻斯特编码和差分曼特斯特编码。

（1）不归零码（Non-Return to Zero，NRZ）。NRZ 可以用负电平表示逻辑" 1"，用正电平表示逻辑"0"，反之亦然，如图 2-11 所示。NRZ 的缺点是发送方和接收方不能保持同步，需采用其他方法保持收发同步。

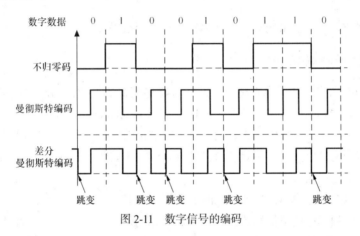

图 2-11　数字信号的编码

（2）曼彻斯特编码（Manchester）。每一位的中间有一跳变，位中间的跳变既作时钟信号，又作数据信号；从高到低跳变表示"1"，从低到高跳变表示"0"，如图 2-11 所示。

（3）差分曼彻斯特编码（Difference Manchester）。每位中间的跳变仅提供时钟定时，用每位开始时有无跳变来表示数据信号，有跳变为"0"，无跳变为"1"，如图 2-11 所示。

两种曼彻斯特编码是将时钟和数据包含在数据流中，在传输信息的同时，也将时钟同步信号一起传输到对方，每位编码中有一跳变，不存在直流分量，因此具有自同步能力和良好的抗干扰性能。但每一个码元都被调成两个电平，所以数据传输速率只有调制速率（码元速率）的 1/2。

提示 原有的黑白电视和彩色电视都属于模拟电视，它以模拟信号进行传输或处理，易受干扰，容易产生"雪花"、"斜纹"等干扰信号。数字电视是利用数字化的传播手段提供卫星电视传播与数字电视节目服务，它的传输几乎完全不受噪声干扰，清晰度高、音频效果好、抗干扰能力强。

2.3　数据传输

　数据传输无处不在，如打电话、使用对讲机、收听广播等。那么这几种通信方式中所用到的数据传输方式相同吗？数据传输有哪些方式？数据传输需要哪些技术？在串行传输时，接收端如何从串行数据位流中正确地划分出发送的一个个字符？

2.3.1　信道通信的工作方式

按照信号的传送方向与时间的关系，信道的通信方式可以分为 3 种：单工通信、半双工通信和全双工通信。

1. 单工通信

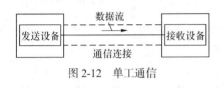

图 2-12　单工通信

单工方式是指通信信道是单向信道，信号仅沿一个方向传输，发送方只能发送不能接收，而接收方只能接收而不能发送，任何时候都不能改变信号传送方向，如图 2-12 所示。例如，无线电广播、BP 机、传统的模拟电视都属于单工通信。

2. 半双工通信

半双工通信是指信号可以沿两个方向传送，但同一时刻一个信道只允许单方向传送，即两个方向的传输只能交替进行，而不能同时进行。当改变传输方向时，要通过开关装置进行切换，如图 2-13 所示。例如，公安系统使用的"对讲机"和军队使用的"步话机"。

3. 全双工通信

全双工通信是指数据可以同时沿相反的两个方向进行双向传输，如图 2-14 所示，如电话机。

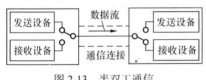

图 2-13　半双工通信

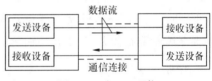

图 2-14　全双工通信

2.3.2　数据的传输方式

在数字通信中，按每次传送的数据位数，传输方式可分为：串行通信和并行通信两种。

1. 串行通信

串行通信传输时，数据是一位一位地在通信线路上传输的。这时先由计算机内的发送设备，将几位并行数据经并—串转换硬件转换成串行方式，再逐位传输到达接收站的设备中，并在接收端将数据从串行方式重新转换成并行方式，以供接收方使用，如图 2-15 所示。串行数据传输的速度要比并行传输慢得多，但对于覆盖面极其广阔的公用电话系统来说具有更大的现实意义。

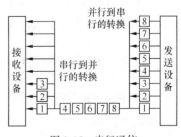

图 2-15　串行通信

2. 并行通信

并行通信传输中有多个数据位，同时在两个设备之间传输。发送设备将这些数据位通过对应的数据线传送给接收设备，还可附加一位数据校验位，如图 2-16 所示。接收设备可同时接收到这些数据，不需要做任何变换就可直接使用。并行方式主要用于近距离通信。计算机内的总线结构就是并行通信的例子。这种方法的优点是传输速度快，处理简单；缺点是需要铺设多条线路，不适合长距离传输。

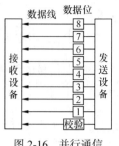

图 2-16　并行通信

 　　串行通信和并行通信与我们现实生活中公路的单车道和多车道有类似之处。

2.3.3　同步技术

在网络通信过程中，通信双方交换数据时需要高度的协同工作。为了正确的解释信号，接收方必须确切地知道信号应当何时接收和何时结束，因此定时是至关重要的。在数据通信中，定时的因素称为同步。同步是要接收方按照发送方发送的每个位的起止时刻和速率来接收数据，否则，收发之间就会产生很小的误差。随着时间推移的逐步累积，就会造成传输的数据出错。

通常使用的同步技术有两种：异步方式和同步方式。

1．异步方式

在异步方式中，每传送 1 个字符（7 位或 8 位）都要在每个字符码前加 1 个起始位，以表示字符代码的开始；在字符代码校验码后加一或两个停止位，表示字符结束。接收方根据起始位和停止位来判断一个新字符的开始和结束，从而起到通信双方的同步作用。

异步方式实现比较容易，但每传输一个字符都需要多使用 2～3 位，所以较适合于低速通信。

2．同步方式

通常，同步方式的信息格式是一组字符或一个二进制位组成的数据块（也称为帧）。对这些数据，不需要附加起始位或停止位，而是在发送一组字符或数据块之前先发送一个同步字符 SYN（以 01101000 表示）或一个同步字节（01111110），用于接收方进行同步检测，从而使收发双方进入同步状态。在同步字符或字节之后，可以连续发送任意多个字符或数据块，发送数据完毕后，再使用同步字符或字节来标识整个发送过程的结束。

在同步传送时，由于发送方和接收方将整个字符组作为一个单位传送，且附加位又非常少，从而提高了数据传输的效率。这种方法一般用在高速传输数据的系统中，如计算机之间的数据通信。

2.3.4　通信网络中节点的连接方式

在数据通信的发送端和接收端之间，可以采用不同的线路连接方式，即点到点连接方式和点到多点连接方式。

1．点到点的连接

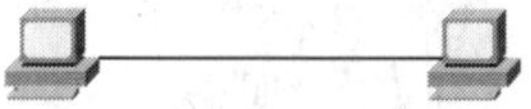

图 2-17　点到点的线路连接

点到点的连接就是发送端和接收端之间采用一条线路连接，称为一对一通信或端到端通信，如图 2-17 所示。

2. 点到多点连接

点到多点连接是一个端点通过通信线路连接两个以上端点的通信方式。这种连接方式又可细分为分支式和集线式两种。

（1）分支式。分支式连接方式通常是一台计算机和多台终端通过一条主线路连接构成，如图 2-18 所示。主计算机称为主站（也叫控制站），各终端称为从站。

（2）集线式。集线式是在终端较集中的地方，使用集中器先将这些终端集中，再通过高速线路与计算机相连而构成，如图 2-19 所示，其中的集中器设备有集线器与交换机两种。

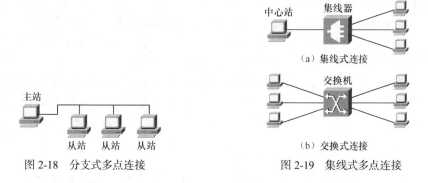

图 2-18　分支式多点连接　　　　图 2-19　集线式多点连接

2.3.5　数据传输的基本形式

1. 基带传输

基带（Base Band）是原始信号所占用的基本频带。基带传输是指在线路上直接传输基带信号或略加整形后进行的传输。

在基带传输中，整个信道只传输一种信号，因此通信信道利用率低。数字信号被称为数字基带信号，在基带传输中，需要对数字信号进行编码然后再传输。

基带传输是一种最简单最基本的传输方式。基带传输过程简单，设备费用低，基带信号的功率衰减不大，适用于近距离传输的场合。在局域网中通常使用基带传输技术。

2. 频带传输

远距离通信信道多为模拟信道，例如，传统的电话（电话信道）只适用于传输音频范围（300～3 400Hz）的模拟信号，不适用于直接传输频带很宽、但能量集中在低频段的数字基带信号。

频带传输就是先将基带信号变换（调制）成便于在模拟信道中传输的、具有较高频率范围的模拟信号（称为频带信号），再将这种频带信号在模拟信道中传输。

计算机网络的远距离通信通常采用的是频带传输。基带信号与频带信号的转换是由调制解调器完成的。

3. 宽带传输

所谓宽带，就是指比音频带宽还要宽的频带，简单地说就是包括了大部分电磁波频谱的频带。

使用这种宽频带进行传输的系统称为宽带传输系统，它几乎可以容纳所有的广播，并且还可以进行高速率的数据传输。

借助频带传输，一个宽带信道可以被划分为多个逻辑基带信道。这样就能把声音、图像和数据信息的传输综合在一个物理信道中进行，以满足用户对网络的更高要求。总之，宽带传输一定是采用频带传输技术的，但频带传输不一定就是宽带传输。

"带宽"与"宽带"：带宽是指数据信号传送时所占据的频率范围。描述带宽的单位为"比特/秒"。例如，我们常说带宽是 10M，实际上是指 10Mbit/s。宽带是指比音频带宽还要宽的频带，使用这种宽频带进行传输的系统称为宽带传输系统。宽带是一种相对概念，并没有绝对的标准。

"宽带线路"与"窄带线路"：宽带线路是指每秒钟有更多比特从计算机注入到线路。宽带线路和窄带线路上比特的传播速率是一样的。如果用"汽车运货"来比喻"宽带线路"和"窄带线路"的话，它们的关系如图 2-20 所示。

"宽带线路"与"并行传输"：有人把宽带线路比喻成"多车道，说数据在宽带线路中传输就象汽车在多车道上跑"，这其实是不正确的，汽车在多车道公路上跑，相当于"并行传输"，而在通信线路上数据通常都是"串行传输"，如图 2-21 所示。

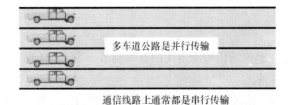

宽带和窄带线路：车速一样；宽带线路：车距缩短

图 2-20　宽带线路和窄带线路的比较

多车道公路是并行传输

通信线路上通常都是串行传输

···100101110100100111010001011010

图 2-21　宽带线路与并行传输

2.4　数据交换技术

我们从一个城市到另一个城市，如果没有直达车的话，通常只能采取中途换乘的方式。在多个通信系统中，数据从源节点到达目的节点也很难实现收发两端直接相连传送，通常要通过多个节点转发才能到达。那么，怎么实现数据的交换与转发？有哪些数据交换方式？

数据经编码后在通信线路上进行传输，最简单的形式是用传输介质将两个端点直接连接起来进行数据传输。但是，每个通信系统都采用把收发两端直接相连的形式是不可能的，一般都要通过一个由多个节点组成的中间网络来把数据从源点转发到目的点，以此实现通信。这个中间网络不关心所传输的数据内容，只是为这些数据从一个节点到另一节点直至目的节点提供数据交换的功能。因此，这个中间网络也叫交换网络，组成交换网络的节点叫交换节点。一般的交换网络拓扑结构图如图 2-22 所示。

数据交换是多节点网络中实现数据传输的有效手段。常用的数据交换有电路交换和存储交换两种方式，存储交换又可细分报文交换和分组交换。下面分别介绍这几种交换方式。

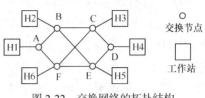

图 2-22　交换网络的拓扑结构

2.4.1　电路交换

电路交换（Circuit Switching）也叫线路交换，是数据通信领域最早使用的交换方式。通过电路交换进行通信，需要通过中心交换节点在两个站点之间建立一条专用通信链路。

1.　电路交换通信的 3 个阶段

利用电路交换进行通信，包括建立电路、传输数据和拆除电路 3 个阶段。

（1）建立电路

在传输任何数据之前，要先经过呼叫过程建立一条端到端的电路。如图 2-23 所示，若 H_1 站要与 H_2 站连接，H_1 站先要向与其相连的 A 节点提出请求，然后 A 节点在有关联的路径中找到下一个支路 B 节点，在此电路上分配一个未用的通道，并告诉 B 它还要连接 C 节点；接着用同样的方法到达 D 节点完成所有的连接。再由主机 H_2（被叫用户）发出应答信号给主叫用户主机 H_1，这样，通信链路就接通了。

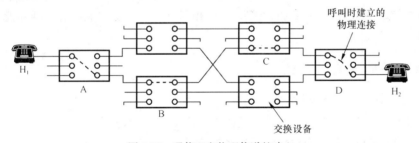

图 2-23　通信双方物理信道的建立

只有当通信的两个站点之间建立起物理链路之后，才允许进入数据传输阶段。电路交换的这种"连接"过程所需时间（即建立时间）的长短，与连接的中间节点的个数有关。

（2）数据传输

电路 A-B-C-D 建立以后，数据就可以从 A 发送到 B，再由 B 发送到 C，再由 C 发送到 D，D 也可以经 C、B 向 A 发送数据。在整个数据传输过程中，所建立的电路必须始终保持连接状态。

（3）电路拆除

数据传输结束后，由某一方（H_1 或 H_2）发出拆除请求，然后逐步拆除到对方节点。

2.　电路交换技术的特点

电路交换技术有如下几个特点。

① 在数据传送开始之前必须先设置一条专用的通路，采用面向连接的方式。

② 一旦电路建立，用户就可以固定的速率传输数据，中间节点不对数据进行其他缓冲和处理，传输实时性好，透明性好。数据传输可靠、迅速，数据不会丢失且保持原来的顺序。这种传输方式适用于系统间要求高质量的大量数据传输的情况，常用于电话通信系统中。目前的公众电话网（PSTN网）和移动网（包括 GSM 网和 CDMA 网），采用的都是电路交换技术。

③ 在电路释放之前，该通路由一对用户完全占用，即使没有数据传输也要占用电路，因此线路利用率低。

④ 电路建立延迟较大，对于突发式的通信，电路交换效率不高。

⑤ 电路交换既适用于传输模拟信号，也适用于传输数字信号。

2.4.2　报文交换

电路交换技术主要适用于传送话音业务，这种交换方式对于数据通信业务而言，有着很大的局限性。数据通信具有很强的突发性。与语音业务相比，数据业务对延时没有严格的要求，但需要进行无差错的传输；而语音信号可以有一定程度的失真，但实时性一定要高。报文交换（Message Switching）技术就是针对数据通信业务的特点而提出的一种交换方式。

1. 报文交换原理

报文交换方式的数据传输单位是报文，报文就是站点一次性要发送的数据块，其长度不限且可变。在交换过程中，交换设备将接收到的报文先存储，待信道空闲时再转发给下一节点，一级一级中转，直到目的地。这种数据传输技术称为"存储—转发"。

报文传输之前不需要建立端到端的连接，仅在相邻节点传输报文时建立节点间的连接。这种方式称为"无连接"方式。

2. 报文交换的特点

报文交换技术有如下几个特点。

① 在传送报文时，一个时刻仅占用一段通道，大大提高了线路利用率。

② 报文交换系统可以把一个报文发送到多个目的地。

③ 可以建立报文的优先权，优先级高的报文在节点可优先转发。

④ 报文大小不一，因此存储管理较为复杂。

⑤ 大报文造成存储转发的延时过长，对存储容量要求较高。

⑥ 出错后整个报文必须全部重发。

⑦ 报文交换只适用于传输数字信号。

在实际应用中报文交换主要用于传输报文较短、实时性要求较低的通信业务，如公用电报网。

2.4.3　分组交换

分组交换（Packet Switching）又称包交换。为了更好地利用信道容量，降低节点中数据量的突发性，应将报文交换改进为分组交换。分组交换将报文分成若干个分组，每个分组的长度有一个上限，有限长度的分组使得每个节点所需的存储能力降低了。分组可以存储到内存中，传输延迟减小，提高了交换速度。它适用于交互式通信，如终端与主机通信。

1. 分组交换的特点

分组交换技术有如下几个特点。

① 采用"存储—转发"方式。

② 具有报文交换的优点。

③ 加速了数据在网络中的传输。这是因为分组是逐个传输，可以使后一个分组的存储操作与前一个分组的转发操作并行，正是这种流水线式传输方式减少了报文的传输时间。此外，传输一个分组所需的缓冲区比传输一份报文所需的缓冲区小得多，这样因缓冲区不足而等待发送的几率及等待的时间也必然少得多。

④ 简化了存储管理。因为分组的长度固定，相应的缓冲区的大小也固定，在交换节点中存储器的管理通常被简化为对缓冲区的管理，相对比较容易。

⑤ 减少了出错几率和重发数据量。因为分组较短，其出错几率必然减少，重发的数据量也就大大减少，这样不仅提高了可靠性，也减少了传输时延。

⑥ 由于分组短小，更适用于采用优先级策略，便于及时传送一些紧急数据。对于计算机之间突发式的数据通信，分组交换显然更为合适些。

2. 两种分组交换方式

分组交换可以细分为数据报和虚电路两种。

（1）数据报

在数据报分组交换中，每个分组自身携带足够的地址信息，独立地确定路由（即传输路径）。由于不能保证分组按序到达，所以目的站点需要按分组编号重新排序和组装。如图 2-24 所示，主机 A 先后将分组 1 与分组 2 发送给主机 B，分组 2 经过 S1、S4、S5 先到达主机 B；分组 1 经过 S1、S2、S3、S5 后到达主机 B；主机 B 必须对分组重新排序后，然后才能获得有效数据。

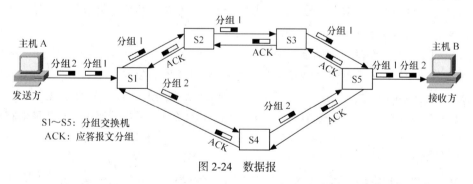

图 2-24　数据报

（2）虚电路

在虚电路分组交换中，为了进行数据传输，网络的源节点和目的节点之间要先建立一条逻辑通路。每个分组除了包含数据之外，还包含一个虚电路标识符。在预先建好的路径上，每个节点都知道把这些分组传输到哪里去，不再需要路径选择判定。最后，由其中的某一站用户请求来结束这次连接。它之所以是"虚"的，是因为这条电路不是专用的。

在图 2-25 中，H1 与 H4 进行数据传输，先在 H1 与 H4 之间建立一条虚电路 S1、S4、S3，然后依次传输分组 1、2、3、4、5，到达 H4 依次接收分组 1、2、3、4、5，无须重新进行组装和排序。数据传输过程中，不需再进行路径选择。

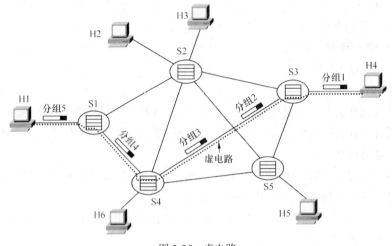

图 2-25　虚电路

3. 虚电路的特点

虚电路有如下几个特点。

① 虚电路可以看成采用了电路交换思想的分组交换。

采用虚电路进行数据传输跟电路交换一样需要 3 个过程：建立连接、数据传输和拆除连接。但虚电路并不像电路交换那样始终占用一条端到端的物理通道，只是断续地依次占用传输路径上各个链路段。

② 虚电路的路由表是由路径上所有交换机中的路由表定义的。

③ 虚电路的路由在建立时确定，传输数据时则不再需要，由虚电路号标识。

④ 数据传输时只需指定虚电路号，分组即可按虚电路号进行传输，类似于“数字管道”。

⑤ 能够保证分组按序到达。

⑥ 提供的是“面向连接”的服务。

⑦ 虚电路又分为永久虚电路（PVC）和交换虚电路（SVC）两种。

虚电路分组交换的主要特点是：在数据传送之前必须通过虚呼叫设置一条虚电路。但并不像电路交换那样有一条专用通路，分组在每个节点上仍然需要缓冲，并在线路上进行排队等待输出。

4. 3 种交换方式比较

图 2-26 所示为电路交换、报文交换和分组交换 3 种交换方式的数据传输过程。其中 A、B、C、D 对应图 2-23 中的节点。

总之，若要传送的数据量很大，并且传送时间远大于呼叫时间，则采用电路交换较为合适。当端到端的通路由很多段的链路组成时，采用分组交换传送数据较为合适。从提高整个网络的信道利用率来看，报文交换和分组交换优于电路交换，其中分组交换比报文交换的时延小，尤其适合于计算机之间的突发式的数据通信。

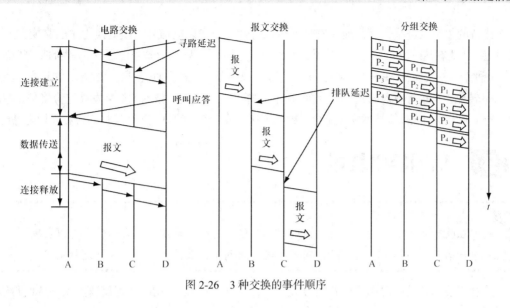

图 2-26　3 种交换的事件顺序

2.4.4　高速交换技术

1. ATM 技术

ATM（Asynchronous Transfer Mode）技术，即异步传输模式。

随着分组交换技术的广泛应用和发展，出现了传送语音业务的电路交换网络和传送数据业务的分组交换网络两大网络共存的局面。语音业务和数据业务的分别传送，促使人们思考一种新的技术来同时提供电路交换和分组交换的优点，并且同时向用户提供统一的服务，包括语音业务、数据业务和图像信息。由此，在 20 世纪 80 年代末由原 CCITT 提出了宽带综合业务数字网的概念，并提出了一种全新的技术——异步传输模式（ATM）。

ATM 技术兼顾各种数据类型，将数据分成一个个的数据分组，这个分组称为一个信元，如图 2-27 所示。每个信元固定长 53 字节，其中 5 个字节为信头，48 个字节为信息域，用来装载来自不同用户、不同业务的信息。语音、数据、图像等所有的数字信息都要经过切割，封装成统一格式的信元在网络中传递，并

图 2-27　ATM 信元格式

在接收端恢复成所需格式。由于 ATM 技术简化了交换过程，去除了不必要的数据校验，采用易于处理的固定信元格式，所以 ATM 交换速率大大高于传统的数据网。

ATM 采用的第二个主要技术是异步时分多路复用技术，采用不固定时隙传输，每个时隙的信息中都带有地址信息。ATM 技术将数据分成定长 53 字节的信元，一个信源占用一个时隙，时隙分配不固定，包的大小进一步减小，更充分地利用了线路的通信容量和带宽。

再有，ATM 交换本身是全双工的，发送数据和接收数据在不同虚拟电路中同时进行，可保持双向高速通信。

2. 光交换

由于光纤传输技术的不断发展，目前在传输领域中光传输已占主导地位。光传输速率已在向

每秒太比特的数量级进军，其高速、宽带的传输特性，使得以电信号分组交换为主的交换方式已很难适应，因为在这一方式下必须在中转节点经过光电转换，无法充分利用底层所提供的带宽资源。于是，一种新型的交换技术——光交换便诞生了。光交换技术也是一种光纤通信技术，它是指不经过任何光/电转换，直接将输入的光信号交换到不同的输出端。光交换技术的最终发展趋势将是光控制下的全光交换，并与光传输技术完美结合，即数据从源节点到目的节点的传输过程都在光域内进行。

2.5 信道复用技术

我们在收听无线电广播、收看无线电视的时候，多个电台或电视台的信号可以在同一无线空间中传播而互不影响，这是怎么实现的呢？用到了什么技术？为什么要这样做呢？

多路复用技术就是发送端将多路信号进行组合，然后在一条专用的物理信道上实现同时传输，接收端再将复合信号分离出来，这样极大地提高了通信线路的利用率。

多路复用技术主要有频分多路复用（FDM）、时分多路复用（TDM）、波分多路复用、码分多路复用（CDMA）。

2.5.1 频分多路复用

在物理信道的可用带宽超过单个原始信号所需带宽情况下，可将该物理信道的总带宽分割成若干个与传输单个信号带宽相同（或略宽）的子信道，每个子信道传输一路信号，这就是频分多路复用（Frequency Division Multiplexing，FDM）。

多路原始信号在频分复用前，先要通过频谱搬移技术将各路信号的频谱搬移到物理信道频谱的不同段上，使各信号的带宽不相互重叠。为了防止互相干扰，使用保护带来隔离每一个通道。在接收端，各路信号通过不同频段上的滤波器恢复出来，如图 2-28 所示。在一根电缆上传输多路电视信号就是 FDM 的典型例子。

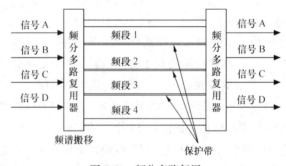

图 2-28　频分多路复用

　在收听无线电广播或收看无线电视的时候，多个电台或电视台的信号可以在同一无线空间中传播而互不影响，这是因为采用了频分复用技术将多组节目对应的声音、图像信号分别加载在不同频率的无线电波上，接收者可以根据需要选择特定的某种频率的信号收听或收看，从而实现节目的互不干扰，提高了信道的利用率。

2.5.2 时分多路复用

若传输介质能达到的位传输速率超过传输数据所需的数据传输速率，可采用时分多路复用（Time-Division Multiplexing，TDM）技术，即将一条物理信道按时间分成若干个时隙，轮流地分配给多个信号使用，每一时隙由一路信号占用。这样，利用每路信号在时间上的交叉，就可以在一条物理信道上传输多路信号。

时分多路复用可细分为同步时分复用和异步时分复用两种。

1. 同步时分复用

同步时分复用（Synchronization Time-Division Multiplexing，STDM）技术按照信号的路数划分时隙，每一路信号具有相同大小的时隙且预先指定，类似于"对号入座"。时隙轮流分配给每路信号，该路信号在时隙使用完毕以后要停止通信，并把信道让给下一路信号使用。当其他各路信号把分配到的时隙都使用完以后，该路信号再次取得时隙进行数据传输，这种方法叫做同步时分多路复用技术。

同步时分多路复用技术的优点是控制简单，实现起来容易；缺点是无论输入端是否传输数据，都占用相应的时隙，若某个时隙对应的装置无数据发送，则该时隙便空闲不用，造成信道资源的浪费。如图 2-29 所示，发送第 1 帧时，D 和 A 路信号占用两个时隙，B 和 D 路信号没有数据传输，则空两个时隙；发送第 2 个帧时，只有 C 路信号有数据传输，占用一个时隙，空 3 个时隙；如此往复。这时，有大量数据要发送的信道又由于没有足够多的时隙可利用，因而要拖很长一段的时间，从而降低了线路的利用效率。为了克服 STDM 的缺点，引入了异步时分复用技术。

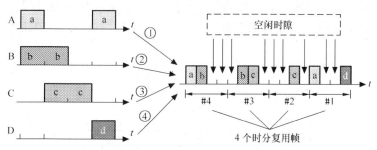

图 2-29　同步时分复用的原理

2. 异步时分复用

异步时分复用（Asynchronous Time-Division Multiplexing，ATDM）技术，也叫做统计时分多路复用（Statistical Time-Division Multiplexing）技术。

ATDM 技术允许动态地按需分配使用时隙，以避免出现空闲时隙，即在输入端有数据要发送时，才分配时隙，当用户暂停发送数据时不给它分配时隙（即线路资源）。同时，ATDM 中的时隙顺序与输入装置之间没有一一对应的关系，任何一个时隙都可以被用于传输任一路输入信号。如图 2-30 所示，A、B、C、D 路信号有数据传输时，依次占用时隙。

另外，在 ATDM 中，每路信号可以通过多占用时隙来获得更高的传输速率，传输速率可以高于平均速率，最高速率可达到线路总的传输能力，即用户占用所有的时隙。

实例 2-3 线路总的传输率为 28.8kbit/s，3 个用户公用此线路，在 STDM 方式中，每个用户的最高速率为多少？在 ATDM 方式时，每个用户的最高速率又为多少？

在 STDM 方式中，每个用户的最高传输速率为 9 600bit/s；在 ATDM 方式时，每个用户的最高传输速率可达 28.8kbit/s。

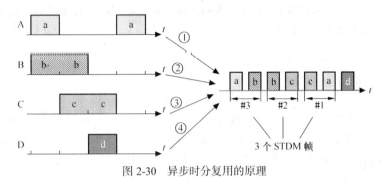

图 2-30 异步时分复用的原理

2.5.3 波分多路复用

在同一根光纤中同时让两个或两个以上的光波长信号通过不同光信道各自传输信息，这种方式称为光波分复用技术，通常称波分多路复用（Wave Division Multiplexing，WDM）。

波分多路复用一般用波长分割复用器和解复用器（也称合波/分波器）分别置于光纤两端，实现不同光波长信号的耦合与分离。这两个器件的原理是相同的。

图 2-31 所示为波分多路复用的原理图。将 1、2、3 路信号连接到棱柱上，每路信号处于不同的波段，三束光通过棱柱/衍射光栅合成到一根共享光纤上，待传输到目的地后，现将它们用同样的方法分离。

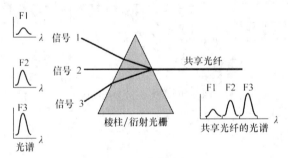

图 2-31 波分多路复用

2.5.4 码分多路复用

码分多路复用（Code Division Multiplexing，CDM），常用的名称是码分多址（Code Division Multiple Access，CDMA）。

码分多址也是一种共享信道的方法，每个用户可在同一时间使用同样的频带进行通信，但使用的是基于码型的分割信道的方法，即每个用户分配一个地址码，各个码型互不重叠，通信各方之间不会相互干扰，抗干扰能力强。

码分多路复用技术主要用于无线通信系统，特别是移动通信系统。它不仅可以提高通信的语音质量和数据传输的可靠性以及减少干扰对通信的影响，还增大了通信系统的容量。笔记本电脑或个人数字助理（Personal Data Assistant，PDA）以及掌上电脑（Handed Personal Computer，HPC）等移动性计算机的连网通信就是使用了这种技术。

2.6 传输介质

？ 固定电话和移动电话采用的传输介质分别是什么？常见的传输介质有哪些？它们通常应用于哪些场合？

计算机网络中采用的传输介质分为有线传输介质和无线传输介质两大类，如图 2-32 所示。

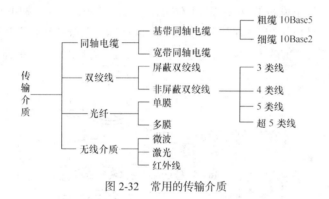

图 2-32 常用的传输介质

2.6.1 有线传输介质

有线传输介质是指在两个通信设备之间实现的物理连接部分，它能将信号从一方传输到另一方，有线传输介质主要有同轴电缆、双绞线和光纤等。

1. 同轴电缆

同轴电缆（Coaxial Cable）由一根内导体铜质芯线外加绝缘层、密集网状编织导电金属屏蔽层，以及外包装保护塑料组成，其结构如图 2-33 所示。

通常将同轴电缆分成两类：基带同轴电缆和宽带同轴电缆。相关的特性如下。

① 物理特性：单根同轴电缆直径为 1.02～2.54cm，可在较宽频范围工作。

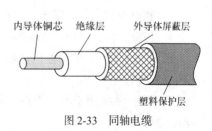

图 2-33 同轴电缆

② 传输特性：基带同轴电缆仅用于数字传输，阻抗为 50Ω，并使用曼彻斯特编码，数据传输

速率最高可达 10Mbit/s。基带同轴电缆被广泛用于局域网中。为保持同轴电缆的正确电气特性，电缆必须接地，同时两头要有端接器来削弱信号的反射。宽带同轴电缆可用于模拟信号和数字信号传输，阻抗为 75Ω，主要用于有线电视系统 CATV 通信。

③ 连通性：可用于点到点连接或多点连接。

④ 地理范围：基带同轴电缆的最大距离限制在几千米；宽带电缆的最大距离可以达几十千米。

⑤ 抗干扰性：抗干扰能力比双绞线强。

⑥ 相对价格：比双绞线贵，比光纤便宜。

2. 双绞线

（1）双绞线概述

双绞线是网络组建中最常用的一种有线传输介质，由一对或多对绝缘铜导线按一定的密度绞合在一起，目的是减少信号传输中串扰及电磁干扰（EMI）影响的程度。同时，为了便于区分，每根铜导线都有不同颜色的保护层，但如果质量不是很好，则保护层的颜色不是很明显。

双绞线是模拟和数字数据通信最普通的传输介质，它的主要应用范围是电话系统中的模拟语音传输。网络中连接网络设备的双绞线由 4 对铜芯线绞合在一起，有 8 种不同的颜色，分别是橙白、橙、绿白、绿、蓝白、蓝、棕白、棕，如图 2-34 所示。双绞线适合于较短距离的信息传输，当传输距离超过几千米时信号因衰减可能会产生畸变，这时就要使用中继器（Repeater）来进行信号放大。

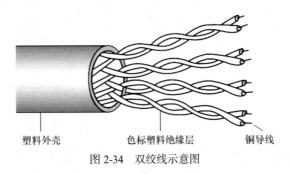

塑料外壳　　　色标塑料绝缘层　　铜导线

图 2-34　双绞线示意图

双绞线的价格在传输介质中是最便宜的，并且安装简单，所以得到广泛的使用。

（2）双绞线的相关特性

双绞线可分为非屏蔽双绞线（Unshielded Twisted Pair，UTP）和屏蔽双绞线（Shielded Twisted Pair，STP）。双绞线的相关特性如下。

- 物理特性：铜质芯线，传导性能良好。
- 传输特性：可用于传输模拟信号和数字信号。

目前 EIA/TIA（美国电子工业协会/美国电信工业协会）为双绞线电缆定义了 6 种不同质量的型号。这 6 种型号如下。

一类线：主要用于语音传输（一类标准主要用于 20 世纪 20 年代初之前的电话线缆），不用于数据传输。

二类线：传输频率为 1MHz，用于语音传输和最高传输速率为 4Mbit/s 的数据传输，常见于使用 4Mbit/s 规范令牌传递协议的旧令牌网。

三类线：指目前在 ANSI 和 EIA/TIA568 标准中指定的电缆，该电缆的传输频率为 16MHz，用于语音传输及最高传输速率为 10Mbit/s 的数据传输，主要用于 10Base-T。

四类线：该类电缆的传输频率为 20MHz，用于语音传输和最高传输速率为 16Mbit/s 的数据传输，主要用于基于令牌的局域网和 10Base-T/100Base-T。

五类线：该类电缆增加了绕线密度，外套一种高质量的绝缘材料，传输频率为 100MHz，用于语音传输和最高传输速率为 10Mbit/s 的数据传输，主要用于 100Base-T 和 10Base-T 网络。这是最常用的以太网电缆。

超五类线：超五类线衰减小、串扰少，有更高的衰减与串扰的比值（ACR）和信噪比（Structural Return Loss）、更小的时延误差，性能得到很大提高。超五类线主要用于千兆位以太网（1 000Mbit/s）。

六类线：该类电缆的传输频率为 1～250MHz，六类布线系统在 200MHz 时，综合衰减串扰比（PS-ACR）应该有较大的余量，它提供 2 倍于超五类线的带宽。六类线的传输性能远远高于超五类线标准，最适用于传输速率高于 1Gbit/s 的应用。六类线与超五类线的一个重要的不同点在于：改善了在串扰以及回波损耗方面的性能，对于新一代全双工的高速网络应用而言，优良的回波损耗性能是极重要的。六类标准中取消了基本链路模型，布线标准采用星型的拓扑结构，要求的布线距离为：永久链路的长度不能超过 90m，信道长度不能超过 100m。

- 连通性：可用于点到点连接或多点连接。
- 地理范围：对于局域网，速率为 100kbit/s，可传输 1km；速率为 10～1 000Mbit/s，可传输 100m。
- 抗干扰性：低频（10kHz 以下）抗干扰性能强于同轴电缆，高频（10～100kHz）抗干扰性能弱于同轴电缆。
- 相对价格：比同轴电缆和光纤便宜得多。

（3）双绞线相关术语

一般情况下，双绞线要通过 RJ-45 水晶头接入网卡等网络设备。RJ-45 水晶头由金属片和塑料构成，制作网线所需要的 RJ-45 水晶头前端有 8 个凹槽，简称"8P"（Position，位置），凹槽内的金属触点共有 8 个，简称"8C"（Contact，触点）。当金属片面对我们时，RJ-45 接头引脚序号从左至右依次为 1、2、3、4、5、6、7、8，如图 2-35 所示。

双绞线与水晶头（RJ-45 头）连接就形成网线，做好的网线的一端如图 2-36 所示。

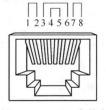

图 2-35　RJ-45 水晶头

图 2-36　做好的网线的一端

（4）双绞线制作标准

双绞线与 RJ-45 头连接有许多标准，最常用的有美国电子工业协会（EIA）和电信工业协会（TIA）1991 年公布的 EIA/TIA 568 规范，包括 EIA/TIA 568A 和 EIA/TIA 568B（见表 2-1）。

表 2-1   EIA/TIA 568 标准线序

	1	2	3	4	5	6	7	8
EIA/TIA　568 B	橙白	橙	绿白	蓝	蓝白	绿	棕白	棕
EIA/TIA　568A	绿白	绿	橙白	蓝	蓝白	橙	棕白	棕

（5）网线的连接

在同一网络系统中，若用于集线器到网卡的连接，同一条双绞线两端一般使用同一标准 TIA/EIA 568D，这就是直通电缆（平行线），如图 2-37 所示。

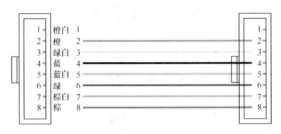

图 2-37　直通电缆示意图

当双绞线用于连接网卡到网卡时，线的一端使用 TIA/EIA 568A，另一端使用 TIA/EIA 568B，这就是交叉电缆（称交叉线），如图 2-38 所示。

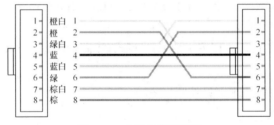

图 2-38　交叉电缆示意图

用于集线器或交换机之间级联的双绞线，其接线标准要看具体的集线器或交换机，有些要求使用平行线，有些要求使用交叉线，如表 2-2 所示。

表 2-2   平行线与交叉线的连接对象

网 线 类 别	连 接 对 象
平行线	计算机与集线器
	计算机与交换机
	集线器的普通口与集线器的级联口
	集线器的级联口与交换机的普通口
	交换机与路由器
交叉线	计算机与计算机
	集线器和交换机
	交换机与交换机
	路由器与路由器
	集线器的普通口与集线器的普通口

（6）网线制作的常用工具

网线制作通常需要使用的工具有压线钳和电缆测线仪。

压线钳是网络电缆制作中的一个非常重要的工具，它有 3 个方面的功能：最前端是剥线口，可用来剥开双绞线的外壳；中间用于压制 RJ-45 头；离手柄最近端是锋利的切线刀，此处可以用来切断双绞线。在没有其他工具的情况下，用压线钳可单独完成网线的制作。压线钳的质量直接关系到网线接头的制作成功率，最好选择质量较好的产品。

图 2-39　电缆测线仪

电缆测试仪（见图 2-39）是比较便宜的专用网络测试器，通常用于网络电缆制作好后测试网络电缆是否制作成功，也就是说能否用于网络的连接。电缆测试仪一组有两个，其中一个为信号发射器，另一个为信号接收器，双方各有 8 个 Led 灯以及至少一个 RJ-45 插槽（有些电缆测试仪同时具有 BNC、AUI、RJ-11 等测试功能）。

3. 光纤

光纤是光纤通信的传输介质，通常是由能传导光波的纯石英玻璃棒拉制而成的裸纤，裸纤由纤芯和包层组成，裸纤外覆以一涂覆层，如图 2-40 所示。

光纤通信就是利用光纤传递光脉冲来进行通信，有光脉冲相当于"1"，没有光脉冲相当于"0"。在发送端，可以采用发光二极管或半导体激光器作为光源，它们在电脉冲的作用下产生光脉冲，在接收端利用光电二极管作为光检测器，在检测到光脉冲时可还原出电脉冲，如图 2-41 所示。

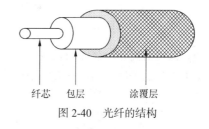

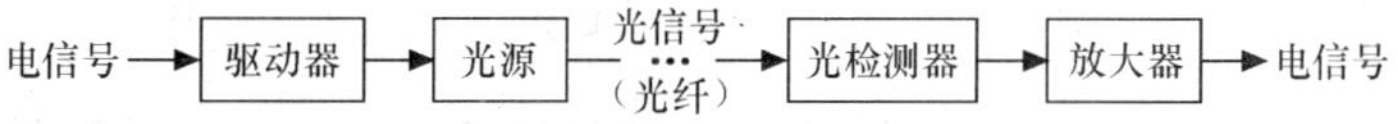

纤芯　包层　涂覆层

图 2-40　光纤的结构

电信号 → 驱动器 → 光源 →光信号····（光纤）→ 光检测器 → 放大器 → 电信号

图 2-41　光纤传送电信号的过程

光纤具有宽带、数据传输率高、抗干扰能力强、传输距离远等优点。其相关特性如下。

① 物理特性：在计算机网络中均采用两根光纤（一来一去）组成传输系统。光纤的规格如表2-3 所示。

表 2-3　　　　　　　　　　　　　　光纤规格表

规　　格	纤芯直径（μm）	涂覆层直径（μm）	说　　明
8.3/125	8.3	125	单模光纤
50/125	50	125	多模光纤
62.5/125	62.5	125	多模光纤（市场主流产品）
85/125	85	125	多模光纤
100/140	100	140	多模光纤

② 传输特性：在光纤中，包层较纤芯有较低的折射率，当光线从高折射率的介质射向低折射率介质时，其折射角将大于入射角，如果入射角足够大，就会出现全反射，如图 2-42 所示。此时光线碰到包层时就会折射回纤芯，这个过程不断重复，光也就沿着纤芯传输下去，如图 2-43 所示。

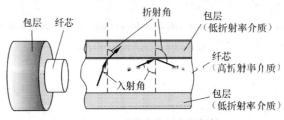

图 2-42　光线在光纤中的折射

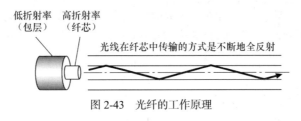

图 2-43　光纤的工作原理

只要射到光纤截面的光线的入射角大于某一临界角度，就可以产生全反射，当有许多条不同角度入射的光线能在一条光纤中传输时，这种光纤就称为多模光纤（Multimode Fiber），如图 2-44 所示。

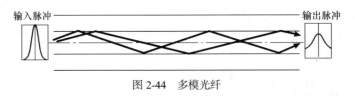

图 2-44　多模光纤

当光纤的直径小到与光波长在同一数量级，这时光是以平行于光纤中的轴线的形式直线传播，这样的光纤称为单模光纤（Single Mode Fiber），如图 2-45 所示。

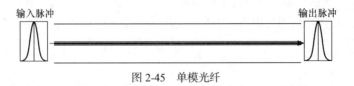

图 2-45　单模光纤

光纤通过内部的全反射来传输一束经过编码的光信号，实际上光纤这时是一频率范围从 1 014～1 015Hz 的波导管，这一范围覆盖了可见光谱和部分红外光谱。光纤的数据传输率可达 Gbit/s 级，传输距离达数十千米。

③ 连通性：采用点到点连接和多点连接。

④ 地理范围：可以在 6～8km 的距离内不用中继器传输，因此光纤适合于在几个建筑物之间通过点到点的链路连接局域网。

⑤ 抗干扰性：不受噪声或电磁影响，适宜在长距离内保持高数据传输率，而且能够提供良好

的安全性。

⑥ 相对价格：目前价格比同轴电缆和双绞线都贵。

2.6.2　无线传输介质

无线传输介质是指在两个通信设备之间不使用任何物理连接，而是通过空间传输信号的一种技术。无线传输介质主要有微波、红外线和激光等。微波、红外线和激光的通信都有较强的方向性，都是沿直线传播的，而且不能穿透或绕开固体障碍物，因此要求在发送方和接收方之间存在一条视线通路，有时将这三者统称为视线介质。

1. 无线电波

无线电波通信主要靠大气层的电离层反射，电离层会随季节、昼夜，以及太阳活动的情况而变化，这就导致电离层不稳定，而产生传输信号的衰落现象。电离层反射会产生多径效应。多径效应就是指同一个信号经不同的反射路径到达同一个接收点，其强度和时延都不相同，使其最后得到的信号失真很大。

利用无线电波电台进行数据通信在技术上是可行的，但短波信道的通信质量较差，一般利用短波无线电台进行几十至几百比特/秒的低速数据传输。

2. 微波

微波通信广泛用于长距离的电话干线（有些微波干线目前已被光缆代替）、移动电话通信和电视节目转播。

微波通信主要有两种方式：地面微波接力通信和卫星通信。

（1）地面微波接力通信

由于地球表面是弯曲的，信号直线传播的距离有限，增加天线高度虽可以延长传输距离，但更远的距离则必须通过微波中继站来接力。一般来说，微波中继站建在山顶上，两个中继站之间大约相隔 50km，中间不能有障碍物，如图 2-46 所示。

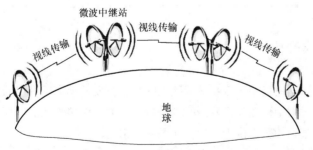

图 2-46　地面微波接力系统

微波接力通信可有效地传输电报、电话、图像、数据等信息。微波波段频率高，频段范围很宽，因此其通信信道的容量很大，且传输质量及可靠性较高。微波通信与相同容量和长度的电缆载波通信相比，建设投资少、见效快。

微波接力通信也存在一些缺点，例如，相邻站之间必须直视，不能有障碍物，有时一个天线发射出的信号也会分成几条略有差别的路径先后到达接收天线，造成一定失真；微波的传播有时会受到恶劣气候环境的影响，如雨雪天气对微波产生的吸收损耗；与电缆通信系统比较，微波通信可被窃听，安全性和保密性较差；另外大量中继站的使用和维护要耗费一定的人力物力，高可靠性的无人中继站目前还不容易实现。

（2）卫星通信

卫星通信就是利用位于3 600km高空的人造地球同步卫星作为太空无人值守的微波中继站的一种特殊形式的微波接力通信。

卫星通信可以克服地面微波通信的距离限制，其最大特点就是通信距离远，通信费用与通信距离无关。同步卫星发射出的电磁波可以辐射到地球三分之一以上的表面，只要在地球赤道上空的同步轨道上，等距离地放置3颗卫星，就能基本上实现全球通信。卫星通信的频带比微波接力通信更宽，通信容量更大，信号所受到的干扰较小，误码率也较小，通信比较稳定可靠。

3．红外线和激光

红外线通信和激光通信就是把要传输的信号分别转换成红外光信号和激光信号直接在自由空间沿直线进行传播。它比微波通信具有更强的方向性，难以窃听、不相互干扰，但红外线和激光对雨雾等环境干扰特别敏感。

红外线因对环境气候较为敏感，一般用于室内通信，如组建室内的无线局域网，用于便携机之间相互通信，不过这时便携机和室内都必须安装全方向性的红外发送和接收装置。

在建筑物顶上安上激光收发器，就可以利用激光连接两个建筑物中的局域网。但因激光硬件会发出少量射线，必须经过特许才能安装。

2.7 差错控制技术

正如邮局的信件在传送过程中会产生一些错误投递一样，数据在传输过程中也会产生差错。那么为什么会产生差错呢？如何进行差错控制？

2.7.1 差错的产生

所谓差错就是在数据通信中，接收端接收到的数据与发送端实际发出的数据出现不一致的现象。例如，数据传输过程中位丢失；发出的数据位为"0"，而接收到的数据位为"1"，或发出的数据位为"1"，而接收到的数据位为"0"，如图2-47所示。

差错的产生是由噪声引起的。根据产生原因的不同可把噪声分为两类：热噪声和冲击噪声。

（1）热噪声

热噪声又称为白噪声，是由传输介质的电子热运行产生的，它存在于所有电子器件和传输介质中。热噪声是温度变化的结果，不受频率变化的影响。热噪声是在所有频谱中以相同的形态分布，它是不能够消除的，由此对通信系统性能构成了上限。

例如，线路本身电气特性随机产生的信号幅度、频率与相位的畸变和衰减，电气信号在线路上产生反射造成的回音效应，相邻线路之间的串扰等都属于热噪声。

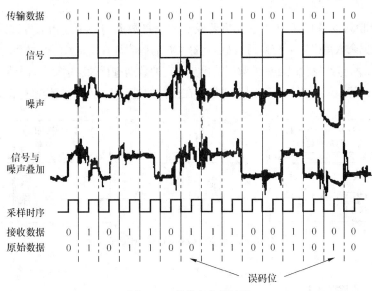

图 2-47　差错产生的过程

（2）冲击噪声

冲击噪声呈突发状，常由外界因素引起，其噪声幅度可能相当大，是传输中的主要差错。

例如，大气中的闪电、电源开关的"跳火" 自然界磁场的变化，以及电源的波动等外界因素所引起的都属于冲击噪声。

2.7.2　差错控制编码

为了保证通信系统的传输质量，降低误码率，必须采取差错控制措施——差错控制编码。

数据信息在向信道发送之前，先按照某种关系附加上一定的冗余位，构成一个完整码字后再发送，这个过程称为差错控制编码过程。接收端收到该码字后，检查信息位和附加的冗余位之间的关系，以判定传输过程中是否有差错发生，这个过程称为检错过程。如果发现错误，及时采取措施，纠正错误，这个过程称为纠错过程。因此差错控制编码可分为检错码和纠错码两类。

① 检错码。检错码是能够自动发现错误的编码，如奇偶校验码、循环冗余校验码。

② 纠错码。纠错码是能够发现错误且又能自动纠正错误的编码，如海明码、卷积码。

下面主要介绍奇偶校验码、循环冗余校验码。

1．奇偶校验码

奇偶校验码是一种最简单的检错码。其检验规则是：在原数据位后附加校验位（冗余位），根据附加后的整个数据码中的"1"的个数成为奇数或偶数，而分别叫做奇校验或偶校验。奇偶校验有水平奇偶校验、垂直奇偶校验、水平垂直奇偶校验和斜奇偶校验。

奇偶校验的特点是检错能力低，只能检测出信息传输过程中的部分误码，可以有部分纠错能力。这种检错法所用设备简单，容易实现（可以用硬件和软件方法实现）。

2. 循环冗余校验码

循环冗余校验码也叫 CRC 码。它先将要发送的信息数据与一个通信双方共同约定的数据进行除法运算，根据余数得出一个校验码，然后将这个校验码附加在信息数据帧之后发送出去。接收端在接收到数据后，将包括校验码在内的数据帧再与约定的数据进行除法运算，若余数为"0"，则表示接收的数据正确；若余数不为"0"，则表明数据在传输的过程中出错。其传输过程如图 2-48 所示。

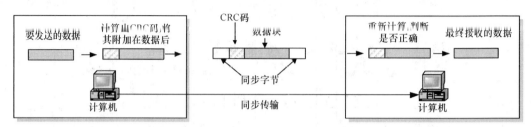

图 2-48　使用 CRC 校检码的数据传输过程

2.7.3　差错控制方法

差错控制方法主要有两类：反馈重发和前向纠错。

1. 反馈重发检错方法

反馈重发检错方法又称自动请求重发（Automatic Repeater Quest，ARQ），是利用编码的方法在数据接收端检测差错。当检测出差错后，设法通知发送数据端重新发送数据，直到无差错为止，如图 2-49 所示。ARQ 方法只使用检错码。

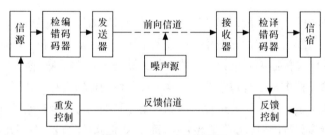

图 2-49　ARQ 方法原理图

2. 前向纠错方法

前向纠错（Forward Error Correcting，FEC）方法中，接收数据端不仅对数据进行检测，而且当检测出差错后还能利用编码的方法自动纠正差错，如图 2-50 所示。FEC 方法必须使用纠错码。

图 2-50　FEC 方法原理图

练习与思考

一、选择题

1. CDMA 系统中使用的多路复用技术是_____。

   A. 时分多路　　　　B. 波分多路　　　　C. 码分多址　　　　D. 空分多址

2. 光纤通信中使用的复用方式是___（1）___，E1 载波把 32 个信道按___（2）___方式复用在一条 2.048Mbit/s 的高速信道上，每条话音信道的数据速率是___（3）___。

   （1）A. 时分多路　　　B. 空分多路　　　　C. 波分多路　　　D. 频分多路

   （2）A. 时分多路　　　B. 空分多路　　　　C. 波分多路　　　D. 频分多路

   （3）A. 56 kbit/s　　　B. 64 kbit/s　　　　C. 128 kbit/s　　　D. 512 kbit/s

3. 如果一个码元所载的信息是 2 位，则一码元可以表示的状态为_____。

   A. 2 个　　　　　　B. 4 个　　　　　　C. 8 个　　　　　　D. 16 个

4. 调制解调器的主要功能是_____。

   A. 模拟信号的放大

   B. 数字信号的整形

   C. 模拟信号与数字信号的转换

   D. 数字信号的编码

5. 在数据通信中，利用电话交换网与调制解调器进行数据传输的方法属于_____。

   A. 频带传输　　　　B. 宽带传输　　　　C. 基带传输　　　　D. IP 传输

6. 采用曼彻斯特编码的数字信道，其数据传输速率为波特率的_____。

   A. 2 倍　　　　　　B. 4 倍　　　　　　C. 1/2 倍　　　　　D. 1 倍

7. PCM 是_____的编码。

   A. 数字信号传输模拟数据

   B. 数字信号传输数字数据

   C. 模拟信号传输数字数据

   D. 模拟数据传输模拟数据

8. 在数字数据转换为模拟信号中，_____编码技术受噪声影响最大。

   A. ASK　　　　　　B. FSK　　　　　　C. PSK　　　　　　D. QAM

9. 在同一个信道上的同一时刻，能够进行双向数据传送的通信方式是_____。

   A. 单工　　　　　　B. 半双工　　　　　C. 全双工　　　　　D. 上述三种均不是

10. 采用异步传输方式，设数据位为 7 位，1 位校验位，1 位停止位，则其通信效率为_____。

    A. 30%　　　　　　B. 70%　　　　　　C. 80%　　　　　　D. 20%

11. 对于实时性要求很高的场合，适合的技术是_____。

    A. 电路交换　　　　B. 报文交换　　　　C. 分组交换　　　　D. 无

12. 将物理信道总频带分割成若干个子信道，每个子信道传输一路信号，这就是_____。

    A. 同步时分多路复用　　　　　　　　B. 空分多路复用

    C. 异步时分多路复用　　　　　　　　D. 频分多路复用

13. 在下列传输介质中，_____传输介质的抗电磁干扰性最好。

    A. 双绞线   B. 同轴电缆   C. 光缆   D. 无线介质

14. 在电缆中屏蔽的好处是_____。

    （1）减少信号衰减   （2）减少电磁干扰辐射和对外界干扰的灵敏度

    （3）减少物理损坏   （4）减少电磁的阻抗

    A. 仅（1）   B. 仅（2）   C.（1），（2）   D.（2），（4）

15. 下列传输介质中，保密性最好的是_____。

    A. 双绞线   B. 同轴电缆   C. 光纤   D. 自由空间

16. 在获取与处理音频信号的过程中，正确的处理顺序是_____。

    A. 采样、量化、编码、存储、解码、D/A 变换

    B. 量化、采样、编码、存储、解码、A/D 变换

    C. 编码、采样、量化、存储、解码、A/D 变换

    D. 采样、编码、存储、解码、量化、D/A 变换

17. 下列关于 3 种编码的描述中，错误的是_____。

    A. 采用 NRZ 编码不利于收发双方保持同步

    B. 采用曼彻斯特编码，波特率是数据速率的两倍

    C. 采用 NRZ 编码，数据速率与波特率相同

    D. 在差分曼彻斯特编码中，用每比特中间的跳变来区分"0"和"1"

18. 以下 4 种编码方式中，属于不归零编码的是_____。

二、填空题

1. 模拟信号传输的基础是载波，载波具有 3 个要素，即_____、_____和_____。数字数据可以针对载波的不同要素或它们的组合进行调制，有 3 种基本的数字调制形式，即_____、_____和_____。

2. 模拟数据的数字化必须经过_____、_____和_____3 个步骤。

3. 最常用的两种多路复用技术为_____和_____，其中，前者是同一时间同时传送多路信号，而后者是将一条物理信道按时间分成若干个时间片轮流分配给多个信号使用。

4. 调制解调器是实现计算机的_____信号和电话线模拟信号间相互转换的设备。

5. 数据交换技术主要有_____、_____和_____，其中_____交换技术有数据报和虚电路之分。

6. 信号是_____的表示形式，它分为_____信号和_____信号。

7. 模拟信号是一种连续变化的_____，而数字信号是一种离散的_____。

三、判断对错

请判断下列描述是否正确（正确的在下划线上写 Y，错误的写 N）。

_____1. 在数据传输中，多模光纤的性能要优于单模光纤。

_____2. 在脉冲编码调制方法中，第一步要做的是对模拟信号进行量化。

_____3. 时分多路复用是以信道传输时间作为分割对象，通过为多个信道分配互不重叠的时间方法来实现多路复用。

_____4. 在线路交换、数据报与虚电路方式中，都要经过线路建立、数据传输与线路拆除这 3 个过程。

_____5. 在 ATM 技术中，一条虚通道中可以建立多个虚通路连接。

_____6. 在数据传输中，差错主要是由通道过程中的噪声引起的。

_____7. 误码率是衡量数据传输系统不正常工作状态下传输可靠性的参数。

_____8. 如果在数据传输过程中发生传输错误，那么接收到的带有 CRC 校验码的接收数据比特序列一定能被相同的生成多项式整除。

四、简答题

1. 请画出信息"11001011"的不归零码、曼彻斯特编码、差分曼彻斯特编码波形图。

2. 什么是并行传输、串行传输、同步传输、异步传输？

3. 常用的传输介质有哪些？各有什么特点？

4. 双绞线中的两条线为什么要绞合在一起？有线电视系统的 CATV 电缆属于哪一类传输介质，它能传输什么类型的数据？

5. 计算机通信为什么要进行差错处理？常用的差错处理方法有哪几种？

6. 8 个 64kbit/s 的信道通过统计时分复用到一条主干线路，如果该线路的利用率为 80%，则其带宽应该多少？

第3章

计算机网络体系结构

📖 【学习目标】

计算机网络体系结构是计算机网络课程中的重要内容，本章主要讲述计算机网络的层次结构、开放式系统互连（OSI）参考模型和 TCP/IP 参考模型。

📢 【学习要点】

1. 理解网络体系的概念
2. 理解网络协议的概念
3. 掌握 ISO/OSI 参考模型的层次结构和各层功能
4. 掌握 TCP/IP 体系结构的各层功能
5. 了解 OSI 与 TCP/IP 参考模型的区别
6. 了解 TCP/IP 主要的功能及特点

3.1 网络体系结构的基本概念

❓ 随着计算机网络技术的不断发展，出现了多种不同结构的网络系统，如何实现这些异构系统的互连？采取什么样的有效方法来分析这些复杂的网络系统？

3.1.1 网络体系结构的形成

计算机网络是一个非常复杂的系统，它不仅综合了当代计算机技术和通信技术，还涉及其他应用领域的知识和技术。把不同厂家的软硬件系统、不同的通信网络以及各种外部辅助设备连接，构成网络系统，实现高速可靠的信息共享，这是计算机网络发展面临的主要难题。为了解决这个问题，人们必须为网络系统定义一个让不同的计算机、不同的通信系统和不同的应用能够互连（互相连接）和互操作（互相操作）的开放式网络体系结构。互连意味着不同的计算机能够通过通信子网互相连接起来进行数据通信；互操作意味着不同的用户能够在连网的计算机上，用相同的命令或相同的操作使用其他计算机中的资源与信息，如同使用本地计算机系统中的资源与信息一样。因此，计算机网络的体系结构应该为不同的计算机之间互连和互操作提供相应的规范和标准。

计算机网络的体系结构采用了层次结构的方法来描述复杂的计算机网络，把复杂的网络互连问题划分为若干个较小的、单一的问题，并在不同层次上予以解决。

3.1.2 网络体系的分层结构

1. 层次结构的概念

对网络进行层次划分就是将计算机网络这个庞大的、复杂的问题划分成若干较小的、简单的问题。通常把一组相近的功能放在一起，形成网络的一个结构层次。

计算机网络层次结构包含两方面的含义，即结构的层次性和层次的结构性。层次的划分依据层内功能内聚，层间耦合松散的原则，也就是说，在网络中，功能相似或紧密相关的模块应放置在同一层；层与层之间应保持松散的耦合，使层与层之间的信息流动减到最小。

层次结构将计算机网络划分成有明确定义的层次，并规定了相同层次的进程通信协议及相邻层次之间的接口及服务。通常将网络的层次结构、相同层次的通信协议集和相邻层的接口以及服务，统称为计算机网络体系结构。

2. 划分层次结构的优越性

采用层次结构有很多方面的优势，主要有以下几点。
① 把网络操作分成复杂性较低的单元，结构清晰，易于实现和维护。
② 层与层之间定义了具有兼容性的标准接口，使设计人员能专心设计和开发所关心的功能模块。
③ 每一层具有很强的独立性——上层只需要通过层间接口了解下层需要提供什么样的服务，并不需要了解下层的具体内容，这个方法类似于"黑箱操作"方法。
④ 只要服务和接口不变，层内实现方法可任意改变。
⑤ 一个区域网络的变化不会影响另外一个区域的网络，因此每个区域的网络可单独升级或改造。

3. 层次结构的主要内容

在划分层次结构时，首先需要考虑以下问题。
① 网络应该具有哪些层次？每一层的功能是什么？（分层与功能）
② 各层之间的关系是怎样的？它们如何进行交互？（服务与接口）
③ 通信双方的数据传输需要遵循哪些规则？（协议）
因此，层次结构方法主要包括 3 个内容：分层及每层功能，服务与层间接口，协议。

4. 层次结构的划分原则

在划分层次结构时，须遵循以下原则。

① 以网络功能作为划分层次的基础，每层的功能必须明确，层与层之间相互独立。当某一层的具体实现方法更新时，只要保持上下层的接口不变，便不会对邻层产生影响。

② 层间接口必须清晰，跨越接口的信息量应尽可能地少。

③ 层数应适中，若层数太少，则造成每一层的协议太复杂；若层数太多，则体系结构过于复杂，使描述和实现各层功能变得困难。

④ 第 n 层的实体在实现自身定义的功能时，只能使用第 $n-1$ 层提供的服务。第 n 层在向第 $n+1$ 层提供服务时，此服务不仅包含第 n 层本身的功能，还包含下层服务提供的功能。

⑤ 层与层之间仅在相邻层间有接口，每一层所提供服务的具体实现细节对上一层完全屏蔽。

5. 层次结构模型

层次结构一般以垂直分层模型来表示，如图 3-1 所示，相应特点如下。

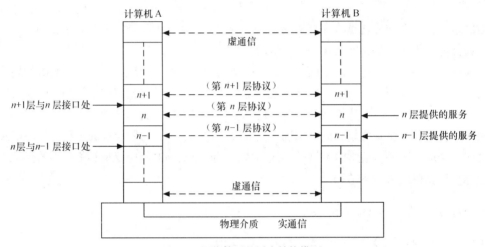

图 3-1 网络体系的层次结构模型

① 除了在物理介质上进行的是实通信之外，其余各对等实体间进行的都是虚通信。

② 对等层的虚通信必须遵循该层的协议。

③ 第 n 层的虚通信是通过第 n 层和第 $n-1$ 层间接口处第 $n-1$ 层提供的服务以及第 $n-1$ 层的通信（通常也是虚通信）来实现的。

在图 3-2 所示的结构中，第 n 层是第 $n-1$ 层的用户，又是第 $n+1$ 层的服务提供者。第 $n+1$ 层虽然只直接使用了第 n 层提供的服务，实际上它通过第 n 层还间接地使用了第 $n-1$ 层及以下所有各层的服务。

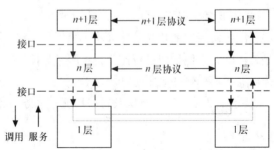

图 3-2 网络体系结构中协议、层、服务与接口

3.1.3　层次结构中的相关概念

1. 实体

在网络体系结构中，每一层都由一些实体（Entity）组成，它们抽象地表示了通信时的软件元素（如进程或子程序）或硬件元素（如智能 I/O 芯片）。实体是通信时能发送和接收信息的软硬件设施。

不同节点（或称不同系统）上同一层的实体叫做对等实体。

2. 协议

为进行计算机网络中的数据交换（通信）而建立的规则、标准或约定的集合称为协议（Protocol）。协议总是指某一层协议，准确地说，它是为对等实体之间实现通信而制定的有关通信规则、约定的集合。

一个网络协议主要由以下 3 个要素组成。

① 语法（Syntax），指数据与控制信息的结构或格式，如数据格式、编码及信号电平等。

② 语义（Semantics），指用于协调与差错处理的控制信息，如需要发出何种控制信息，完成何种动作以及作出何种应答。

③ 定时（Timing），指事件的实现顺序，如速度匹配、排序等。

不同层具有各自不同的协议，对等实体间按照协议进行通信。

3. 接口

接口（Interface）是指相邻两层之间交互的界面，定义相邻两层之间的操作及下层对上层的服务。

如果网络中每一层都有明确功能，相邻层之间有一个清晰的接口，就能减少在相邻层之间传递的信息量，在修改本层的功能时也不会影响到其他各层。也就是说，只要能向上层提供完全相同的服务集合，改变下层功能的实现方式并不影响上层。

4. 服务

服务（Service）是指某一层及其以下各层通过接口提供给其相邻上层的一种能力。

在计算机网络的层次结构中，层与层之间具有服务与被服务的单向依赖关系，下层向上层提供服务，而上层则调用下层的服务。因此，我们可称任意相邻两层的下层为服务提供者，上层为服务调用者。

当第 $n+1$ 层实体向第 n 层实体请求服务时，服务用户与服务提供者之间通过服务访问点（Service Access Point，SAP）进行交互，在进行交互时所要交换的一些必要信息被称为服务原语。在计算机中，原语指一种特殊的广义指令（即不能中断的指令）。相邻层的低一层对高一层提供服务时，二者交互采用广义指令。服务原语描述提供的服务，并规定了通过 SAP 传递的信息。一个完整的服务原语包括 3 个部分：原语名字、原语类型和原语参数。常用 4 种类型的服务原语是：请求（Request）、指示（Indication）、响应（Response）和确认（Confirm）。图 3-3

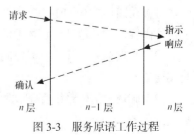

图 3-3　服务原语工作过程

所示为服务原语的工作过程。

当第 n 层向第 $n+1$ 层提供服务时，根据是否需建立连接可将其分为两类：面向连接的服务（Connection-oriented Service）和无连接服务（Connectionless Service）。

（1）面向连接服务

先建立连接，然后进行数据交换。因此面向连接服务具有建立连接、数据传输和释放连接这 3 个阶段。

（2）无连接服务

两个实体之间的通信不需要先建立好连接，因此是一种不可靠的服务。这种服务常被描述为"尽最大努力交付（Best Effort Delivery）"或"尽力而为"，它不需要两个通信的实体同时是活跃的。

5. 层间通信

实际上，每一层必须依靠相邻层提供的服务来与另一台主机的对应层通信，这包含了下面两方面的通信。

（1）相邻层之间通信

相邻层之间通信发生在相邻的上下层之间，通过服务来实现。

上层使用下层提供的服务，上层称为服务调用者（Service User）；下层向上层提供服务；下层称为服务提供者（Service Provider）。

（2）对等层之间通信

对等层是指不同开放系统中的相同层次，对等层之间通信发生在不同开放系统的相同层次之间，通过协议来实现。对等层实体之间是虚通信，依靠下层向上层提供服务来完成，而实际的通信是在最底层完成的。

显然，通过相邻层之间的通信，可以实现对等层之间的通信。相邻层之间的通信是手段，对等层之间的通信是目的。

注意，服务与协议存在以下的区别。

① 协议是"水平的"，是对等实体间的通信规则。

② 服务是"垂直的"，是下层向上层通过接口提供的。

实例 3-1　对等实体通信实例。两个人收发信件的模型如图 3-4 所示，问：

（1）哪些是对等实体？

（2）收信人与发信人之间、邮局之间，他们是在直接通信吗？

（3）邮局、运输系统各向谁提供什么样的服务？

（4）邮局、收发信人各使用谁提供的什么服务？

实例分析如下。

（1）在图 3-4 中，P1、P2、P3 分别为运输系统层协议、邮局层协议、用户层协议；双方对应的信件内容、邮件地址、货物地址称为对等实体。

（2）收发信人之间、邮局之间不是直接通信，而是虚通信；只有运输系统之间是直接通信，是实通信。

（3）邮局、运输系统都是收发信人的服务提供者；邮局向收发信人提供服务，运输系统向邮局提供服务。

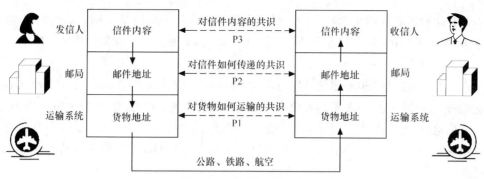

图 3-4　对等实体通信实例

（4）邮局使用运输系统提供的服务，收发信人使用邮局和运输系统提供的服务。

3.2　开放系统互连参考模型

采用不同网络体系结构的网络系统有没有办法实现互连？如果可以，有什么要求？

为了使不同的计算机网络都能互连，国际标准化组织（ISO）于 1977 年成立了一个专门的机构来研究该问题。不久，他们就提出一个试图使各种计算机在世界范围内互连成网的标准框架，即著名的开放系统互连参考模型（Open Systems Interconnection Reference Model，OSI/RM），简称为 OSI。所谓"开放"是指只要遵循 OSI 标准，一个系统就可以和位于世界上任何地方的、也遵循这同一标准的其他任何系统进行通信。

3.2.1　OSI 参考模型

OSI 参考模型采用了层次结构，将整个网络的通信功能划分成 7 个层次，每个层次完成不同的功能。这 7 层由低层至高层分别是物理层、数据链路层、网络层、传输层、会话层、表示层和应用层，如图 3-5 所示。

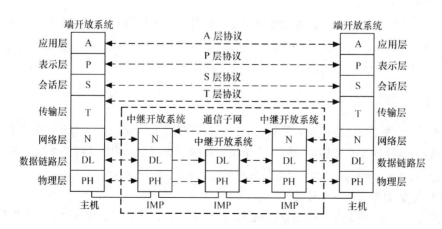

图 3-5　OSI 参考模型

OSI/RM 的核心内容包含高、中、低三大部分：高层面向网络应用；低层面向网络通信的各种功能划分；中间层起到信息转换、信息交换（或转接）和传输路径选择等作用，即路由选择。

从图 3-5 可见，整个开放系统环境由作为信源和信宿的端开放系统及若干中继开放系统通过物理传输介质连接构成。这里的端开放系统和中继开放系统，都是国际标准 OSI 7498 中使用的术语。通俗地说，它们相当于资源子网中的主机和通信子网中的节点机（IMP）。只有在主机中才可能需要包含所有 7 层的功能，而在通信子网中的 IMP 一般只需要最低 3 层甚至只要最低 2 层的功能就可以了。

OSI 参考模型并非指一个现实的网络，它仅仅规定了每一层的功能，为网络的设计规划出一张蓝图。各个网络设备或软件生产厂家都可以按照这张蓝图来设计和生产自己的网络设备或软件。尽管设计和生产出的网络产品的式样、外观各不相同，但它们应该具有相同的功能。

3.2.2　OSI/RM 各层的主要功能

1．物理层

物理层（Physical Layer）处于 OSI 参考模型的最低层。物理层的主要功能是利用物理传输介质为数据链路层提供物理连接，以便透明地传送"比特"流，物理层传输的单位是比特（bit）。

除了不同传输介质自身的物理特性之外，物理层还对通信设备和传输介质之间使用的接口作了详细的规定，主要体现在以下 4 个方面。

① 机械特性：确定连接电缆材质、引线的数目及定义、电缆接头的几何尺寸、锁紧装置等，规定了物理连接时插头和插座的几何尺寸、插针或插孔芯数及排列方式、锁定装置的形式、接口形状、数量、序列等。

② 电气特性：规定了在物理连接上导线的电气连接及有关电路的特性，一般包括接收器和发送器电路特性的说明，表示信号状态的电压/电流电平的识别，最大传输速率的说明，以及与互连电缆相关的规则等，即 0 和 1 用什么电压表示的问题。

③ 功能特性：规定了接口信号的来源、作用以及其他信号之间的关系，即某一条线上某一个电压表示何种意义。

④ 规程特性：规定了初始连接如何建立，采用什么样的传输方式，双方结束通信时如何拆除连接等；规定了使用交换电路进行数据交换的控制步骤，这些控制步骤的应用使得比特流传输得以完成，即规定了对于不同功能的各种事件的出现顺序。

2．数据链路层

在物理层提供比特流传输服务的基础上，数据链路层（Data Link Layer）通过在通信的实体之间建立数据链路连接，传送以"帧"为单位的数据，使有差错的物理线路变成无差错的数据链路，保证点到点（point-to-point）可靠的数据传输，如图 3-6 所示。

数据链路层的数据传输单位是帧。

数据链路层关心的主要问题是物理地址、网络拓扑、线路规程、错误通告、数据帧的有序传输和流量控制。

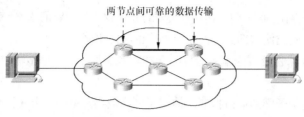

图 3-6　数据链路层任务

　网络中的每台主机都必须有一个 48 位（6Byte）的地址，称为 MAC 地址，也称为物理地址，通常由网卡生产厂商固化在网卡上。当一台计算机插上一块网卡后，该计算机的物理地址就是该网卡的 MAC 地址。例如，一个 MAC 地址的例子（以十六进制表示）：02·60·8C·67·05·A2。

3. 网络层

网络层（Network Layer）是 OSI 参考模型中的第三层，它建立在数据链路层所提供的两个相邻节点间数据帧的传送功能之上，将数据从源端经过若干中间节点传送到目的端，从而向传输层提供最基本的端到端的数据传送服务。如图 3-7 所示，在源端与目的端之间提供最佳路由传输数据，实现了两主机之间的逻辑通信。网络层是处理端到端数据传输的最低层，体现了网络应用环境中资源子网访问通信子网的方式。

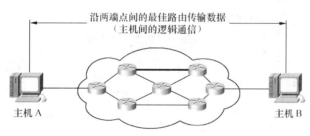

图 3-7　网络层的任务

概括地说，网络层主要关注的问题有如下几个方面。

① 网络层的信息传输单位是分组（Packet）。

② 逻辑地址寻址。数据链路层的物理地址只是解决了在同一网络内部的寻址问题，如果一个数据包从一个网络跨越到另一个网络时，就需要使用网络层的逻辑地址。当传输层传递给网络层一个数据包时，网络层就在这个数据包的头部加入控制信息，其中包含了源节点和目的节点的逻辑地址。

　这里所说的逻辑地址是指 3.3 节所说的 IP 地址。

③ 路由功能。信息从源节点出发，要经过若干个中继节点的存储转发后，才能到达目的节点。通信子网中的路径是指从源节点到目的节点之间的一条通路，它可以表示为从源节点到目的节点之间的相邻节点及其链路的有序集合。一般在两个节点之间都会有多条路径选择，这时就存在选择最佳路由的问题。路由选择就是根据一定的原则和算法在传输通路中选出一条通向目的节点的最佳路由。

④ 拥塞控制。当到达通信子网中某一部分的分组数高于一定的水平，使得该部分网络来不及处理这些分组时，就会致使这部分以至整个网络的性能下降。

⑤ 流量控制。用来保证发送端不会以高于接收者能承受的速率传输数据，一般涉及接收者向发送者发送反馈。

网络层关系到通信子网的运行控制，体现了网络应用环境中资源子网访问通信子网的方式，是 OSI 模型中面向数据通信的低三层（也即通信子网）中最为复杂、关键的一层。

4. 传输层

传输层（Transport Layer）的主要目的是向用户提供无差错的可靠的端到端（end-to-end）服务，透明地传送报文，提供端到端的差错恢复和流量控制。由于它向高层屏蔽了下层数据通信的细节，因而是计算机通信体系结构中最关键的一层。

传输层关心的主要问题是建立、维护和中断虚电路、传输差错校验和恢复以及信息流量控制等。

传输层提供"面向连接"（虚电路）和"无连接"（数据报）两种服务。

传输层被看作高层协议与下层协议之间的边界，其下 3 层与数据传输问题有关，上 3 层与应用问题有关，起到承上启下的作用。传输层与网络层的部分服务有重叠交叉的部分，如何平衡取决于两者的功能划分。

传输层提供了两端点间可靠的透明数据传输，实现了真正意义上的"端到端"的连接，即应用进程间的逻辑通信，如图 3-8 所示。

图 3-8　传输层的任务

5. 会话层

就像它的名字一样，会话层（Session Layer）实现建立、管理和终止应用程序进程之间的会话和数据交换，这种会话关系是由两个或多个表示层实体之间的对话构成的。

6. 表示层

表示层（Presentation Layer）保证一个系统应用层发出的信息能被另一个系统的应用层读出。如有必要，表示层用一种通用的数据表示格式在多种数据表示格式之间进行转换，它包括数据格式变换、数据加密与解密、数据压缩与恢复等功能。

OSI 环境的低五层提供透明的数据传输，应用层负责处理语义，而表示层则负责处理语法。

7. 应用层

应用层（Application Layer）是 OSI 参考模型中最靠近用户的一层，它为用户的应用程序提供网络服务。这些应用程序包括电子数据表格程序、字处理程序和银行终端程序等。应用层识别并证实目的通信方的可用性，使协同工作的应用程序之间进行同步，建立传输错误纠正和数据完整性控制方面的协定，判断是否为所需的通信过程留有足够的资源。

从上面的讨论可以看出，只有最低 3 层涉及与通信子网的数据传输，高 4 层是端到端的层次，因而通信子网只包括低 3 层的功能。OSI 参考模型规定的是两个开放系统进行互连所要遵循的标准，对高 4 层来说，这些标准是由两个端系统上的对等实体来共同执行的；对于低 3 层来说，这些标准是由端系统和通信子网边界上的对等实体来执行的，通信子网内部采用什么标准则是任意的。

3.2.3 OSI/RM 数据流向

层次结构模型中数据的实际传输过程如图 3-9 所示。图中发送进程传输给接收进程数据，实际上是经过发送方各层从上到下传输到物理传输介质，通过物理传输介质传输到接收方后，再经过从下到上各层的传递，最后到达接收进程。

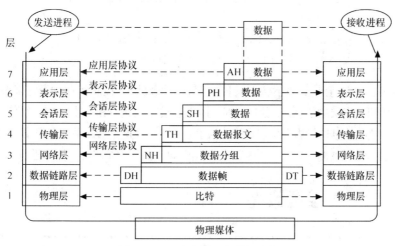

图 3-9 OSI 参考模型的数据流向

在发送方从上到下逐层传递的过程中，每层都要加上适当的控制信息，即图 3-9 中的 AH、PH、SH、TH、NH、DH，它们统称为报头。到最低层成为由 "0" 或 "1" 组成的数据比特流，然后再转换为电信号在物理传输介质上传输至接收方。接收方在向上传递时过程正好相反，要逐层剥去发送方加上的控制信息。

3.2.4 对等层之间的通信

OSI 参考模型中，对等层协议之间交换的信息单元统称为协议数据单元（Protocol Data Unit，PDU）。

传输层及以下各层的 PDU 都有各自特定的名称，传输层是数据段（Segment）；网络层是分组或数据报（Packet）；数据链路层是数据帧（Frame）；物理层是比特（bit）。

OSI 参考模型中每一层都要依靠下一层提供的服务。

下层为了给上层提供服务，就把上层的 PDU 进行数据封装，然后加入本层的头部（和尾部）。

头部中含有完成数据传输所需的控制信息。

这样，数据自上而下递交的过程实际上就是不断封装的过程，到达目的地后自下而上递交的过程就是不断拆封的过程，如图 3-10 所示。由此可知，在物理线路上传输的数据，其外面实际上被包封了多层"信封"。

某一层只能识别由对等层封装的"信封"，对被封装在"信封"内部的数据只是将其拆封后提交给上层，本层不作任何处理，如图 3-10 所示。

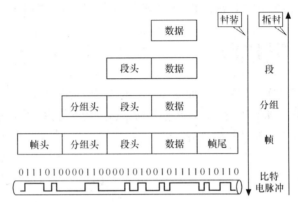

图 3-10 数据的封装与拆封

因接收方的某一层不会收到底下各层的控制信息，而高层的控制信息对于它来说又只是透明的数据，所以它只阅读本层的信息，并进行相应的协议操作。发送方和接收方的对等实体看到的信息是相同的，就好像这些信息通过虚通信"直接"给了对方一样。这是开放系统在网络通信过程中最主要的特点。因此在考虑问题时，可以不管实际的数据流向，而认为是对等实体在进行直接的通信。

3.3 TCP/IP 参考模型

我们在给计算机设置 IP 地址的时候，可以在本地连接的【状态】/【属性】/【常规】中看到有一个项目为"Internet 协议（TCP/IP）"。究竟什么是 TCP/IP 体系？TCP/IP 与 OSI/RM 有什么样的对应关系呢？

3.3.1 TCP/IP 参考模型的层次划分

OSI 参考模型的提出在计算机网络发展史上具有里程碑的意义，以至于提到计算机网络就不能不提 OSI 参考模型。但是，OSI 参考模型具有定义过于繁杂、实现困难等缺点。面对市场 OSI 失败了。与此同时，TCP/IP 的提出和广泛使用，特别是因特网用户的迅速增长，使 TCP/IP 网络的体系结构日益显示出其重要性。

TCP/IP 是目前最流行的商业化网络协议，尽管它不是某一标准化组织提出的正式标准，但它已经被公认为目前的工业标准或"事实标准"。因特网之所以能迅速发展，就是因为 TCP/IP 能够适应和满足世界范围内数据通信的需要。

1．TCP/IP 的特点

① 开放的协议标准，可以免费使用，并且独立于特定的计算机硬件与操作系统。
② 独立于特定的网络硬件，可以运行在局域网、广域网以及互联网中。
③ 统一的网络地址分配方案，使得整个 TCP/IP 设备在网中都具有唯一的地址。
④ 标准化的高层协议，可以提供多种可靠的用户服务。

2．TCP/IP 参考模型的层次

与 OSI 参考模型不同，TCP/IP 参考模型将网络划分为 4 层，它们分别是应用层（Application layer）、传输层（Transport layer）、网际层（Internet layer）和网络接口层（Network interface layer）。

实际上，TCP/IP 的参考模型与 ISO/OSI 参考模型有一定的对应关系。图 3-11 所示为这种对应关系。

① TCP/IP 的应用层与 OSI 的应用层、表示层及会话层相对应。
② TCP/IP 的传输层与 OSI 的传输层相对应。
③ TCP/IP 的网际层与 OSI 的网络层相对应。
④ TCP/IP 的网络接口层与 OSI 的数据链路层及物理层相对应。

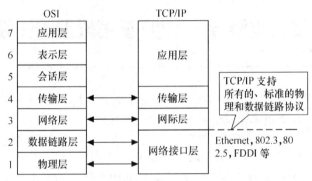

图 3-11　OSI/RM 与 TCP/IP 对应关系

3.3.2　TCP/IP 参考模型各层的功能

1．网络接口层

TCP/IP 中没有详细定义网络接口层的功能，只是指出通信主机必须采用某种协议连接到网络上，并且能够传输网络数据分组。该层没有定义任何实际协议，只定义了网络接口，任何已有的数据链路层协议和物理层协议都可以用来支持 TCP/IP。

2．网际层

网际层又称互连层，是 TCP/IP 参考模型的第二层，它实现的功能相当于 OSI 参考模型网络层的无连接网络服务。网际层负责将源主机的报文分组发送到目的主机，源主机与目的主机可以在一个网上，也可以在不同的网上。

网际层的主要功能如下。

① 处理来自传输层的分组发送请求。在收到分组发送请求之后，将分组进行封装，选择发送路径，然后将其发送到相应的网络接口。

② 处理接收的数据报。首先检查其合法性，然后进行路由选择。在接收到其他主机发送的数据报之后，检查目的地址，如需要转发，则选择发送路径，转发出去；如目的地址为本节点 IP 地址，则除去报头，将分组送交传输层处理。

③ 处理 ICMP 报文、路由、流量控制与拥塞问题。

3. 传输层

传输层位于网际层之上，它的主要功能是负责应用进程之间的端到端通信。在 TCP/IP 参考模型中，设计传输层的主要目的是在网际层中的源主机与目的主机的对等实体之间建立用于会话的端到端连接。因此，它与 OSI 参考模型的传输层相似。

4. 应用层

应用层是最高层。它与 OSI 模型中高 3 层任务相同，用于提供网络服务，如文件传输、远程登录、域名服务和简单网络管理等。

3.4 OSI 参考模型与 TCP/IP 参考模型的比较

虽然 OSI 参考模型与 TCP/IP 参考模型存在着不少共同点，但是它们的区别还是相当大的。OSI 参考模型与 TCP/IP 参考模型两者之间有什么区别呢？

TCP/IP 参考模型与 OSI 参考模型在设计中都采用了层次结构的思想，不过层次划分及使用的协议有很大区别。无论是 OSI 参考模型还是 TCP/IP 参考模型都不是完美的，都存在某些缺陷。

OSI 参考模型的主要问题是定义复杂、实现困难，有些同样的功能（如流量控制与差错控制等）在多层重复出现，效率低下等。而 TCP/IP 参考模型的缺陷是网络接口层本身并不是实际的一层，每层的功能定义与其实现方法没能区分开来，从而使 TCP/IP 参考模型不适合于其他非 TCP/IP 协议簇。

人们普遍希望网络标准化，但 OSI 迟迟没有成熟的网络产品。因此，OSI 参考模型与协议没有像专家们所预想的那样风靡世界。TCP/IP 参考模型与协议在 Internet 中经受了几十年的风风雨雨，得到了 IBM、Microsoft、Novell 及 Oracle 等大型网络公司的支持，成为计算机网络中的主要标准体系。

总结两者的主要区别如下。

① 法律上的国际标准 OSI 并没有得到市场的认可，非国际标准 TCP/IP 现在获得了最广泛的应用，TCP/IP 常被称为事实上的国际标准。

② OSI 的专家们在完成 OSI 标准时没有商业驱动力。

③ OSI 的协议实现起来过分复杂，且运行效率很低。

④ OSI 标准的制定周期太长，因而使得按 OSI 标准生产的设备无法及时进入市场。

⑤ OSI 的层次划分不太合理，有些功能在多个层次中重复出现。

⑥ OSI 引入了服务、接口、协议、分层的概念，TCP/IP 借鉴了 OSI 的这些概念建模。

　　　现在有一种建议是将网络的工作原理分为 5 层，从高到低分别是应用层、传输层、网际层、数据链路层和物理层。

练习与思考

一、填空题

1. 协议主要由_____、_____和_____ 3 个要素组成。

2. OSI 模型分为_____、_____、_____、_____、_____、_____和_____ 7 个层次。

3. OSI 模型分为_____和_____两个部分。

4. 物理层定义了_____、_____、_____和_____ 4 个方面的内容。

5. 数据链路层处理的数据单位称为_____。

6. 数据链路层的主要功能有_____、_____、_____、_____、_____和_____。

7. 在数据链路层中定义的地址通常称为_____或_____。

8. 网络层所提供的服务可以分为两类：_____服务和_____服务。

9. 传输层的功能包括_____、_____、_____、_____和_____等。

二、判断对错

请判断下列描述是否正确（正确的在下划线上写 Y，错误的写 N）。

_____1. 网络协议的三要素是语义、语法与层次结构。

_____2. 如果一台计算机可以和其他地理位置的另一台计算机进行通信，那么这台计算机就是一个遵循 OSI 标准的开放系统。

_____3. ISO 划分网络层次的基本原则是：不同的节点都有相同的层次；不同节点的相同层次可以有不同的功能。

_____4. 传输控制协议（TCP）属于传输层协议，而用户数据报协议（UDP）属于网络协议。

_____5. 在 TCP/IP 中，TCP 提供可靠的面向连接服务，UDP 提供简单的无连接服务，而电子邮件、文件传送协议等应用层服务是分别建立在 TCP、UDP 之上的。

_____6. 传输层的主要功能是向用户提供可靠的端到端服务，以及处理数据包错误、数据包次序等关键问题。

三、简答题

1. 什么是网络体系结构？为什么要定义网络体系结构？

2. 什么是网络协议？它在网络中的定义是什么？

3. 什么是 OSI 参考模型？各层的主要功能是什么？

4. 举出 OSI 参考模型和 TCP/IP 参考模型的共同点及不同点。

5. OSI 参考模型的哪一层分别处理以下问题。

（1）把传输的比特划分为帧。

（2）决定使用哪条路径通过通信子网。

（3）提供端到端的服务。

（4）为了数据的安全将数据加密传输。

（5）光纤收发器将光信号转为电信号。

（6）电子邮件软件为用户收发邮件。

（7）提供同步和令牌管理。

6. 请举出生活中的一个例子来说明"协议"的基本含义。

7. 为什么要采用分层的方法解决计算机的通信问题？

8. "各层协议之间存在着某种物理连接，因此可以进行直接的通信。"这句话对吗？

9. 请简要叙述服务与协议之间的区别。

第4章

TCP/IP 协议集

📖 【学习目标】

　　在计算机网络的众多协议中，TCP/IP 是应用最广泛的。本章主要讲述 TCP/IP 参考模型的基本知识，主要包括 TCP/IP 协议集、IP 地址的结构和分类、子网划分规则等内容。通过本章学习，读者应该能够根据不同的网络环境，熟练地设置 IP 地址及划分子网。

◀)) 【学习要点】

1. 熟悉 TCP/IP 协议集
2. 熟练掌握 IP 地址的结构和分类
3. 理解并掌握特殊的 IP 地址
4. 熟悉子网划分规则，掌握子网划分技术

4.1　TCP/IP 协议集

　　某同学在用 QQ 聊天程序进行聊天时发现，他在聊天窗口中发送的即时消息总是能可靠、准确地传送到对方，即使是因为某些原因即时消息发送不成功，也会给出提示信息。但是当他和同一个目标进行语音或者视频聊天时，则不会如此，经常出现数据丢失，以至于图像和声音不连续。这是为什么呢？怎么样才能确保数据在网络中准确、可靠、迅速地传输呢？

4.1.1　TCP/IP 网际层协议

　　在 TCP/IP 层次结构中包含的 4 个层次，只有 3 个层次含有实际的协议。TCP/IP 中各层的协议如图 4-1 所示。

应用层	FTP、Telnet、HTTP、SMTP、DNS
传输层	TCP、UDP
网际层	IP、ICMP、IGMP、ARP、RARP
网络接口层	

图 4-1　TCP/IP 层次结构与 TCP/IP 协议集对照

网际层的协议主要包括网际协议、地址解析协议、网际控制消息协议和网际主机组管理协议。

1．网际协议

Internet 是由许多网络相互连接之后构成的集合，将整个 Internet 整合在一起的正是网际协议（Internet Protocol，IP）。IP 的任务是提供一种尽力投递（即不提供任何保证）的方法，将数据报从源端传输到目标端，它不关心源机器和目标机器是否在同样的网络中，也不关心它们之间是否还有其他的网络，所以 IP 是一个无连接的协议。无连接是指主机之间不建立用于可靠通信的端对端的连接，源主机只是简单地将 IP 数据包发送出去，而 IP 数据包有可能会丢失、重复、延迟时间或者次序混乱。每个 IP 数据包包含头部控制信息和正文部分。头部控制信息主要包括源 IP 地址、目标 IP 地址及其他信息。数据包的正文部分包含要发送的正文数据。

2．地址解析协议

IP 数据包常通过以太网发送。以太网设备并不识别 32 位 IP 地址，它们是以 48 位的以太网地址（即 MAC 地址或硬件地址）传输以太网数据包的。因此，必须把 IP 目的地址转换成以太网目的地址。地址解析协议（Address Resolution Protocol，ARP）就是用来确定 IP 地址与物理地址之间的映射关系的。

反向地址解析协议（Revers Address Resolution Protocol，RARP）负责完成物理地址向 IP 地址的转换。

3．网际控制消息协议

IP 是一种不可靠的协议，无法进行差错控制。但 IP 可以借助其他协议来实现这一功能，如网际控制消息协议（Internet Control Message Protocol，ICMP）。ICMP 允许主机或路由器报告差错情况，提供有关异常情况的报告。

一般来说，ICMP 报文提供针对网络层的错误诊断、拥塞控制、路径控制和查询服务 4 项大的功能。例如，如果某设备不能将一个 IP 数据包转发到另一个网络，它将向发送数据包的源主机发送一个信息，并通过 ICMP 来解释这个错误。

4．网际主机组管理协议

IP 只是负责网络中点到点的数据包传输，而点到多点的数据包传输则要依靠网际主机组管理协议（Internet Group Management Protocol，IGMP）来完成，它主要负责报告主机组之间的关系，以便相关的设备（路由器）可支持多播发送。

4.1.2　传输层协议

传输层协议主要包括传输控制协议和用户数据报协议。

1. 传输控制协议

传输控制协议（Transmission Control Protocol，TCP）是传输层的一种面向连接的通信协议，它提供可靠的、按序传送数据的服务。对于大量数据的传输，通常都要求有可靠的数据传送。TCP 提供的连接是双向的，即全双工的。

TCP 是一种端对端的协议。用 TCP 与另一台计算机通信，两台主机之间首先要经历一个"拨打电话"的过程，每一端都为通话做好准备，等到通信准备就绪才开始传输数据，最后结束通话。进行数据传输时，TCP 将源主机应用层的数据分成多段，然后将每个分段传送到网际层，网际层将数据封装为 IP 数据包，并发送到目的主机。目的主机的网际层将 IP 数据包中的分段数据传送给传输层，再由传输层对这些分段数据进行重组，还原成原始数据，并传送给应用层。另外，TCP 还要完成流量控制和差错检验任务，以保证可靠的数据传输。TCP 在数据传输之前必须建立连接，传输完成以后，释放连接。如果传输时没有收到分组或收到的是错误分组，则必须进行重新传输，因此说 TCP 是"可靠"的。

前面问题中提到利用 QQ 聊天程序进行聊天时，即时消息能准确、可靠、迅速地传输是因为采用了 TCP，TCP 是面向连接的协议，即使数据没有发送出去，它也会通过 ICMP 给出提示信息。

2. 用户数据报协议

用户数据报协议（User Datagram Protocol，UDP）的创立是为了向应用程序提供一条访问 IP 的无连接功能的途径。使用该协议，源主机有数据就发出，它不去管发送的数据包是否到达目标主机，数据包是否出错，收到数据包的主机也不会告诉发送方是否收到数据。因此，它是一种不可靠的数据传输方式。

TCP 和 UDP 各有优点。面向连接的方式（TCP）是可靠的，但在通信过程中，传送了许多与数据本身无关的信息，降低了信道的利用率，常用于对数据可靠性要求比较高的应用。无连接方式（UDP）是不可靠的，但因为不用传输许多与数据本身无关的信息，所以传输速度快，常用于一些实时的服务。虽然 UDP 与 TCP 相比显得非常不可靠，但在一些特定的环境下还是很有优势的。例如，要发送的信息较短，不值得在主机间建立一次连接。另外，面向连接的通信通常只能在两个主机之间进行，若要实现多个主机之间的一对多或多对多的数据传输，即广播或多播，就需要使用 UDP。

QQ 聊天程序中话音和视频信息的传输采用的就是 UDP，所以在网络性能不佳时，便会出现数据的丢失，导致图像和声音不连续。

实例 4-1　运用所学的协议，解释为什么有时从 Internet 下载文件速度特别慢？

分析：可能的原因是 Internet 中某处的通信量突然增大，路由器来不及处理到来的分组，于是就丢弃这些分组。TCP 发现少了一些分组，就进行重传，从而产生了时延。

实例 4-2　运用所学的协议，解释为什么有时发送电子邮件总是失败？

分析：可能的原因是 Internet 中某处的通信量特别大，路由器大量丢弃分组。即使 TCP 协议进行重传，重传后的分组还是被丢弃。所以，发送的邮件分组无法到达接收方。

4.1.3 应用层协议

在 TCP/IP 模型中，应用层的协议主要有以下几种。

1. 超文本传输协议

超文本传输协议（Hypertext Transfer Text Protocol，HTTP）是 WWW 浏览器和 WWW 服务器之间的应用层通信协议，它保证正确传输超文本文档，是一种最基本的 C/S（即客户机/服务器）访问协议。该协议可以使浏览器更加高效，使网络传输流量减少。通常，它通过浏览器向服务器发送请求，而服务器则回应相应的网页。

2. 文件传送协议

文件传送协议（File Transfer Protocol，FTP）用来实现主机之间的文件传送，它采用 C/S 模式，使用 TCP 提供可靠的传输服务，是一种面向连接的协议。FTP 的主要功能就是减少或消除在不同操作系统下处理文件的不兼容性。

3. 远程登录协议

远程登录协议（Telnet）是一个简单的远程终端协议，采用 C/S 模式。用户用 Telnet 可通过 TCP 连接注册（即登录）到远地的另一个主机上（使用主机名或 IP 地址）。Telnet 能将用户的击键传到远地主机，同时也能将远地主机的输出通过 TCP 连接返回到用户屏幕。这种服务是透明的，双方都感觉到好像键盘和显示器是直接连在远地主机上。

4. 简单邮件传送协议

简单邮件传送协议（Simple Mail Transfer Protocol，SMTP）是一种提供可靠且有效电子邮件传输的协议，建立在 FTP 文件传输服务上，主要用于传输系统之间的邮件信息并提供与来信有关的通知。使用 SMTP 可实现相同网络上处理机之间的邮件传输，也可通过中继器或网关实现某处理机与其他网络之间的邮件传输。

5. 域名系统

域名系统（Domain Name System，DNS）用来把便于人们记忆的主机域名和电子邮件地址映射为计算机易于识别的 IP 地址。DNS 是一种 C/S 结构，客户机就是用户用于查找一个名字对应的地址，而服务器通常用于为别人提供查询服务。

6. 简单网络管理协议

简单网络管理协议（Simple Network Management Protocol，SNMP）是专门用于 IP 网络管理网络节点（服务器、工作站、路由器、交换机及 Hub 等）的一种标准协议。SNMP 使网络管理员能够管理网络效能，发现并解决网络问题以及规划网络。

7. 动态主机配置协议

动态主机配置协议（Dynamic Host Configuration Protocol，DHCP）可以实现为计算机自动配置 IP 地址。DHCP 服务器能够从预先设置的 IP 地址池里自动给主机分配 IP 地址，不仅能够保证 IP 地址不重复分配，也能及时回收 IP 地址以提高 IP 地址的利用率。

> 许多协议都用端口（port）号来识别应用层实体，以便准确地把信息提交给上层对应的协议（进程）。如 FTP 使用的端口号是 21，Telnet 使用的端口号是 23，HTTP 使用的端口号是 80，SMTP 使用的端口号是 25 等。

4.2　IPv4 编址

> 我们在寄信的时候，邮局通过信封上的地址和邮政编码能将信件准确地送到对方手中。那么，在网络这个虚拟的世界中，数据是通过什么地址准确地送到目的主机的呢？

4.2.1　IPv4 编址

在网络中，对主机的识别需要依靠地址。在任何一个物理网络中，每个节点的设备必须都有一个唯一的可以识别的地址，这样才能使信息在其中交换，这个地址被称为"物理地址"（Physical Address）。由于物理地址体现在数据链路层上，因此，物理地址也被称为硬件地址或媒体访问控制（MAC）地址。但是如果采用 MAC 地址来标识网络中的主机，将带来以下一些问题。

① 每种物理网络都有各自的技术特点，其物理地址的长短、格式各不相同。例如，以太网的 MAC 地址在不同的物理网络中难以寻找，而令牌环网的地址格式缺乏唯一性。这两种地址管理方式都会给跨网通信设置障碍。

② MAC 地址固化在网络设备上，通常是不能修改的。

③ 物理地址属于非层次化的地址，它只能标识出单个设备，而标识不出该设备连接的是哪一个网络。

为使主机统一编址，Internet 采用网络层 IP 地址的编址方案。IP 定义了一个与底层物理地址无关的全网统一的地址格式——IP 地址，用该地址可以定位主机在网络中的具体位置。

> 在不更换网络设备的前提下，主机的 MAC 地址好比我们脚下的这片土地在地球上的经纬度，它是物理的，永远不会改变；而主机 IP 地址的指定则好比这片土地的命名，会随着城市的建设与发展而改变，它是逻辑的，是允许变化的。

1. IPv4 地址的表示方法

根据 TCP/IP 规定，IP 地址用 4 个字节共 32 位二进制数表示，由网络号和主机号两部分组成。

（1）点分十进制法

将每个字节的二进制数转化为 0～255 之间的十进制数，各字节之间采用"."分隔，如图 4-2

所示。

（2）后缀标记法

在 IP 地址后加 "/"，"/" 后的数字表示网络号位数。如 129.16.7.31/16，其中 16 表示网络号占 16 位。

2. IP 地址的组成

IPv4 地址由网络号和主机号两部分组成，如图 4-3 所示。其中网络号用来标识一个特定的物理网络，而主机号用来标识该网络中主机的一个特定连接。

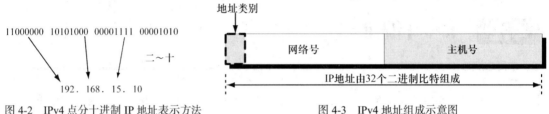

图 4-2 IPv4 点分十进制 IP 地址表示方法　　　　　图 4-3 IPv4 地址组成示意图

3. IPv4 地址的分类与构成

为适应不同大小的网络，Internet 定义了 5 种类型的 IP 地址，即 A、B、C、D、E 类，使用较多的是 A、B、C 类，D 类用于多播，E 类为保留将来使用地址。5 类 IP 地址的构成情况如图 4-4 所示。

									w	x		y		z	
位	0	1	2	3	4	5	6	7	8	15	16	23	24	31
A 类	0			网络地址							主机地址			
B 类	1	0			网络地址							主机地址		
C 类	1	1	0			网络地址							主机地址	
D 类	1	1	1	0		多目标广播地址（Multicast Address）								
E 类	1	1	1	1		保留为实验和将来使用								

图 4-4 IP 地址分类

（1）A 类地址

A 类地址第 1 字节的第 1 位为 "0"，其余 7 位表示网络号。第 2、3、4 个字节共计 24 个比特，用于主机号。通过网络号和主机号的位数可以知道，A 类地址的网络数为 2^7（128）个，每个网络包含的主机数为 2^{24}（16 777 216）个，A 类地址的范围是 0.0.0.0～127.255.255.255，如图 4-5 所示。由于网络号全为 0 和全为 1 保留用于特殊目的，所以 A 类地址的有效网络数为 126 个，其范围是 1～126。另外，主机全为 0 和全为 1 也有特殊作用，所以每个网络号包含的主机数目应该是 $2^{24}-2$（16 777 214）个。因此，一台主机能够使用的 A 类地址的有效范围是 1.0.0.1～126.255.255.254。

（2）B 类地址

B 类地址前 2 位为 "10"，剩下的 6 位和第 2 字节的 8 位共 14 位二进制数用来表示网络号。第 3、4 个字节共计 16 位二进制用于表示主机号。因此 B 类地址的网络数为 2^{14} 个（实际有效的

网络数是 $2^{14}-2$），每个网络包含的主机数为 2^{16} 个（实际有效的网络数是 $2^{16}-2$），B 类地址的范围是 128.0.0.0～191.255.255.255。与 A 类地址相似（指网络号全为 0 和全为 1 有特殊作用），一台主机能够使用的 B 类地址的有效范围是 128.1.0.1～191.254.255.254，如图 4-6 所示。

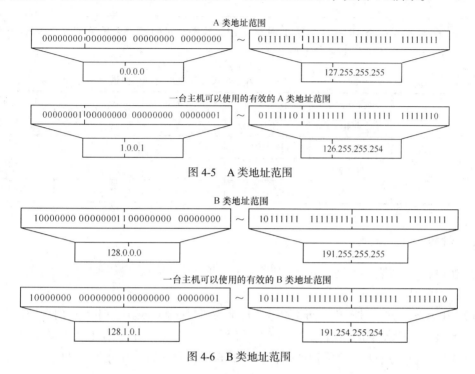

图 4-5　A 类地址范围

图 4-6　B 类地址范围

（3）C 类地址

C 类地址前 3 位为 "110"，剩下的 5 位和第 2、3 字节的 16 位共 21 位二进制数用来表示网络号。第 4 字节的 8 位二进制用于表示主机号。因此 C 类地址的网络数为 2^{21}（实际有效的网络数是 $2^{21}-2$）个，每个网络包含的主机数为 256（实际有效的网络数是 254）个，C 类地址的范围是 192.0.0.0～223.255.255.255。同样，一台主机能够使用的 C 类地址的有效范围是 192.0.1.1～223.255.255.254，如图 4-7 所示。

（4）D 类地址

D 类地址第 1 字节前 4 位为 "1110"，D 类地址用于多播，多播就是同时把数据发送给一组主机，只有那些已经登记可以接收多播地址的主机才能接收多播的数据包。D 类地址的范围是 224.0.0.0～239.255.255.255。

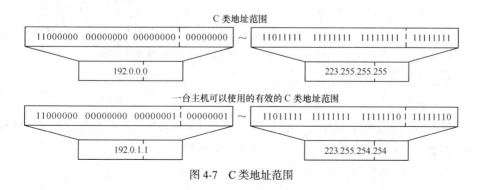

图 4-7　C 类地址范围

（5）E类地址

E类地址第1字节前4位为"1111"，E类地址是为将来预留的，同时也用于实验目的，但它们不能被分配给主机。

提示

要判断一个IP地址是属于哪一类IP，只要看它的第一个字节的大小。A、B、C 3类地址的具体比较如表4-1所示。

表4-1　　　　　　　　　　A、B、C 3类地址的具体比较

类　别	最高4位的值	第一字节范围	网络地址长度	主机地址长度	适用的网络规模
A	0XXX	1～126	7	24	大型网络
B	10XX	128～191	14	16	中型网络
C	1110	192～233	21	8	小型网络

4．特殊的IP地址

IP地址除了可以表示主机的一个物理连接外，还有几种特殊的表现形式。

（1）广播地址

TCP/IP规定，网络号不空，而主机号各位全为"1"的IP地址用于本段内广播，称为广播地址，表示这一网段下的所有用户。所谓广播，就是指向网上所有主机发送报文。例如，192.168.3.255就是一个C类广播地址，表示192.168.3网段下的所有用户。

（2）有限广播地址

网络号和主机号全是"1"的IP地址是有限广播地址。在系统启动时，还不知道网络地址的情形下进行广播就是使用这种地址对本地物理网络进行广播。有限广播地区地址为255.255.255.255。

（3）网络地址

网络地址又称为网段地址。网络号不空而主机号全为"0"的IP地址指同一个网络内的主机，即网络本身。例如，IP地址172.16.0.0表示"172.16"这个B类网络。

（4）回送地址

以"127"开始的IP地址是一个保留地址，例如，127.0.0.1，该标识号被保留作回路及诊断功能，称该地址为"回送地址"。

提示

Ping 127.0.0.1，如果反馈信息失败，说明IP协议栈有错，必须重新安装TCP/IP。如果成功，Ping本机IP地址，若反馈信息失败，说明你的网卡不能和IP协议栈进行通信。如果网卡没接网线，但需要用本机的一些服务如SQL Server、IIS等，就可以用127.0.0.1这个地址。

（5）私有地址

为了避免单位任选的IP地址与合法的Internet地址发生冲突，IETF已经分配了具体的A类、B类和C类地址供单位内部网使用，这些地址称为私有地址，它们是：

A类私有地址：10.0.0.0～10.255.255.255

B 类私有地址：172.16.0.0～172.31.255.255

C 类私有地址：192.168.0.0～192.168.255.255

私有地址可在不同的内部网络中重复使用，这样即可节省 IP 地址，同时又可以隐藏内部网络的结构，提高内部网络的安全性。特殊 IP 地址的比较如表 4-2 所示。

表 4-2　　　　　　　　　　特殊 IP 地址的比较

网络地址	主机地址	地址类型	用　　　途
全 0	全 0	本机地址	启动时使用
有网络号	全 0	网络地址	标识一个网络
有网络号	全 1	直接广播地址	在特殊网上广播
全 1	全 1	有限广播地址	在本地网上广播
127	任意	回送地址	回送测试

提示

申请 IP 的方式如下。

个人用户可以向某个本地因特网服务提供者 ISP 注册申请，并按某种方式交付费用。ISP（Internet Service Provider）已经向有关机构申请到了批量的 IP 地址（相当于批发商），个人用户可以购买某个 ISP 的上网卡。

单位如果长期使用大量 IP 地址（例如，几千个），可以向中国互联网络信息中心 CNNIC 申请，CNNIC 的网址是 www.cnnic.cn。长期使用少量 IP 地址可以向就近的本地因特网服务提供者 ISP 申请。

4.2.2　子网技术

某公司申请了一个 B 类网络地址 168.16.0.0，该网络可以容纳 2^{16} 台主机。这么多主机在不使用路由设备的单一网络中是无法正常工作的，且通常只用其中很少的一部分 IP 地址，从而造成了大量 IP 地址的浪费。加之，网络主机数量太多也不方便管理。我们怎么解决这个问题呢？

1．子网

出于对管理、性能和安全方面的考虑，许多单位把单一网络划分为多个物理网络，并使用路由器将它们连接起来。子网划分（Subnetting）技术能够使单个网络地址横跨几个物理网络，如图 4-8 所示，这些物理网络统称为子网。

划分子网的原因有很多，主要包括以下 3 个方面。

（1）充分利用 IP 地址

由于 A 类网和 B 类网的地址空间太大，致使在不使用路由设备的单一网络中无法使用全部地址。例如，对于一个 B 类网络"168.16.0.0."，可以有 2^{16} 台主机，这么多主机在单一的网络下是不能正常工作的。因此，为了能更有效地使用地址空间，有必要把可用地址分配给更多较小的网络。

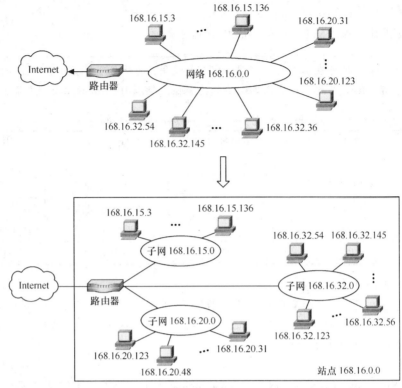

图 4-8　子网

（2）易于管理网络

当一个网络被划分为多个子网时，每个子网变得易于控制，管理变得简单，每个子网的用户、计算机及其子网资源可以让不同的管理员进行管理，减少了单人管理大型网络的难度。

（3）提高网络性能

在一个网络中，随着网络用户的增长和主机数量的增加，网络的通信变得很繁忙。繁忙的网络通信很容易导致冲突、丢失数据包以及数据包重传，因而降低了主机之间的通信效率。但如果将一个大型的网络划分为若干个子网，并通过路由器连接起来，就可以减少网络拥塞。如图 4-9 所示，路由器设备可把不同的子网隔离开来，本地的通信不会转到其他子网中。这样，同一子网中的主机之间进行广播和通信，只能在各自的子网中进行。

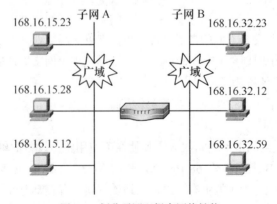

图 4-9　划分子网以提高网络性能

另外，用路由器隔离还可以将网络分为内外两个子网，限制外部网络用户对内部网络的访问，从而提高内部子网的安全性。

2. 划分子网的方法

IP 地址的长度为 32 位，地址的一部分为网络标识（即网络号），另一部分标识网络上的主机或路由器（即主机号），这意味着 IP 其实是一种层次型的编址方案。对于标准的 A 类、B 类和 C 类地址来说，它们只具有两层结构，即网络号和主机号。然而，在很多情况下，这两层结构是不够的。前面提到一个单位若拥有 B 类地址 168.16.0.0，由于两级的限制，使其不能有多余的一个物理网络，网络上的主机无法根据需要分组，所有主机均处在同一级别，如果不将它划分成若干个较小的网络，实际是无法运行的。这就产生了中间层，形成了一个 3 层结构，即网络号、子网号和主机号。通过网络号确定一个站点，通过子网号确定一个物理子网，通过主机号则确定了与子网相连的主机地址。因此，一个 IP 数据包的路由就涉及 3 个部分：传送到站点、传送到子网，传送到主机。

子网具体的划分方法如图 4-10 所示。

图 4-10　子网组成示意图

为了划分子网，可以将单个网络的主机号分为两个部分，其中，一部分用于子网号编址，另一部分用于主机号编址。

划分子网号的位数取决于具体的需要：子网所占的比特越多，则可以分配给主机的位数就越少。也就是说，在一个子网中所包含的主机就少。假设一个 B 类网络 172.17.0.0，将主机号分为两部分，其中，8 位用于子网号，另外 8 位用于主机号，那么这个 B 类网络就被分为 254 个子网，每个子网可以容纳 254 台主机。

　　　　　对于前面提出的问题，我们可以根据公司部门数量和部门中主机数量等具体要求将 168.16.0.0 这个 B 类网络地址划分成若干个子网，这样即能充分利用 IP 地址又提高了网络的安全性，而且也便于网络管理员对网络的管理与维护。

3. 子网掩码

图 4-11 中给出了两个 IP 地址，其中一个是未划分子网的主机 IP 地址，另一个是子网中的 IP 地址。在图中，读者也许会发现一个问题，这两个 IP 地址从外观上没有任何差别，那么应该如何区分这两个地址呢？这就要用到我们即将介绍的内容——子网掩码。

子网掩码（或称子网屏蔽码）也是一个用"点分十进制"法表示的 32 位二进制数，通过子网掩码，可以指出一个 IP 地址中的哪些位对应于网络地址（包括子网地址），哪些位对应于主机

图 4-11　使用和未使用子网划分的 IP 地址

地址。对于子网掩码的取值，通常是将对应于 IP 地址中网络地址（网络号和子网号）的所有位设置为"1"，对应于主机地址（主机号）的所有位都设置为"0"。子网掩码有两种表示方法，一是"点分十进制"表示法，二是网络前缀标记法。下面用两种不同的方法分别表示标准的 A 类、B 类、C 类网络地址的默认子网掩码。

（1）"点分十进制"表示法

用"点分十进制"法表示标准的 A 类、B 类、C 类网络地址的默认子网掩码，如表 4-3 所示。

表 4-3　　　　　　　　　　用"点分十进制"法表示默认子网掩码

地 址 类 型	点分十进制	子网掩码的二进制			
A 类地址	255.0.0.0	11111111	00000000	00000000	00000000
B 类地址	255.255.0.0	11111111	11111111	00000000	00000000
C 类地址	255.255.255.0	11111111	11111111	11111111	00000000

（2）网络前缀标记法

网络前缀标记法是一种表示子网掩码中网络地址长度的方法。由于网络号是从 IP 地址高字节以连续方式选取的，即从左到右连续地取若干位作为网络号。例如，A 类地址取前 8 位作为网络号，B 类地址取前 16 位，C 类地址取前 24 位。因此，可用一种简便方法来表示子网掩码中对应的网络地址，用网络前缀表示/<#位数>，它定义了网络号的位数。用网络前缀标记法表示标准的 A 类、B 类、C 类网络地址的默认子网掩码，如表 4-4 所示。

表 4-4　　　　　　　　　用网络前缀标记法表示子网掩码

地 址 类 型	子网掩码位				网 络 前 缀
A 类地址	11111111	00000000	00000000	00000000	/8
B 类地址	11111111	11111111	00000000	00000000	/16
C 类地址	11111111	11111111	11111111	00000000	/24

例如，一个子网掩码为 255.255.0.0 的 B 类网络地址 156.81.0.0，用网络前缀标记法可以表示为 156.81.0.0/16。再比如，对这个 B 类网络划分子网，使用主机号中的前 8 位用于子网网络号，网络号和子网号共计 24 位，那么，该网络地址的子网掩码为 255.255.255.0，使用网络前缀标记法表示时，对子网 156.81.58.0 可表示为 156.81.58.0/24。

为了识别网络地址，TCP/IP 对子网掩码进行"按位与"的操作。"按位与"就是两个比特位之间进行"与"运算，若两个值都为 1，则结果为 1；若其中任何一个值为 0，则结果为 0。针对图 4-11 所反映的问题，下面通过两个实例来说明，如何利用子网掩码来识别它们之间的不同。

实例 4-3　已知 IP 地址为 168.16.16.51，子网掩码为 255.255.0.0，请指出其网络地址。

分析：168.16.16.51 是 B 类地址，采用默认子网掩码，没有划分子网，将 IP 地址与子网掩码进行"按位与"操作，如图 4-12 所示。

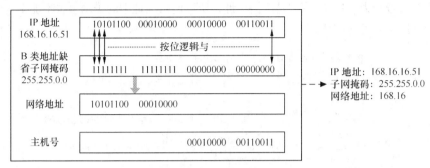

图 4-12　子网掩码的作用

实例 4-4　已知 IP 地址为 168.16.16.51，子网掩码为 255.255.255.0，请指出其网络地址。

分析：168.16.16.51 是 B 类地址，采用非默认子网掩码，划分了子网，将 IP 地址与子网掩码进行"按位与"操作，如图 4-13 所示。

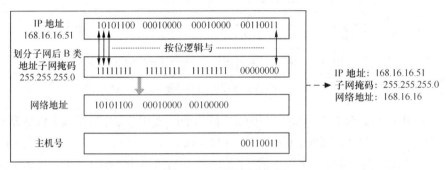

图 4-13　子网掩码的作用

提示

如果 IP 地址采用的是默认的子网掩码，则没有划分子网；如果采用的不是默认的子网掩码，则划分了子网。对于边界级掩码（即取出主机号中的整个一个字节用于划分子网，子网掩码的取值不是 255 就是 0），子网的寻找很容易，只需要遵照以下两个规则处理：

① 对应于掩码为 255 的 IP 地址部分，子网地址与其相同；

② 对应于掩码为 0 的 IP 地址部分，子网地址均为 0。

在上面的例子中，涉及的子网掩码都属于边界子网掩码。但是对于划分子网而言，还会使用非边界子网掩码（即使用主机号中的某几位用于子网划分，因此，子网掩码除了"0"和"255"外，还有其他数值）。例如，对于一个 B 类网络地址 168.16.0.0，若将第 3 个字节的前 3 位用于子网号，而将剩下的位用于主机号，则子网掩码为 255.255.224.0。由于使用了 3 位分配子网，所以这个 B 类网络 168.16.0.0 被分为 6 个子网，它们的网络地址和主机地址范围如图 4-14 所示，每个子网有 13 位可用于主机的编址。

4.　子网划分的规则

在 RFC 文档中，规定了子网划分的规则，其中对网络地址中的子网号作了如下规定。

① 由于网络号全为"0"代表的是本地网络，所以网络地址中的子网号也不能全为"0"，子

网号全为 0 时，表示的是本子网网络。

② 由于网络号全为 "1" 表示的是广播地址，所以网络地址中的子网号也不能全为 "1"，全为 "1" 的地址用于向子网广播。

图 4-14 非边界子网掩码的使用

例如，在图 4-14 中，对 B 类地址 168.16.0.0 划分子网，使用第 3 字节的前 3 位划分子网，按计算可以划分为 8 个子网（即 000、001、010、011、100、101、110、111）。但根据上述规则，对于全为 "0" 和全为 "1" 的子网号是不能分配的，所以应该将 168.16.0 和 168.16.224 忽略，因而只有 6 个子网可用。

RFC950 禁止使用子网网络号全为 0（全 0 子网）和子网网络号全为 1（全 1 子网）的子网网络。全 0 子网会给早期的路由选择协议带来问题，全 1 子网与所有子网的直接广播地址冲突。虽然 Internet 的 RFC 文档规定了子网划分的原则，但在实际情况中，很多供应商的产品也支持全为 "0" 和全为 "1" 的子网。例如，运行 Microsoft 98/NT/2000 的 TCP/IP 主机就可以支持。因此，当用户要使用全为 "0" 和全为 "1" 的子网时，首先要证实网络中的主机或路由器是否提供相关支持。此外，对于后面章节讲述的可变长子网划分和 CIDR，它们属于现代网络技术，已不再按照传统的 A 类、B 类和 C 类地址的方式工作，因而不存在全 "0" 和全 "1" 子网的问题，也就是说，全 "0" 和全 "1" 子网都可以使用。

5. 子网划分步骤

为了将网络划分为不同的子网，必须为每个子网分配一个子网号。在划分子网之前需要确定所需要的子网数和每个子网的最大主机数。有了这些信息后，就可以定义每个子网的子网掩码、网络地址（网络号＋子网号）的范围和主机号的范围。划分子网的步骤如下。

① 确定需要多少位子网号来唯一标识网络上的每一个子网。

② 确定需要多少主机号来标识每个子网上的每一台主机。

③ 定义符合网络要求的子网掩码。

④ 确定标识每一个子网的网络地址。

⑤ 确定每一个子网上所使用的主机的地址范围。

6. 子网划分实例

实例 4-5　将图 4-15（a）所示的一个 C 类网络，划分为如图 4-15（b）所示的网络。

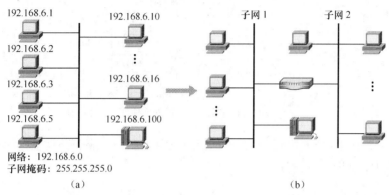

图 4-15　使用路由器将一个网络划分为两个子网

分析：

① 确定子网号位数。子网号位数计算公式如下：子网数量=2^m-2，其中 m 就是子网号位数。

② 确定主机号位数。主机号位数计算公式如下：主机号位数 n=（32 位 – 网络号位数 – 子网号位数 m）。主机号位数确定了，每个子网的最大主机数量也就确定了，为 2^n-2。

由于每个子网上的主机以及路由器的两个端口，都需要分配一个唯一的主机号，因此在计算需要多少主机号来标识主机时，要把所有需要 IP 地址的设备都考虑进去。根据图 4-15（a）所示，网络中有 100 台主机，如果再考虑路由器两个端口，则需要标识的主机数为 102 个。假定每个子网的主机数各占一半，即各有 51 台主机。主机号位数与子网号位数是息息相关的，子网号位数越多，则每个子网中可容纳的主机数就越少。具体分析见表 4-5 所示。

表 4-5　　　　　　　　　　　子网号位数和主机号位数的确定

子网号位数 m	有效子网个数	主机号位数 n	每个子网中的主机台数	能否满足要求
1	2^1-2，即 0	7	2^7-2，即 126	不能
2	2^2-2，即 2	6	2^6-2，即 62	能
3	2^3-2，即 6	5	2^5-2，即 30	不能
……	……	……	…….	…….

由上表可知，当子网号位数为 2 时，每个子网可容纳 62 台主机，因此取 2 位划分子网是可行的。

③ 确定子网掩码，如图 4-16 所示，子网掩码为 255.255.255.192。

④ 确定标识每一个子网的网络地址。

图 4-16　计算子网掩码

子网号的位数为 2，共能产生 4 个子网，除去全为 "0" 和全为 "1" 的子网不能使用，有效的子网为号 01 和 10，再加上这个 C 类网络原有的网络号 192.168.6，因此，划分出的两个子网的网络地址分别为 192.168.6.64 和 192.168.6.128，如图 4-17 所示。

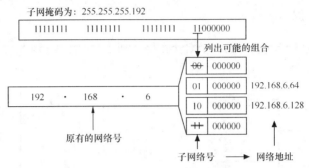

图 4-17　确定每个子网的网络地址

⑤ 确定每一个子网上所使用的主机地址的范围。根据每个子网的网络地址，可以确定每个子网的主机地址范围，如图 4-18 所示。

子网网络 地址						每个子网的 主机范围
192.168.6.64	192	· 168 ·	6	01	000001	192.168.6.65-
				01	111110	192.168.6.126
192.168.6.128	192	· 168 ·	6	10	000001	192.168.6.128-
				10	111110	192.168.6.190

图 4-18　每个子网的主机地址的范围

图 4-19 给出了划分子网后的网络效果图，并且对每个子网各台主机的地址进行了配置。

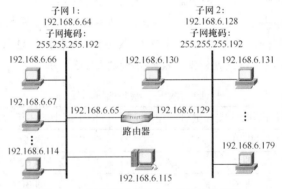

图 4-19　每个子网中每台主机的地址分配

在进行子网划分时，要充分考虑其扩展性，要分析清楚是子网数量变化的可能性大还是子网中主机数量变化的可能性大。应该根据这种变化趋势，来确定合适的子网划分方案。例如学校建设机房时，一般每个机房的机器数量是固定的，建设好之后向机房增加机器（增加新主机）的情况较少，但随着学校的发展增加新机房（增加新子网）情况较多，这时我们从可扩展角度出发，可以先考虑主机号所占的位数，原则是够用就行，剩下的位数可以全用来标识子网。对于本题，先考虑主机或先考虑子网最后的结果都是相同的，但如果要组建较大规模网络的时候，这点要特别注意。

4.2.3　可变长子网划分

子网划分的最初目的，是把基于某类（A 类、B 类、C 类）的网络进一步划分成几个规模相同的子网。虽然划分子网的方法是对 IP 地址结构有价值的扩充，但是它要受到一个基本的限制：整个网络只能有一个子网掩码。因此，当用户选择了一个子网掩码（也就意味着每个子网内的主机数确定了）之后，就不能支持不同尺寸的子网了，任何对更大尺寸子网的要求，意味着必须改变整个网络的子网掩码。

在 RFC 1878 中定义了可变长子网掩码（Variable Length Subnet Mask，VLSM）。VLSM 规定了如何在一个进行了子网划分的网络中的不同部分使用不同的子网掩码，这对于网络内部不同网段需要不同大小子网的情形来说是非常有益的。

如果对一个网络进行了可变长子网划分，那么就可以用不同长度的子网网络号来唯一标识每个子网，并能通过对应的子网掩码进行区分。对于可变长子网的划分，实际上是对已划分好的子网做进一步划分，从而形成不同规模的网络。下面用一个实例来说明。

实例 4-6　某公司有两个主要部门：市场部和技术部。市场部有员工 56 人；技术部又分为硬件部和软件部两个部门，各有员工 28 人。该公司申请到了一个完整的 C 类 IP 地址段：210.31.233.0，子网掩码 255.255.255.0。为了便于分级管理，该公司准备采用 VLSM 技术，将原主网络划分为两级子网（不考虑全 0 和全 1 子网），请给出可变长子网划分方案。

分析如下。

（1）一个能容纳 56 台主机的子网

用主机号中的 2 位（第 4 字节的最高 2 位）进行子网划分，产生 4 个子网，除去全 "0" 和全 "1" 的子网，还有 210.31.233.64/26 和 210.31.233.128/26 两个子网可用。这种子网划分允许每个子网有 62 台主机（2^6-2）。选择 210.31.233.64/26（子网掩码为 255.255.255.192）作为网络号，该一级子网共有 62 个 IP 地址可供分配，它能满足市场部的需求。表 4-6 中给出了能容纳 62 台主机的一个子网。

表 4-6　　　　　　　　　　　　　　划分 1 个子网

子网编号	子网网络（点分十进制）	子网掩码	子网网络（网络前缀）
1	210.31.233.64	255.255.255.192	210.31.233.64/26

（2）两个能容纳 28 台主机的子网

为满足 2 个子网各能容纳 28 台主机的需求，可以使用一级子网中的第 2 个子网 210.31.233.128/26（子网掩码为 255.255.255.192），取出其主机号中的 1 位进一步划分成两个二级子网，其中第 1 个二级子网为 210.31.233.128/27（子网掩码是 255.255.255.224），划分给技术部的下属分部 – 硬件部，该二级子网共有 30 个 IP 地址可供分配；第 2 个二级子网为 210.31.233.160/27（子网掩码是 255.255.255.224）划分给技术部的下属分部——软件部，该二级子网共有 30 个 IP 地址可供分配。表 4-7 给出了能容纳 30 台主机的两个子网。

表4-7   划分2个子网

子网编号	子网网络（点分十进制）	子网掩码	子网网络（网络前缀）
1	210.31.233.128	255.255.255.224	210.31.233.128/27
2	210.31.233.160	255.255.255.224	210.31.233.160/27

对这个可变长子网的划分如图4-20所示。

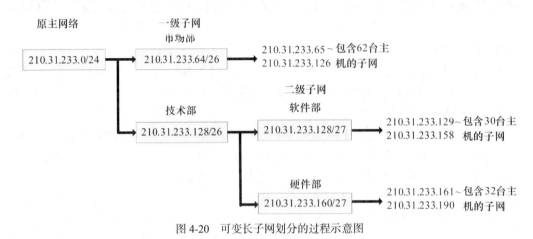

图4-20   可变长子网划分的过程示意图

在实际工程实践中，可以进一步将网络划分成三级或者更多级子网。同时，可以考虑使用全0和全1子网以节省网络地址空间。

4.2.4   超网和无类域间路由

目前，在Internet上使用的IP地址是在1978年确立的协议，它由4段8位二进制数字组成。由于Internet协议当时的版本号为4，因而称为"IPv4"。尽管这个协议在理论上有大约43亿个IP地址，但是，并不是所有的地址都得到了充分的利用。部分原因在于Internet信息中心InterNIC把IP地址分配给了许多机构，而A类和B类地址所包含的主机数又太多。例如，一个B类网络135.41.0.0，其中所包含的主机数可以达到65 534个，这么多的地址显然不可能充分得到利用，另外，一个C类网络中只能容纳254台主机，这对于拥有上千台主机的单位来说，获得一个C类的网络地址显然是不够的。

此外，由于Internet的迅猛扩展，主机数量急剧增加，它正以非常快的速度耗尽目前尚未使用的IP址，B类网络很快就要用完。为了解决当前IP地址面临的严重资源不足的问题，InterNIC设计了一种新的网络分配方法。与分配一个B类网络不同，InterNIC给一个单位分配一个C类网络的范围，该范围能够容纳足够的网络和主机，这种方法实质上就是将若干个C类网络合并成一个网络，这个合并后的网络就称为超网。例如，假设一个单位拥有2 000台主机，那么InterINC并不是给它分配一个B类网络，而是分配8个C类的网络。每个C类网络可以容纳254台主机，总共2 032台主机。

虽然这种方法有助于节约B类网络，但它又导致了新的问题：采用通常的路由选择技术，在Internet上每个路由器的路由表中必须有8个C类网络表项才能把IP包路由到该单位。为防止

Internet 路由器被过多的路由淹没，必须采用一种称为无类域间路由（Classless Inter-Domain Routing，CIDR）的技术，把多个表项缩成一个表项。使用了 CIDR 后，路由表中只用一个路由表项就可以表示分配给该单位的所有 C 类网络。在概念上，CIDR 创建的路由表项可以表示为：[起始网络，数量]，其中，"起始网络"表示的是所分配的第一个 C 类网络的地址，"数量"是分配的 C 类网络的总个数。实际上，它可以用一个超网子网掩码来表示相同的信息，而且用网络前缀法来表示。

实例 4-7　某公司申请到 1 个网络地址块（共 8 个 C 类网络地址）：210.31.224.0/24-210.31.231.0/ 24，为了对这 8 个 C 类网络地址块进行汇总，该采用什么样的超网子网掩码呢？CIDR 前缀为多少？

分析：将 8 个 C 类网络地址的二进制表示形式列出，如表 4-8 所示。

表 4-8　　　　　　　　　　　　　8 个 C 类网络地址及其二进制形式

C 类网络地址	二进制数			
210.31.224.0	11010010	00011111	11100**000**	00000000
210.31.225.0	11010010	00011111	11100**001**	00000000
210.31.226.0	11010010	00011111	11100**010**	00000000
210.31.227.0	11010010	00011111	11100**011**	00000000
210.31.228.0	11010010	00011111	11100**100**	00000000
210.31.229.0	11010010	00011111	11100**101**	00000000
210.31.230.0	11010010	00011111	11100**110**	00000000
210.31.231.0	11010010	00011111	11100**111**	00000000
超网	21 位网络号			3 位主机号

CIDR 实际上是借用部分网络号来充当主机号。在表 4-8 中，因为 8 个 C 类地址网络号的前 21 位完全相同，变化的只是最后 3 位网络号，因此，可以将网络号的后 3 位看成是主机号，由此得到超网的子网掩码的二进制数为"11111111 11111111 11111000 00000000"，即 255.255.248.0。若用网络前缀表示法来表示，可表示为 210.31.224.0/21。

利用 CIDR 实现地址汇总有两个基本条件，第一，待汇总地址的网络号拥有相同的高位。如表 4-8 所示，8 个待汇总的网络地址的第 3 个位域的前 5 位完全相等，均为 11100；第二，待汇总的网络地址数目必须是 $2n$ 个，如 2 个、4 个、8 个、16 个等，否则，可能会导致路由黑洞（指汇总后的网络可能包含实际中并不存在的子网）。

使用可变长子网划分、超网和 CIDR 配置网络时，要求相关的路由器和路由协议必须能够支持，用于 IP 路由的路由信息协议版本 2（RIPv2）和边界网关协议版本 4（BGPv4）都可以支持可变长子网划分和 CIDR，而版本 1（RIPv1）则不支持。

4.3　IPv6 编址

全世界一共有多少可用的 IP 地址？随着互联网的发展，它们会不会被用完呢？

4.3.1 IPv6 特性

Internet 早期主要用于大学、高科技工业和美国政府。20 世纪 90 年代中期开始，人们对于 Internet 的兴趣不断膨胀，Internet 开始为各种各样的人使用，越来越多的家庭和企业通过 Internet 保持联系。随着计算机工业、通信业和娱乐业的不断交融及物联网的出现，有可能在不久的将来，世界上的每一部电话和电视，甚至是每一件物品都将变成 Internet 节点，几十亿台机器将会使用音频和视频点播。我们现在使用的 IPv4 采用 32 位地址长度，具有大约 43 亿个地址，估计在未来的若干年间将被分配完毕。1990 年，因特网工程任务组（IETF）开始启动 IP 新版本的设计工作。经过多次讨论、修订和定位之后，在 1993 年得到了一个现在称为 SIPP（Simple Internet Protocol Plus，增强的简单 Internet 协议）的协议，即 IPv6（网际协议第 6 版）。IPv6 协议不仅是为网络上的计算机设计，还应用于所有的通信设备，如手机、无线设备、电话、PDA、电视、广播等。IPv6 的主要特点如下。

1. 更大的地址空间

IPv6 地址长度为 128 位（16 字节），即有 $2^{128}-1$（3.4E+38）个地址，这一地址空间是 IPv4 地址空间的 1E28 倍（以目前全球总人数而言，人均可分配 $1.8×1019$ 个 IPv6 地址）。IPv6 采用分级地址模式，支持从 Internet 核心主干网到企业内部子网等多级子网地址分配方式。在 IPv6 的庞大地址空间中，目前全球连网设备已分配掉的地址仅占其中的极小一部分，有足够的余量可供未来的发展之用。由于有充足可用的地址空间，NAT 之类的地址转换技术将不再需要。

2. 简化的报头和灵活的扩展

IPv6 对数据报头作了简化，可减少处理器开销并节省网络带宽。IPv6 的报头由一个基本报头和多个扩展报头（Extension Header）构成，基本报头具有固定的长度（40 字节），放置所有路由器都需要处理的信息。由于 Internet 上的绝大部分包都只是被路由器简单的转发，因此固定的报头长度有助于加快路由速度。此外，IPv6 定义了多种扩展报头，使得 IPv6 变得极其灵活，能提供对多种应用的强力支持，同时又为以后支持新的应用提供了可能。

3. 层次化的地址结构

IPv6 的设计者把 IPv6 的地址空间按照不同的地址前缀来划分，采用了层次化的地址结构，以利于骨干网路由器对数据包的快速转发。

在 IPv6 网络中，网络被分为多个地区，每个区域有多个区域骨干节点，每个骨干节点汇聚多个接入网（站）点，通过接入网点，连接终端网点（企业或个人用户）提供服务，如图 4-21 所示。

IPv6 定义了 3 种不同的地址类型：单点传送地址（Unicast Address），多点传送地址（Multicast Address）和任意点传送地址（Anycast Address）。所有类型的 IPv6 地址都属于接口（Interface）而不是节点（Node）。一个 IPv6 单点传送地址被赋给某一个接口，而一个接口又只能属于某一个特定的节点，因此一个节点的任意一个接口的单点传送地址都可以用来标识该节点。

4. 即插即用的连网方式

IPv6 中包含允许主机发现自身地址并自动完成地址更改的机制，只要机器一连接上网络便可

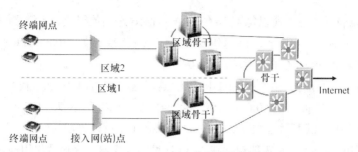

图 4- 21　IPv6 层次化的地址结构

自动设定地址。它有两个优点：一是最终用户不用花精力进行地址设定，二是可以大大减轻网络管理者的负担。IPv6 有两种自动设定功能，一种是和 IPv4 自动设定功能一样的名为"全状态自动设定"功能，另一种是"无状态自动设定"功能。

5．网络层的认证与加密

由于在 IP 协议设计之初没有考虑安全性，因而在早期的 Internet 上时常发生诸如企业或机构网络遭到攻击、机密数据被窃取等安全事件。为了加强 Internet 的安全性，从 1995 年开始，IETF 着手研究制定了一套用于保护 IP 通信的 IP 安全（IPSec）。IPSec 是 IPv4 的一个可选扩展协议，是 IPv6 的一个必须组成部分。它的主要功能是在网络层对数据分组提供加密和鉴别等安全服务，它提供了两种安全机制：认证和加密。认证机制使 IP 通信的数据接收方能够确认数据发送方的真实身份以及数据在传输过程中是否遭到改动。加密机制通过对数据进行编码来保证数据的机密性，以防数据在传输过程中被他人截获而失密。

6．服务质量的满足

基于 IPv4 的 Internet 在设计之初，只有一种简单的服务质量，即采用"尽最大努力（Best effort）"传输。从原理上讲，服务质量 QoS 是无保证的。文本传输，静态图像等传输对 QoS 并无要求。随着 IP 网上多媒体业务增加，如 IP 电话、VoD、电视会议等实时应用，对传输延时和延时抖动均有严格的要求。IPv6 数据包的格式包含一个 8 位的业务流类别（Class）和一个新的 20 位的流标签（Flow Label）。它的目的是允许发送业务流的源节点和转发业务流的路由器在数据包上加上标记，中间节点在接收到一个数据包后，通过验证它的流标签，就可以判断它属于哪个流，然后就可以知道数据包的 QoS 需求，并进行快速的转发。

7．对移动通信更好的支持

未来移动通信与互联网的结合将是网络发展的大趋势之一。移动互联网将成为我们日常生活的一部分，改变我们生活的方方面面。IPv6 为用户提供可移动的 IP 数据服务，让用户可以在世界各地都使用同样的 IPv6 地址，非常适合未来的无线上网。

4.3.2　IPv6 地址表示

1．IPv6 地址的表示方法

IPv6 地址采用 16 进制的表示方法，共 128 位 16 个字节，分 8 组表示，每组 16 位。因为一个 16 进制数可以表示 4 位，所以每组 16 位是由 4 个 16 进制数组成，各组之间用 ":" 隔开。每个组中最前面的 0 可以省略，但每组必须得有一个数，如 1080:0:0:0:8:800:200C:417A，FEDC:BA98:7654:3210:FEDC:BA98:7654:3210 等。

在 IPv6 地址段中有时会出现连续的几组 0，这时这些 0 可以用 "::" 代替，但一个地址中只能出现一次 "::"。如 1080:0:0:0:8:800:200C:417A 可以表示为 1080::8:800:200C:417A；FF01:0:0:0:0:0:0:101 可以表示为 FF01::101；0:0:0:0:0:0:0:1 可以表示为::1。

在某些情况下，IPv4 地址需要包含在 IPv6 地址中，这时，最后两组用现在习惯使用的 IPv4 的十进制表示方法，前六组表示方法同上，例如，IPv4 地址 61.1.133.1 包含在 IPv6 地址中则表示为 0:0:0:0:0:0:61.1.133.1，或者是::61.1.133.1 。

2. IPV6 地址的组成

128 位的 IPv6 地址由 64 位的网络地址和 64 位的主机地址组成。其中，64 位的网络地址又分为 48 位的全球网络标识符和 16 位的本地子网标识符。IPv6 地址的结构如图 4-22 所示。

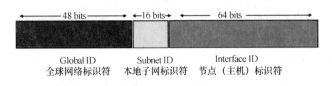

图 4-22　IPv6 地址的结构

4.3.3　IPv4 到 IPv6 的过渡技术

如何完成从 IPv4 到 IPv6 的转换，是 IPv6 发展中需要解决的首要问题。目前，IETF 已经成立了专门的工作组，研究 IPv4 到 IPv6 的转换，并且提出了很多方案，主要包括以下几个类型。

1. 网络过渡技术

（1）隧道技术

随着 IPv6 网络的发展，出现了许多局部的 IPv6 网络。利用隧道技术，可以通过运行 IPv4 协议的 Internet 骨干网络（即隧道）将局部的 IPv6 网络连接起来，因而是 IPv4 向 IPv6 过渡的初期最易于采用的技术。隧道技术的方式为：路由器将 IPv6 的数据分组封装入 IPv4，IPv4 分组的源地址和目的地址分别是隧道入口和出口的 IPv4 地址。在隧道的出口处，再将 IPv6 分组取出转发给目的站点。

（2）网络地址转换/协议转换技术

网络地址转换/协议转换（Network Address Translation - Protocol Translation，NAT-PT）技术，通过与 SIIT 协议转换和传统的 IPv4 下的动态地址翻译（NAT）以及适当的应用层网关（ALG）相结合，可以实现只安装 IPv6 的主机和只安装了 IPv4 机器的大部分应用的相互通信。

2. 主机过渡技术

IPv6 和 IPv4 是功能相近的网络层协议，两者都基于相同的物理平台，而且加载于其上的传输层协议 TCP 和 UDP 又没有任何区别。可以看出，如果一台主机同时支持 IPv6 和 IPv4 两种协议，那么该主机既能与支持 IPv4 的主机通信，又能与支持 IPv6 的主机通信，这就是双协议栈技术的工作机理。

3. 应用服务系统过渡技术

在 IPv4 到 IPv6 的过渡过程中，作为 Internet 基础架构的应用服务系统（DNS）也要支持这种网络协议的升级和转换。IPv4 和 IPv6 的 DNS 在记录格式等方面有所不同。为了实现 IPv4 网络和 IPv6 网络之间的 DNS 查询和响应，可以采用应用层网关 DNS-ALG 结合 NAT-PT 的方法，在 IPv4 和 IPv6 网络之间起到一个翻译的作用。例如，IPv4 的地址域名映射使用"A"记录，而 IPv6 使用"AAAA"或"A6"记录。那么，IPv4 的节点发送到 IPv6 网络的 DNS 查询请求是"A"记录，DNS-ALG 就把"A"改写成"AAAA"，并发送给 IPv6 网络中的 DNS 服务器。当服务器的回答到达 DNS-ALG 时，DNS-ALG 修改回答，把"AAAA"改为"A"，把 IPv6 地址改成 DNS-ALG 地址池中的 IPv4 转换地址，把这个 IPv4 转换地址和 IPv6 地址之间的映射关系通知 NAT-PT，并把这个 IPv4 转换地址作为解析结果返回 IPv4 主机。IPv4 主机就以这个 IPv4 转换地址作为目的地址与实际的 IPv6 主机通过 NAT-PT 通信。

目前的 IPv6 还不是最后的标准，即使是将来采用 IPv6 标准，也不会马上弃用 IPv4。IPv6 正在赢得越来越多的支持，而且很多网络硬件和软件制造商已经表示支持这个协议。开发者正计划为 UNIX、Windows、Novell 和 Macintosh 开发 IPv6 版本软件。从 IPv4 向 IPv6 的过渡是人们未来实现全球 Internet 不可跨越的步骤，它决不是一朝一夕就可以办得到的，它将是一个相当缓慢和长期的过程。

练习与思考

一、单项选择题

1. 关于 IPv4 地址的说法，错误的是（　　　　）。
   - A. IP 地址是由网络地址和主机地址两部分组成的
   - B. 网络中的每台主机分配了唯一的 IP 地址
   - C. IP 地址只有三类：A，B，C
   - D. 随着网络主机的增多，IP 地址资源将要耗尽

2. 某公司申请到一个 C 类网络，由于有地理位置上的考虑，必须切割成 5 个子网，子网掩码应设为（　　　　）。
   - A. 255.255.255.224
   - B. 255.255.255.192
   - C. 255.255.255.254
   - D. 255.285.255.240

3. IP 地址 127.0.0.1（　　　　）。
   - A. 是一个暂时未用的保留地址
   - B. 是一个属于 B 类的地址
   - C. 是一个表示本地全部节点的地址
   - D. 是一个表示本节点的地址

4. 从 IP 地址 195.100.20.11 中我们可以看出（　　　　）。
   - A. 这是一个 A 类网络的主机
   - B. 这是一个 B 类网络的主机
   - C. 这是一个 C 类网络的主机
   - D. 这是一个保留地址

5. 要将一个 IP 地址是 220.33.12.0 的网络划分成多个子网，每个子网包括 25 个主机并要求有尽可能多的子网，指定的子网掩码应为（　　　）。

    A．255.255.255.192　　　　　　　　　　B．255.255.255.224

    C．255.255.255.240　　　　　　　　　　D．255.255.255.248

6. 一个 A 类网络已经拥有 60 个子网，若还要添加两个子网，并且要求每个子网有尽可能多的主机，应指定子网掩码为（　　　）。

    A．255.240.0.0　　　　　　　　　　　　B．255.248.0.0

    C．255.252.0.0　　　　　　　　　　　　D．255.254.0.0

7. 下面哪个是合法的 IPv6 地址（　　）

    A．1080:0:0:0:8:800:200C:417K　　　　　B．23F0::8:D00:316C:4A7F

    C．FF01::101::100F　　　　　　　　　　D．0.0:0:0:0:0:0:0:1

二、问答题

1. 简述 IPv4 到 IPv6 的过渡技术。

2. 168.122.3.2 是一个什么类别的 IP 地址？该网络的网络地址是多少？广播地址是多少？有限广播地址是多少？

3. B 类地址的子网位最少可以有几位？最多能有几位？可以是一位子网位吗？为什么？

4. 已知 IP 地址是 192.238.7.45，子网掩码是 255.255.255.224，求子网位数、子网地址和每个子网容纳的主机范围。

5. 某 A 类网络 10.0.0.0 的子网掩码 255.224.0.0，请确定可以划分的子网个数，写出每个子网的子网号及每个子网的主机范围。

6. 有一个 C 类网络地址 211.69.202.0。在 10 个地点拥有员工，每个地点有 12 名或更少的员工。使用什么子网掩码可以为每个工作站分配一个 IP 地址。

7. 有一个 B 类网络为 135.41.0.0，需要配置 1 个能容纳 32 000 台主机的子网，15 个能容纳 2 000 台主机的子网和 8 个能容纳 254 台主机的子网。请给出 VLSM 划分方案。

8. 某单位分配到一个 B 类 IP 地址，其 net-id 为 129.250.0.0。该单位有 4000 台机器，分布在 16 个不同地点。请分析：

  （1）选用子网掩码为 255.255.255.0 是否合适；

  （2）如果合适，试给每一个地点分配一个子网号码，并算出每个主机 IP 地址的最小值和最大值。

第5章

局域网技术

📖 【学习目标】

　　局域网是计算机网络中最简单的网络类型，本章主要讲述局域网的基础理论知识，即局域网的模型与标准、局域网的关键技术、以太网技术、相关网络设备、虚拟局域网技术及无线局域网技术。通过对本章的学习，读者应能掌握简单的有线局域网和无线局域网的组建。

🔊 【学习要点】

1. 熟悉局域网的模型与标准
2. 掌握局域网的关键技术
3. 理解并掌握介质访问控制方法
4. 了解以太网技术
5. 了解相关的网络设备
6. 掌握虚拟局域网技术
7. 掌握无线局域网的配置

5.1　局域网概述

　　在一个单位、一个部门或一个园区、一栋楼内，往往有很多计算机，要使它们能共享资源，就需要把它组成网络，这就有了局域网的需求。究竟什么是局域网，它有什么样的特点，是如何组成的呢？

　　计算机网络的分类方式有很多，最常见的是按网络覆盖的范围来分。按网络覆盖的范围，可将网络分为局域网、城域网和广域网 3 类。局域网通常建立在集中的工业区、商业区、政府部门和大学校园中，应用范围非常广泛，从简单的数据处理到复杂的数据库系统，从管理信息系统到分散过程控制等，都需要局域网的支撑。

局域网（Local Area Network，LAN）是指在有限的地理范围内（一般不超过几千米），一个机房、一幢大楼、一个学校或一个单位内部的计算机、外设和网络互连设备连接起来形成以数据通信和资源共享为目的的计算机网络系统。

1. 局域网的特点

从应用角度看，局域网有以下 4 个方面的特点。

① 局域网覆盖很有限的地理范围，计算机之间的连网距离通常小于10km，适用于校园、机关、公司、工厂等有限范围内的计算机、终端与各类信息处理设备连网的需求。

② 数据传输速率高（ 10Mbit/s ～ 100Mbit/s ～ 1 000Mbit/s），误码率低。

③ 可根据不同需求选用多种通信介质，如双绞线、同轴电缆或光纤等。

④ 通常属于一个单位所有，工作站数量不多，一般在几台到几百台左右，易于建立、管理与维护。

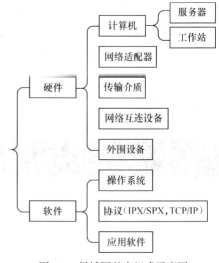

图 5-1 局域网基本组成示意图

2. 局域网的基本组成

从总体来说，局域网由硬件和软件两部分组成。硬件部分主要包括计算机、外围设备、网络互连设备；软件部分主要包括网络操作系统和通信协议、应用软件两部分，如图 5-1 所示。

5.2 局域网的模型与标准

就像盖房子要有图纸一样，网络也需要一个标准或是模型来进行规划，这个模型就是我们常说的 OSI 网络 7 层参考模型。那么，局域网络的参考模型是什么呢？它与 OSI 网络 7 层参考模型有什么样的对应关系呢？

5.2.1 局域网参考模型

20 世纪 70 年代后期，当 LAN 逐渐成为潜在的商业工具时，美国电气及电子工程师学会（Institute of Electrical and Electronics Engineers，IEEE）于 1980 年 2 月成立了局域网标准委员会（简称 IEEE 802 委员会），专门从事局域网标准化的工作，参照 OSI/RM 参考模型，制定了局域网参考模型。根据局域网的特征，局域网体系结构仅包含 OSI 参考模型最低两层：物理层和数据链路层，如图 5-2 所示。

提示　　OSI/RM（Open System Interconnection/Reference Model，开放系统互联参考模型）是由国际标准化组织（International Standard Organize，ISO）制定的标准化开放式计算机网络层次结构模型，又称 ISO/ OSI 参考模型。

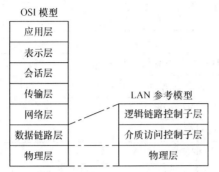

图 5-2　局域网参考模型与 OSI 参考模型的对照图

1．物理层

物理层涉及在通信信道上传输的原始比特流，主要作用是确保在一段物理链路上正确传输二进制信号，功能包括信号的编码/解码、同步前导码的生成与去除、二进制位信号的发送与接收。为确保位流的正确传输，物理层还具有错误校验功能，以保证位信号的正确发送与正确接收。

2．数据链路层

在局域网中，为了实现多个设备共享单一信道资源，数据链路层首先需要解决多个用户争用信道的问题，也就是控制信道应该由谁占用，哪一对站点可以使用传输信道进行通信，这就是介质访问控制。

为了简化协议设计的复杂性，局域网参考模型将数据链路层又分为如下两个独立的部分。

（1）逻辑链路控制子层 LLC

该子层的功能完全与介质无关，用来建立、维持和释放数据链路，提供一个或多个服务访问点，为高层提供面向连接和无连接服务。另外，为保证通过局域网的无差错传输，LLC 子层还提供差错控制和流量控制，以及发送顺序控制等功能。LLC 子层与传输介质无关，它独立于介质访问控制方法，隐藏了各种局域网技术之间的差别，向网络层提供一个统一的格式与接口。

（2）介质访问控制子层 MAC

该子层的功能完全依赖于介质，用来进行合理的信道分配，解决信道竞争问题。另外，在发送数据时，该层把从上一层接收的数据组装成带 MAC 地址和差错检测字段的数据帧，完成地址识别和差错检测。

5.2.2　IEEE 802 标准

目前 IEEE 已经制定的局域网标准有十几个，主要的标准如表 5-1 所示。

表 5-1　　　　　　　　　　　　　　　　局域网标准

标　　准	功　　能
IEEE 802.1	LAN 标准概述、体系结构、网络互连、网络管理和性能测量等
IEEE 802.2	描述逻辑链路控制（LLC）协议
IEEE 802.3	描述 CSMA/CD（载波侦听多路访问/冲突检测）介质接入控制方法和物理层技术规范

标　　准	功　　能
IEEE 802.4	描述 Token Bus（令牌总线）网标准
IEEE 802.5	描述 Token Ring（令牌环）网标准
IEEE 802.6	描述城域网 DQDB 标准
IEEE 802.7	描述宽带局域网技术
IEEE 802.8	描述光纤局域网技术
IEEE 802.9	描述综合话音/数据局域网（IVD LAN）标准
IEEE 802.10	描述可互操作局域网安全标准（SILS），定义提供局域网互连的安全机制
IEEE 802.11	描述无线局域网标准
IEEE 802.12	描述交换式局域网标准，定义 100Mbit/s 高速以太网按需优先的介质接入控制协议 100VG-ANYLAN
IEEE 802.14	电缆电视（CATV——Cable Television）宽带通信技术标准
IEEE 802.15	无线私人网（WPAN——Wireless Personal Area Network）标准
IEEE 802.16	宽带无线访问标准

5.3　局域网的关键技术

两家规模大体相同的公司花同样的经费组建各自的局域网，但是组网后网络的性能却大相径庭。为什么会这样呢？在组建局域网的时候主要需考虑哪些关键技术以提高局域网的性能呢？

决定局域网特性的主要技术要素包括拓扑结构、介质访问控制方法、传输介质 3 个方面，这 3 种技术在很大程度上决定了传输数据的类型、网络的响应时间、吞吐量、利用率以及网络应用等各种网络特征。

5.3.1　拓扑结构

局域网的拓扑结构是指将局域网中的节点抽象成点，将通信线路抽象成线，通过点与线的几何关系来表示网络结构，即网络形状。计算机网络拓扑结构包括逻辑拓扑结构和物理拓扑结构两种。逻辑拓扑结构是指计算机网络中信息流动的逻辑关系，而物理拓扑结构是指计算机网络各个组成部分之间的物理连接关系。本节所指的拓扑结构是指网络的物理拓扑结构。在局域网中常用的拓扑结构有总线型拓扑结构、环型拓扑结构和星型拓扑结构。

1. 总线型拓扑结构

总线型拓扑结构（见图 5-3）一般采用同轴电缆或光纤作为传输介质。在总线拓扑网络中，所有的站点共享一条数据通道，一个节点发出的信息可以被网络上的多个节点接收。总线型拓扑结构是一种共享通路的物理结构。这种结构中总线具有信息的双向传输功能，普遍用于局域网的连接。总线一般采用同轴电缆或双绞线。

总线型网络结构简单，安装容易，需要铺设的线缆最短，成本低，扩充或删除一个节点很容易，无需停止网络的正常工作，节点的故障不会殃及系统。由于各个节点共用一个总线作为数据通路，信道的利用率高。但总线型网络实时性较差，连接的节点不宜过多，并且总线的任何一点故障可能会导致网络的瘫痪。

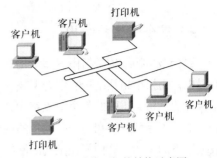

图 5-3　总线型拓扑结构示意图

2. 环型拓扑结构

环型拓扑结构（见图 5-4）由连接成封闭回路的网络节点组成，每一个节点与它左右相邻的节点连接。

环路上的某个站点要发送信息，只需把信息往它的下游站点发送即可。下游站点收到信息后，进行地址识别，判断该信息是否是发送给本地主机的。如果不是，则该站点把信息继续转发给它的后继站点；如果是，则该站点会将此信息复制送给本地主机，该站点接收信息后，对已接收信息是继续转发还是终止该信息包的传送是由环控制策略决定。

由环型拓扑网络的工作原理可以看出，当某一站点发送信息包以后，在环路上的每个站点都可以接收到这个信息包，而只有与该信息包目的地址相同的工作站才会接收该信息包，其他站点是不会接收该信息包的。这种拓扑结构特别适用于实时控制的局域网系统。

环型拓扑网络结构简单，传输延时确定，电缆故障容易查找和排除。但其可靠性较差，当某个节点发生故障时，有可能造成整个网络不能正常工作。另外，环型拓扑网络的可扩充性较差，在环型网络中加入节点、退出节点及维护和管理都比较复杂。

3. 星型拓扑结构

星型拓扑结构（见图 5-5）是一种以中央节点为中心，把若干外围节点连接起来的辐射式互连结构网络，传输介质通常采用双绞线。每个站点都采用单独的链路与中心节点连接，故障定位和故障维护简单。中心节点可以是转接中心，起到连通作用，也可以是一台主机，此时就具有数据处理和连接的功能。

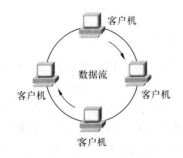

图 5-4　环型拓扑结构及工作原理示意图

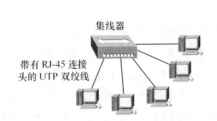

图 5-5　星型拓扑结构示意图

星型拓扑结构的特点是：安装容易，结构简单，成本低，在网络中增加或删除节点容易，易实现数据的安全性和优先级控制，易实现网络监控。但因为属于集中式控制，对中心节点的依赖性大，一旦中心节点有故障会引起整个网络的瘫痪。

4. 混合型拓扑结构

混合型拓扑结构是指由星型结构和总线型结构结合在一起形成的网络结构，如图 5-6 所示，有时也称为树型拓扑结构。混合型拓扑结构就像一棵"根"朝上的树，网络的各节点形成了一个层次化的结构，树中的各个节点都为计算机。混合型拓扑结构兼顾了星型网络与总线型网络的优点，解决了星型网络在传输距离上的局限，也解决了总线型网络连接用户数量的限制，更能满足较大网络的拓展。这种拓扑结构的网络一般采用同轴电缆，用于军事单位、政府部门等上、下界限相当严格和层次分明的部门。

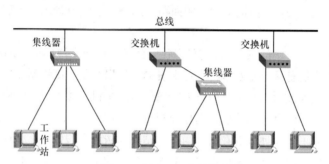

图 5-6　混合型拓扑结构示意图

混合型拓扑结构的优点是容易扩展，易对故障进行分离，可靠性高；缺点是整个网络对根的依赖性很大，一旦网络的根发生故障，整个系统就不能正常工作。

混合型拓扑结构主要用于较大型的局域网中，如果一个单位有几栋在地理位置上分布较远（指同一小区中）的建筑物，单用星型结构将它们连接会受双绞线单段传输距离（100m）的限制，单用总线型结构将它们连接则很难满足计算机网络规模的需求。如果将这两种拓扑结构相结合，在同一楼层采用双绞线的星型拓扑结构，不同楼层采用同轴电缆的总线型拓扑结构，楼与楼之间也采用总线型结构，则能很好地解决这个问题。这时传输介质要根据距离来选择，如果楼与楼之间的距离较近（500m 以内）可采用粗同轴电缆来做传输介质，在 180m 之内还可采用细同轴电缆来做传输介质，但如果超过 500m 我们只有采用光缆或者粗缆加中继器来实现。

5.3.2　介质访问控制方法

网络拓扑结构与介质访问控制方法紧密相关，确定了拓扑结构，就相应地确定了介质访问控制方法。例如总线型拓扑结构，主要采用载波监听多路访问/冲突检测（CSMA/CD）的访问控制方法，也可采用令牌总线(Token Bus)的访问控制方法。对环型拓扑结构，则主要采用令牌环(Token Ring)的访问控制方法。拓扑结构、介质访问控制方法和介质种类一旦确定，在很大程度上就决定了网络的响应时间、吞吐率和利用率等各种特性。因此在选择局域网类型时，应根据用户需求，权衡性能价格比等多种因素，切忌草率行事。

1. 载波监听多路访问/冲突检测方法

（1）载波监听多路访问

在以太网中，是以"包"为单位传送信息的。在总线上如果某个工作站有信息包要发送，它在发送信息包之前，要先检测总线是"忙"还是"空闲"，如果"忙"，则发送站会随机延迟一段时间，再去检测总线；若是"空闲"，就可以发送了。像这种在发送数据前进行载波侦听，然后再采取相应动作的协议，人们称其为载波侦听多路访问（Carrier Sense Multiple Access，CSMA）协议。

（2）载波监听多路访问/冲突检测

载波监听方法降低了冲突概率，但仍不能完全避免冲突。例如，若两个站点同时对信道进行测试，测试结果为空闲，则两站点就会同时发送信息帧，必然引起冲突。又例如，当某一站点 B 测试信道时，另一站点 A 已在发送一信息帧，但由于总线较长，信号传输有一定延时，在站点 B 测试总线时，A 站点发出的载波信号并未到达 B，这时 B 误认为信道空闲，立即向总线发送信息帧，从而引起两信息帧的冲突。

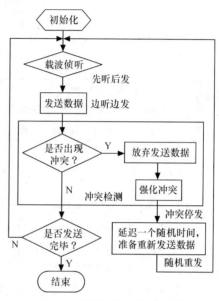

图 5-7　CSMA/CD 工作流程图

为了避免冲突的发生，在 CSMA 的控制方法上再增加冲突检测，就是载波监听多路访问/冲突检测（CSMA/CD）控制方法。

总线型拓扑结构的通信方式一般采用广播形式，通过 CSMA/CD 介质访问控制方法来减少和避免冲突的发生。CSMA/CD 方式遵循"先听后发，边听边发，冲突停发，随机重发"的原理来控制数据包的发送。工作流程如图 5-7 所示。

2．令牌环访问控制方法

令牌环（Token Ring）控制技术最早于 1969 年在贝尔实验室研制的 Newhall 环上采用，1971年提出了一种改进算法即分槽环。令牌环标准在 IEEE802.5 中定义。

令牌环网速率为 4Mbit/s 或 16Mbit/s，多数采用星型环结构，在逻辑上所有站点构成一个闭合的环路。

令牌环技术是在环路上设置一个令牌（Token），这是一种特殊的比特格式。当所有的站点都空闲时，令牌就不停地在环网上转。当某一个站点要发送信息时，它必须在令牌经过它时获取令牌（注意：此时经过的令牌必须是一个空令牌），并把这个空令牌设置成满令牌，然后开始发送信息包。这时环上没有了令牌，其他站点想发送信息则必须等待。要发送的信息随同令牌在环上单向运行，当信息包经过目标站时，目标站根据信息包中的目的地址判断出自己是接收站，就把该信息复制到自己的接收缓冲区，信息包继续在环上运行，回到发送站，并被发送站从环上卸载下来。发送站将回来的信息与原来的信息比较，没有出错，则信息发送完毕。与此同时，发送站向环上插入一个新的空令牌，其他要发送信息的站点就可获得它并传输数据。令牌环的工作原理如图 5-8 所示。

令牌环的主要优点是它提供对传输介质访问的灵活控制，且在负载很重的情况下，这种令牌环的控制策略是高效和公平的。它的主要缺点一个是在轻负载的情况下，由于传输信息包前必须要等待一个空令牌的到来，这样造成了低效率；另一个是需要对令牌进行维护，一旦令牌丢失，环网便不能再运行，所以在环路上要设置一个站点作为环上的监控站点，以保证环上有且仅有一个令牌。

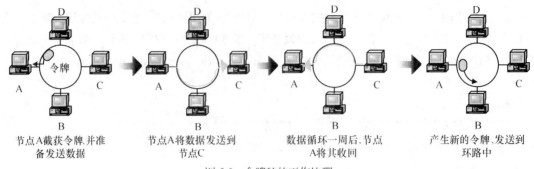

节点A截获令牌,并准 节点A将数据发送到 数据循环一周后,节点 产生新的令牌,发送到
备发送数据   节点C   A将其收回   环路中

图 5-8 令牌环的工作原理

　　环型拓扑网络中信息流只能是单方向的，每个收到信息包的站点都向它的下游站点转发该信息包；只有获取了令牌的站点才可以发送信息，每次只有一个站点能发送信息；目标站是从环上复制信息包。

3. 令牌总线访问控制方法

（1）令牌总线（Token Bus）网的产生

总线型网络结构简单，在站点数量少时，传输速度快；由于采用 CSMA/CD 控制策略，以竞争方式随机访问传输介质，肯定会有冲突发生，一旦发生冲突就必须重新发送信息包；当站点超过一定数量时，网络的性能会急剧下降。

在令牌环网中，无论节点数多少，都需等待令牌空闲时才能进行通信；由于采取按位转发方式及对令牌的控制，监视占用部分时间，因此节点数少时，传输速度低于总线型网络。

令牌总线网综合两者的优点，在物理总线结构中实现令牌传递控制方法，构成逻辑环路，这就是 IEEE802.4 的令牌总线介质访问控制技术。因此，令牌总线网在物理上是一个总线网，采用同轴电缆或光纤作为传输介质；在逻辑上是一个环网，采用令牌来决定信息的发送。

令牌总线型网络的典型代表是美国 Data Point 公司研制的 ARC（Attached Resource Computer）网络。其结构如图 5-9 所示。各站点连接顺序如图 5-10 所示。

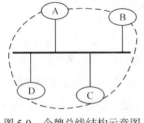

图 5-9 令牌总线结构示意图

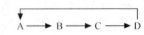

图 5-10 令牌总线网上站点连接顺序图

（2）令牌总线的工作原理

在令牌总线网中所有站点都按次序分配到一个逻辑地址，每个工作站点都知道在其之前（前驱）和在其之后的站点（后继）标识，第一个站点的前驱是最后一个站点的标识，而且物理上的位置与其逻辑地址无关。

一个叫做令牌的控制帧规定了访问的权利。总线上的每一个工作站如有数据要发送，必须要在得到令牌以后才能发送，即拥有令牌的站点才被允许在指定的一段时间里访问传输介质。当该站发送完信息，或是时间用完了，就将令牌交给逻辑位置上紧接在它后面的那个站点，那个站点由此得到允许数据发送权。这样既保证了发送信息过程中不发生冲突，又确保每个站点都有公平的访问权。

5.3.3　传输介质

从网络的基本定义可以发现，网络中的计算机要相互传送信息必须进行连接，连接就需要使用传输介质。根据网络的连接方式，可将传输介质分为有线介质和无线介质两种。局域网常用的有线传输介质有双绞线、同轴电缆、光纤等，无线传输介质有无线电波、微波或红外线等。传输媒体的选择取决于以下诸因素：网络拓扑的结构、实际需要的通信容量、可靠性要求以及能承受的价格范围等。

在局域网中，双绞线是最为廉价的传输介质，非屏蔽 5 类双绞线的传输速率为 100Mbit/s，在局域网上被广泛使用。

同轴电缆是一种较好的传输介质，它具有吞吐量大、可连接设备多、性能价格比较高、安装和维护方便等优点。

光纤具有宽带、数据传输率高、抗干扰能力强、传输距离远等优点，但光纤和相应的网络配件价格较高，而且光纤的连接和切割需要较高的技术，需要经过专门培训。

当某些特殊的场合不便使用有线传输介质时，就可以采用无线链路来传输信号。

5.4　以太网技术

常常在网络连接时说"以太网连接"，究竟"以太网"是什么网，与局域网有什么区别和联系呢？

5.4.1　以太网的产生与发展

以太网是现有局域网中最通用的通信协议标准，与 IEEE802.3 系列标准相类似，它不是一种具体的网络，而是一种技术规范。该标准定义了在局域网（LAN）中采用的电缆类型和信号处理方法，使用 CSMA/CD 技术，并以 10Mbit/s 的数据传输速率运行在多种类型的电缆上。

以太网技术并非是某位天才一拍脑袋发明的，而是适应社会需求的结果。20 世纪 70 年代，施乐公司（Xerox）的工程师 Metcalfe 和同事们为了计算机的互连而开发了一个实验性网络系统。1973 年，Metcalfe 认为他们研究的实验性网络用"Ether"（系统的基本特征）描述最准确，因此提出了"Ethernet"，这就是以太网技术的诞生。

随后，由 Xerox、Intel 和 DEC 公司联合进行开发，公布了 DIX 以太网 1.0 版。当时，世界性专业组织 IEEE 组成了一个定义与促进工业 LAN 标准、以办公室环境为主要目标的 802 工程。为了将 DIX 推向国际标准化，1981 年 IEEE 802 工程组成 802.3 委员会，这就是 IEEE 802.3 标准的由来。

5.4.2　传统以太网技术

传统以太网就是通常所说的 10Mbit/s 以太网，IEEE802.3 规定了 4 种规范，如图 5-11 所示。

1. 10Base-5

（1）具体含义

10Base-5 是 1983 年问世的，是出现最早的以太网，通常称为粗缆以太网，其具体含义如图 5-12 所示。

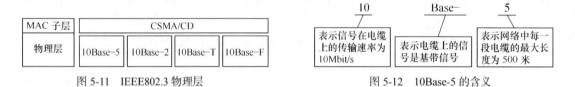

MAC 子层	CSMA/CD			
物理层	10Base-5	10Base-2	10Base-T	10Base-F

图 5-11　IEEE802.3 物理层

图 5-12　10Base-5 的含义

（2）规则

粗缆以太网（粗同轴电缆），电缆的两端有 50Ω 的终端电阻，每网段允许连接 100 个节点，单个网段的最大长度不超过 500m，如果网络长度必须超过 500m 的话，则需要使用中继器进行信号放大，延伸网络长度。

在网络的扩展中，最多使用 4 个中继器连接 5 个网段，因此最大网络直径是 2 500m。连接的 5 个网段中，只允许 3 个网段连接计算机，其余两个网段只用来扩展网络距离。这就是通常所说的 5-4-3 中继规则。

2. 10Base-2

（1）具体含义

10Base-2 采用细同轴电缆为传输介质，传输 10Mbit/s 的基带信号，网络中每一段电缆的最大长度不超过 200m，具体值为 185m。

（2）规则

10Base-2 网络又称为细缆以太网，采用阻抗为 50Ω、RG58 的细同轴电缆。每个网段允许连接 30 个节点，单个网段的最大长度是 185m，因此最大的网络直径是 925m。同样适用于 5-4-3 中继规则。

3. 10Base-T

（1）具体含义

10Base-T 网络采用 3 类以上双绞线为传输介质，传输 10Mbit/s 的基带信号，T 表示双绞线。

（2）规则

10Base-T 网络的端口通常为 RJ-45 接口，采用以集线器为中心的连接方式，每台计算机到集线器的连接采用双绞线，其最大长度不超过 100m。

从 10Base-T 的规则可发现，该网络通常采用以集线器为中心的连接方式，即采用星型拓扑结构，这是从物理连接上来说的。根据集线器的工作原理，在一个端口接收到的数据会向集线器的其他所有端口广播，这与总线型拓扑结构的特性是相同的。因此，从逻辑上来说，10Base-T 的网络采用的是总线型拓扑结构。

4. 10Base-F

（1）具体含义

10Base-F 网络采用光纤作为传输介质，传输 10Mbit/s 的基带信号，F 表示光纤。

（2）规则

10Base-F 网络可用同步有源星型或无源星型结构来实现，最大网络长度分别为 500m 和 200m。

5.4.3　高速以太网技术

随着计算机的普及，网络的应用要求越来越高，10Mbit/s 的数据传输速率已经不能满足通信要求。传统以太网技术是共享介质的，采用 CSMA/CD 的介质访问控制方法，当网络中节点数目增多、通信负荷增大时，网络中冲突和重发现象频繁出现，引起网络效率急剧下降，服务质量变差。

为了克服网络规模和网络性能之间的矛盾，改善局域网的性能，人们对网络技术进行了大量研究，针对传统以太网共享介质的特点，提出了以下 3 种改善局域网性能的方案。

① 提高以太网数据传输速率，从 10Mbit/s 提高到 100Mbit/s、1 000Mbit/s 等，这就是高速以太网技术。但是其介质访问控制方法仍采用 CSMA/CD 技术。

② 将大型局域网划分成多个子网，通过减少每个子网内部节点数的方法，使每个子网的性能得到改善，介质访问控制方法仍采用 CSMA/CD 技术。

③ 将介质访问控制方式改为交换方式，用交换机替代集线器，这就是交换式网络。

1. 快速以太网

传输速率为 100Mbit/s 的以太网技术称为快速以太网（Fast Ethernet）技术。1995 年 IEEE 802.3 委员会正式批准了 Fast Ethernet 802.3u 标准，规定了 4 种有关传输介质的标准，如表 5-2 所示。

表 5-2　　　　　　　　　　　　　快速以太网规范

标　　准	传输介质	特性阻抗	最大网段长	说　　　明
100Base-TX	2 对 5 类 UTP	100Ω	100m	采用全双工工作方式，一对用于发送数据，一对用于接收数据
	2 对 STP	150Ω		
100Base-FX	1 对单模光纤	8/125um	40 000m	主要用作高速主干网
	1 对多模光纤	62.5/125um	2 000m	
100Base-T4	4 对 3 类 UTP	100Ω	100m	3 对用于数据传输，1 对用于冲突检测
100Base-T2	2 对 3 类 UTP	100Ω	100m	

2. 吉比特以太网

数据传输速率为 1 000Mbit/s 的网络为吉比特以太网（Gigabit Ethernet）。1996 年 IEEE802.3 委员会正式成立了 802.3z 工作组，制定了 1 000Base-SX、1 000Base-LX、1 000Base-CX 规范，主

要研究使用光纤与短距离屏蔽双绞线的物理层标准。1997 年 IEEE802.3 委员会正式成立了 802.3ab 工作组，制定了 1 000Base-T 规范，主要研究使用长距离光纤与非屏蔽双绞线的物理层标准。具体标准如表 5-3 所示。

表 5-3　　　　　　　　　　　　　　吉比特以太网规范

标　　准	传输介质	信　号　源	说　　明
1 000Base-SX	50μm 多模光纤	短波长激光	全双工工作方式，最长传输距离为 550m
	62.5μm 多模光纤		全双工工作方式，最长传输距离为 275m
1 000Base-LX	9μm 单模光纤	长波长激光	全双工工作方式，最长传输距离为 550m
	62.5μm、50μm 多模光纤		全双工工作方式，最长传输距离为 3 000m
1 000Base-CX	铜缆		最长有效传输距离为 25m，使用 9 芯 D 型连接器连接电缆
1 000Base-T	5 类 UTP		最长有效传输距离为 100m

3. 万兆以太网

随着计算机技术的迅猛发展和社会应用需求的急增，越来越多的服务器采用吉比特以太网作为上连技术，数据中心或群组网络的骨干带宽相对增加，以千兆或千兆捆绑作为平台已不能满足需求，以太网进一步升级势在必行。

技术的升级不能忽略或抛弃以前的投入和规模，必须综合服务质量和投资成本。因此，进一步升级到万兆以太网技术是最佳的选择。万兆以太网技术基本承袭过去以太网、快速以太网及吉比特以太网的技术，在用户的普及率、使用的方便性、网络的互操作性及简易性上皆占有极大优势，用户不需担心既有的程序或服务是否会受到影响，因此升级的风险是非常低的。

1999 年底成立了 IEEE 802.3ae 工作组，进行万兆位以太网技术（10Gbit/s）的研究，并于 2002 年正式发布 IEEE 802.3ae 10GE 标准。

以太网的带宽根据应用的需求将进一步提高，还可能升级到四万兆（40G），十万兆（100G）。

5.5　局域网连接设备

为了实现资源共享的目的，现需要将某办公室内的多台计算机组成一个局域网络，这需要哪些网络连接设备呢？

5.5.1　网卡

1. 网卡简介

网络接口卡（Network Interface Card，NIC）简称网卡，又叫做网络适配器，是连接计算机和网络硬件的设备，它一般插在计算机的主板扩展槽中，它的标准是由 IEEE 来定义的。网卡工作于 OSI 的最低层，也就是物理层。网卡的类型不同，与之对应的网线或其他网络设备也不同，不能盲目混合使用。

2. 网卡的工作原理

网卡的工作原理为：整理计算机上要发往网线上的数据，并将数据分解为适当大小的数据包之后向网络上发送出去。每块网卡都有一个唯一的网络节点地址，也就是我们常说的 MAC 地址。这个地址是网卡生产厂家在生产时烧入 ROM 中的，可以保证唯一性。

3. 网卡的分类

根据不同的分类标准，网卡可以分为不同的种类，如图 5-13 所示。

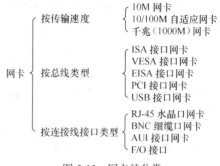

图 5-13　网卡的分类

（1）按数据传输速率分类

按数据传输速率分类，网卡主要有 10M 网卡和 10/100M 自适应网卡及千兆（1 000M）网卡等。目前经常用到的是 10M 网卡和 10/100M 自适应网卡 2 种，它们价格便宜，比较适合于个人用户和普通服务器，10/100M 自适应网卡在各方面都要优于 10M 网卡。千兆（1 000M）网卡主要用于高速的服务器。

（2）按总线类型分类

目前典型的微机总线主要有 16 位的 ISA 总线、32 位的 EISA 总线、IBM 所采用的微通道 MCA 总线及 PCI 总线。因此，相应的网卡也设计成适应不同的总线类型。

USB 接口网卡，主要是为了满足没有内置网卡的笔记本用户，它通过主板上的 USB 接口引出。

（3）按连接线接口类型分

针对不同的传输介质，网卡提供了相应的接口。适应于非屏蔽双绞线的网卡提供 RJ-45 接口；适应于细缆的网卡提供 BNC 接口；适应于粗同轴电缆的网卡提供 AUI 接口；适应于光纤的网卡提供 F/O 接口。

目前也有些网卡在一块网卡上同时提供 2 种，甚至 3 种接口，用户可依据自己所选的传输介质选用相应的网卡。

5.5.2　中继器

中继器（Repeater）又称为转发器，它是局域网连接中最简单的设备，作用是将因传输而衰减的信号进行放大、整形和转发，从而扩展局域网的传输距离。

使用中继器连接局域网时，要注意以太网的 5-4-3 中继规则。所谓"5-4-3 规则"，是指在 10M 以太网中，网络总长度不得超过 5 个区段，4 台网络延长设备，且 5 个区段中只有 3 个区段可接网络设备，即一个网段最多只能分 5 个子网段；一个网段最多只能有 4 个中继器；一个网段最多只能有 3 个子网段含有计算机。若中继器的两个接口相同时，可以连接使用相同介质的网段。例如，接口为 AUI 时，连接两个 10Base-5 的网段；接口为 BNC 时，连接两个 10Base-2 的网段。若中继器的两个接口不同时，可以连接使用不同介质的网段。例如，10Base-2 和 10Base-5 的互连如图 5-14 所示。图中表示中继器的一个接口为 AUI，另一个为 BNC。10Base-5 的单网段最大长度为 500m。10Base-2（总线型网络）每一区段的架设规则为：每区段的最长延伸距离为 185 米，最多可接 30 台网络设备，每两台网络设备间的最小距离为 0.5 米，每一区段两端各接一个 50Ω 终端电阻器用来结束电气信号。

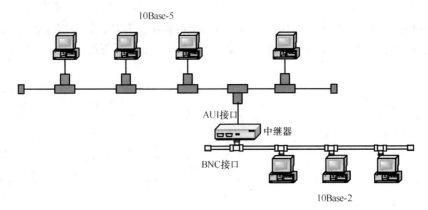

图 5-14 用中继器实现 10Base-2 和 10Base-5 的互连

5.5.3 集线器

1. 集线器简介

集线器（Hub）是带有多个端口的中继器（转发器），主要功能是对接收到的信号进行再生整形放大，以扩大网络的传输距离，同时也把所有节点集中在以它为中心的节点上。它工作于 OSI 参考模型最低层，即"物理层"。集线器与网卡、网线等传输介质一样，属于局域网中的基础设备，采用 CSMA/CD 访问方式。集线器（Hub）应用很广泛，它不仅可用于局域网、企业网、校园网，还可以用于广域网。

按集线器端口连接介质的不同，集线器可连接同轴电缆、双绞线和光纤。许多集线器上除了带有 RJ-45 接口外，还带有一个 AUI 粗缆接口和（或）一个 BNC 细缆接口，以实现不同介质网络的连接。

2. 集线器的技术特点

集线器主要用于共享网络，是解决从服务器直接到桌面传输的最佳、最经济方案。它属于纯硬件网络底层设备，只能简单地对信号进行放大和中转，不具备自动寻址能力，即不具备交换能力。HUB 发送数据时都没有针对性，而是采用广播方式。也就是说当它要向某节点发送数据时，不是直接把数据发送到目的节点，而是把数据包发送到与集线器相连的所有节点。

这种广播发送数据方式有以下几点不足：第一，用户数据包向所有节点发送，很可能带来数据通信的不安全因素，一些别有用心的人很容易就能非法截获他人的数据包；第二，由于所有数据包都是向所有节点同时发送，加上是共享带宽方式，从而可能造成网络塞车现象，降低了网络的执行效率；第三，集线器在同一时刻每一个端口只能进行一个方向的数据通信，而不能像交换机那样进行双向双工传输，因此网络执行效率低，不能满足较大型网络通信需求。

但是由于集线器价格便宜、组网灵活，所以经常使用它。集线器用于星型网络布线，如果一个工作站出现问题，不会影响整个网络的正常运行。

随着集线器技术的不断改进，有些集线器产品已在技术上向交换机技术进行过渡，具备了一定的智能性和数据交换能力。但由于交换机价格的不断下降，集线器仅有的价格优势已不再明显，集线器的市场变得越来越小，处于淘汰的边缘。尽管如此，集线器对于家庭或者小型企业来说，在经济上还是有诱惑力的，特别适合用于家庭几台机器的网络中，或者中小型公司作为分支网络使用。

3. 集线器的分类

集线器按照不同的分类标准，可分为不同的种类，具体如下。

（1）依据总线带宽的不同，集线器分为 10M、100M 和 10/100M 自适应 3 种。

（2）依据配置形式的不同，可以分为独立型集线器、模块化集线器和堆叠式集线器 3 种。

（3）依据管理方式的不同，可分为智能型集线器和非智能型集线器两种。

目前所使用的集线器基本是以上 3 种方式的组合。例如，经常要讲到的 10/100M 自适应智能型可堆叠式 HUB 等。

 根据工程经验，采用 10Mbit/s 集线器的站点不宜超过 25 个，采用 100Mbit/s 集线器的站点不宜超过 35 个。所以，当网络较大、用户较多时，仅用集线器无法保证每台计算机之间的网络通信。

5.5.4 交换机

1. 交换机简介

交换机也叫做交换式集线器，是局域网中的一种重要设备，它可将用户收到的数据包根据目的地址转发到相应的端口。交换机与一般集线器的不同之处是：集线器是将数据转发到所有的集线器端口，即同一网段的计算机共享固有的带宽，传输通过碰撞检测进行，同一网段计算机越多，传输碰撞也越多，传输速率会变慢；而交换机每个端口为固定带宽，有独特的传输方式，传输速率不受计算机台数增加影响，所以它更优秀。

2. 交换技术介绍

（1）端口交换

端口交换技术最早出现在插槽式的集线器中，这类集线器的背板通常划分有多条以太网段（每条网段为一个广播域），不用网桥或路由连接，网络之间是互不相通的。以太主模块插入后通常被分配到某个背板的网段上，端口交换用于将以太模块的端口在背板的多个网段之间进行分配、平衡。根据支持的程度，端口交换还可细分为如下几类。

- 模块交换：将整个模块进行网段迁移。
- 端口组交换：通常模块上的端口被划分为若干组，每组端口允许进行网段迁移。

● 端口级交换：支持每个端口在不同网段之间进行迁移，这种交换技术是基于 OSI 最低层上完成的，具有灵活性和负载平衡能力等优点。如果配置得当，还可以在一定程度上进行容错，但没有改变共享传输介质的特点，不能称为真正的交换。

（2）帧交换

帧交换是目前应用最广的局域网交换技术，它通过对传统传输介质进行微分段，提供并行传送的机制，以减小冲突域，获得高的带宽。一般来讲每个公司的产品实现技术均会有差异，但对网络帧的处理方式一般有以下几种。

① 直通交换：提供快速处理能力，交换机只读出网络帧的前 14 个字节，便将网络帧传送到相应的端口上。

② 存储转发：通过对网络帧的读取进行验错和控制。

前一种方法的交换速度非常快，但缺乏对网络帧进行更高级的控制，缺乏智能性和安全性，同时也无法支持具有不同速率的端口的交换。

（3）信元交换

ATM 技术代表了网络和通信技术发展的未来方向，是解决目前网络通信中众多难题的一剂"良药"，ATM 采用固定长度 53 个字节的信元交换。由于长度固定，因而便于用硬件实现。ATM 采用专用的非差别连接和并行运行，可以通过一个交换机同时建立多个节点，但并不会影响每个节点之间的通信能力。ATM 还容许在源节点和目标节点间建立多个虚拟链接，以保障足够的带宽和容错能力。ATM 采用了统计时分电路进行复用，因而能大大提高通道的利用率。ATM 的带宽可以达到 25M、155M、622M 甚至数 Gb 的传输能力。

3. 交换机的分类

交换机的分类方法有多种。从网络覆盖范围划分，有广域网交换机和局域网交换机两种。广域网交换机主要用于电信城域网互连、互联网接入等领域的广域网中，提供通信用的基础平台；局域网交换机用于局域网络，用于连接终端设备，如服务器、工作站、集线器、路由器、网络打印机等网络设备，提供高速独立通信通道。

对局域网交换机，又可以划分为多种不同类型的交换机。下面介绍局域网交换机的主要分类标准。

（1）根据交换机使用的网络传输介质及传输速度分类

根据交换机使用的网络传输介质及传输速度的不同，可以将局域网交换机分为以太网交换机、快速以太网交换机、千兆（G 位）以太网交换机、万兆（10G 位）以太网交换机、FDDI 交换机、ATM 交换机等，其特点如表 5-4 所示。

表 5-4　　　　　　　　根据交换机使用的网络传输介质及传输速度分类及其特点

交换机类型	特　　　点
以太网交换机	用于带宽在 100Mbit/s 以下的以太网
快速以太网交换机	用于 100Mbit/s 快速以太网，传输介质可以是双绞线或光纤
千兆以太网交换机	带宽可以达到 1 000Mbit/s，传输介质有光纤、双绞线两种
万兆以太网交换机	用于骨干网段上，传输介质为光纤
ATM 交换机	用于 ATM 网络的交换机
FDDI 交换机	可达到 100Mbit/s，接口形式都为光纤接口

（2）根据交换机应用的网络层次进行分类

根据交换机应用的网络层次，可以将网络交换机划分为企业级交换机、校园网交换机、部门级交换机和工作组交换机、桌面型交换机 5 种，其特点如表 5-5 所示。

表 5-5　　　　　　　　　　　根据交换机所应用的网络层次的分类及其特点

交换机类型	特　点
企业级交换机	采用模块化的结构，可作为企业网络骨干构建高速局域网
校园网交换机	主要应用于较大型网络，且一般作为网络的骨干交换机
部门级交换机	面向部门级网络使用，采用固定配置或模块配置
工作组交换机	一般为固定配置
桌面型交换机	低档交换机，只具备最基本的交换机特性，价格低

（3）根据 OSI 的分层结构分类

根据 OSI 的分层结构，交换机可分为二层交换机、三层交换机、四层交换机等，其特点如表 5-6 所示。

表 5-6　　　　　　　　　　　　根据 OSI 的分层结构分类

交换机类型	特　点
二层交换机	工作在 OSI/RM 参考模型的第 2 层（数据链路层）上，主要功能包括物理编址、错误校验、帧序列以及流控制，是最便宜的方案。它在划分子网和广播限制等方面提供的控制最少
三层交换机	工作在 OSI/RM 参考模型的网络层，具有路由功能，它将 IP 地址信息提供给网络路径选择，并实现不同网段间数据的线速交换。在大中型网络中，第三层交换机已经成为基本配置设备
四层交换机	它工作于 OSI/RM 模型的第四层，即传输层，直接面对具体应用。目前由于这种交换技术尚未真正成熟且价格昂贵，所以，第四层交换机在实际应用中目前还较少见

5.6　虚拟局域网

某公司在发展之初公司人员较少，对网络要求不高，仅采用路由器对网络进行简单分段，局域网的每个广播数据包都将发送到该网段的所有设备，而不管这些设备是否需要。随着公司规模不断扩大，部门员工增多，不能集中办公，并且某些部门，如财务部门的安全性要求不断增强，需要单独划一个网段来保证数据安全。该怎么解决以上问题呢？

5.6.1　VLAN 的产生

在传统的局域网中，一个工作组通常是在同一个网段上，每个网段可以是一个逻辑工作组或子网，多个逻辑工作组之间通过实现互连的网桥或路由器来交换数据。如果一个工作组中的一个节点要转移到另一个工作组时，就需要将节点计算机从一个网段撤出，连接到另一个网段上，甚至需要重新进行布线。这就是说，逻辑工作组的组成要受节点所在网段物理位置的限制。

虚拟局域网（Virtual Local Area Network，VLAN）是以交换式网络为基础，把网络上的用户（终端设备）分为若干个逻辑工作组，每个逻辑工作组就是一个 VLAN。虚拟网络建立在局域网交换机上，以软件方式实现逻辑工作组的划分与管理，逻辑工作组的节点组成不受物理位置的限制。同一逻辑分组的成员可以分布在相同的物理网段上，也可以分布在不同的网络上。图 5-15 所示为典型 VLAN 的物理结构和逻辑结构。

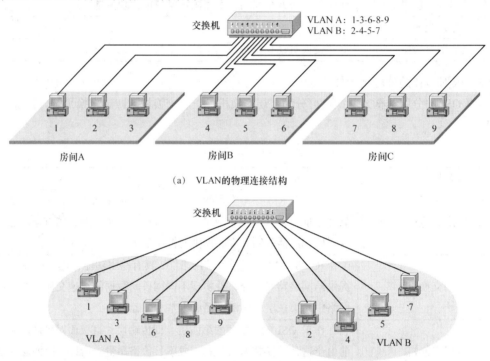

图 5-15 典型 VLAN 的物理结构和逻辑结构示意图

IEEE 于 1999 年颁布了用以标准化 VLAN 实现方案的 802.1Q 协议标准草案。VLAN 并不是一种新型的局域网技术，而是交换网络为用户提供的一种服务。当我们遇到以下所列出的某一情况时，就可以采用划分虚拟局域网的方法来满足我们的需求。

① 需要对广播数据包进行隔离操作，数据包只发送给某一些网段。

② 由于人员增加，部门不能集中办公，同一个网段的人员可能不在同一个物理位置。

③ 如财务部门等有特殊安全要求的部门需要与外部通信，但要保证不泄露内部秘密。

5.6.2 VLAN 的优点

VLAN 与普通局域网从原理上讲没有什么不同，但从用户使用和网络管理的角度来讲，VLAN 与普通局域网最基本的差异体现在：VLAN 并不局限于某一网络或物理范围，VLAN 用户可以位于城市内的不同区域，甚至是位于不同国家。总体来说，VLAN 具有如下几个方面的优点。

（1）提高了网络构建的灵活性

通过划分虚拟局域网，能把一个物理局域网划分成多个逻辑上的子网，而不必考虑具体的物理位置。如在图 5-15 中，VLANA、VLANB 中的工作站可以位于不同的楼层，不同的办公室，而不受物理位置的限制。

（2）提高了网络的安全性

一个 VLAN 就是一个广播域，广播流量被限制在 VLAN 内，VLAN 内部主机间的通信不会影响到其他 VLAN 的主机，减少了数据窃听的可能性，提高了安全性。

（3）减少网络流量，节约带宽

VLAN 技术把网络划分成逻辑上的广播域，避免信息不必要的广播。

（4）VLAN 为内部成员间提供低延迟、线速的通信

（5）简化网络管理

据统计，传统的 LAN 中约有 70% 的网络花销是因为添加、删除、移动、更改网络用户而导致的。每当有一个用户加入局域网，就会引发一系列的端口分配、地址分配、网络设备重新配置等网络管理任务。在使用 VLAN 技术后，这些任务都可得以简化。举例来说，当某台计算机工作站从一个空间位置移动到另一个空间位置时，不需要为其重新手工配置网络属性，网络自身就能够动态地完成这项任务。这种动态管理网络的方式，给网络管理者和使用者都带来了极大的便利。

（6）减少设备投资

VLAN 技术可被用来创建逻辑的广播域，因而可以减少用于购买昂贵的路由器等广播域隔离设备的投资。

5.6.3　VLAN 的划分

基于交换式的以太网要实现虚拟局域网时，主要有 3 种途径：基于端口的虚拟局域网，基于 MAC 地址（网卡的硬件地址）的虚拟局域网和基于 IP 地址的虚拟局域网。

1. 基于端口的虚拟局域网

基于端口的虚拟局域网是将交换机按照端口进行分组，每一组定义为一个虚拟局域网。这些交换机端口分组可以在一台交换机上，也可以跨越几台交换机。例如，1 号交换机的端口 1 和 2 以及 2 号交换机的端口 4、5、6、7 上的最终工作站组成了虚拟局域网 A，1 号交换机的端口 3、4、5、6、7、8 以及 2 号交换机的端口 1、2、3、8 上的最终工作站组成了虚拟局域网 B，如图 5-16 所示。

基于端口的虚拟局域网是最实用的虚拟局域网，它保持了最常用的虚拟局域网成员定义方法，配置也相当直观简单。即局域网中的站点具有相同的网络地址，不同的虚拟局域网之间进行通信需要通过路由器。

基于端口的虚拟局域网的缺点是灵活性不好。例如，当一个网络站点从一个端口移动到另外一个新的端口时，如果新端口与旧端口不属于同一个虚拟局域网，则用户必须对该站点重新进行网络地址配置，否则，该站点将无法进行网络通信。

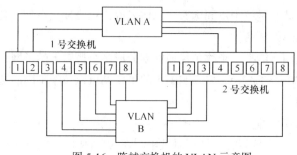

图 5-16　跨越交换机的 VLAN 示意图

　　　　在基于端口的虚拟局域网中，每个交换端口可以属于一个或多个虚拟局域网组，比较适用于连接服务器。

2. 基于 MAC 地址的虚拟局域网

基于 MAC 地址的虚拟局域网在把网络上的工作站移动到网络上的不同物理位置时，不需要 VLAN 进行重新配置，就可以同原 VLAN 内的成员通信，减少了网络管理员的日常维护。但当更换网卡或增加工作站时，需要重新配置数据库，而且需要手动建立 MAC 地址的数据库。

3. 基于 IP 地址的虚拟局域网

在基于 IP 地址的虚拟局域网中，新站点在入网时无需进行太多配置，交换机则根据各站点网络地址自动将其划分成不同的虚拟局域网。

基于 IP 地址的优点如下：一是这种方式可以按传输协议划分网段；二是用户可以在网络内部自由移动而不用重新配置自己的工作站；三是这种类型的虚拟网可以减少由于协议转换而造成的网络延迟。

虚拟局域网缺点如下：一是容易产生 IP 盗用，二是对设备要求较高，不是所有设备都支持这种方式。

在 3 种虚拟局域网的实现技术中，基于 IP 地址的虚拟局域网智能化程度最高，实现起来也最复杂。一般采用第一种方式和第三种配合使用。

5.6.4　VLAN 之间的通信

1. VLAN 之间的通信

VLAN 技术的主要作用是将地理位置不同的计算机按工作需要组合成一个逻辑网络，通过划分 VLAN 可缩小广播域，提高网络传输速度。由于处于不同 VLAN 的计算机之间不能直接通信，从而也使网络的安全性能得到很大提高。但事实上在很多网络中要求处于不同 VLAN 中的计算机间能够相互通信，如何解决 VLAN 间的通信问题是规划 VLAN 时必须认真考虑的问题。

在 LAN 内的通信，是通过在数据帧头中指定通信目标的 MAC 地址来完成的。为了获取 MAC 地址，TCP/IP 下 ARP 解析 MAC 地址的方法是通过广播报文来实现的，因此如果广播报文无法到达目的地，那么就无从解析 MAC 地址，亦即无法直接通信。当计算机分属不同的 VLAN 时，就意味着分属不同的广播域，自然收不到彼此的广播报文，也就意味着属于不同 VLAN 的计算机之间无法直接互相通信。为了能够在 VLAN 间通信，需要利用 OSI 参照模型中更高一层——网络层的信息（IP 地址）来进行路由。在目前的网络互连设备中，能完成路由功能的设备主要有路由器和三层以上的交换机。

2．VLAN 之间通信的方法

（1）通过路由器实现 VLAN 之间的通信

使用路由器实现 VLAN 之间的通信时，路由器的连接方式有两种。

第一种：通过路由器的不同物理接口与交换机上的每个 VLAN 分别连接，如图 5-17 所示。

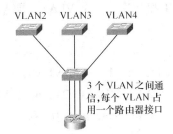

图 5-17　"每个 VLAN 占用一个路由器接口"的 VLAN 通信方式

第二种：通过路由器的逻辑子接口与交换机的各个 VLAN 连接，如图 5-18 所示。

图 5-18　"每个 VLAN 占用一个虚拟子接口"的 VLAN 通信方式

（2）用交换机代替路由器实现 VLAN 之间的通信

目前市场上有许多三层以上的交换机，厂家通过硬件或软件的方式将路由功能集成到交换机中，数据交换速度较快。因此，在大型园区网中通常用交换机代替路由器来实现 VLAN 之间的通信。

用交换机代替路由器实现 VLAN 之间通信的方式也有两种。

第一种：启用交换机的路由功能，这种方式的实现方法可采用以上介绍的路由器方式的任一种。

第二种：利用某些高端交换机所支持的专用 VLAN 功能来实现 VLAN 之间的通信。

下面主要介绍采用交换机实现 VLAN 之间的通信。

5.6.5　VLAN 划分实例

实例 5-1　如图 5-19 所示，某单位要完成一个项目，该项目有两个任务，现将两个任务分别分配给两个小组，小组一包括 PC1、PC2 计算机，小组二包括 PC3 计算机。任务完成过程中两个小组成员间需要沟通和协商，但小组之间除了工作进度和任务执行情况需要汇报外，其余时候是

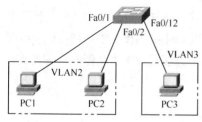

图 5-19　VLAN 划分连接示意图

不能相互通信的。

分析：该任务要求小组内部能相互通信，而小组之间只有需要的时候才允许通信，一般情况是不能通信的。如果将该网络划分为两个虚拟局域网，即 VLAN2 和 VLAN3，即可满足要求。

具体实施步骤如下。

（1）画出网络拓扑结构图

（2）按照网络拓扑结构图连接好设备

（3）规划 IP 地址与 VLAN

将网络划分为两个 VLAN，PC1 和 PC2 为一个 VLAN，即 VLAN2；PC3 为另一个 VLAN，即 VLAN3。

（4）配置 IP 地址和网关

① S3550 交换机设置 VLAN2（172.16.2.1/24）和 VLAN3（172.16.3.1/24）两个 VLAN。

② 将 PC1（172.16.2.12/24）、PC2（172.16.2.13/24）加入 VLAN2，PC1 与 PC2 网关均为 172.16.2.1；PC3（172.16.3.12/24）加入 VLAN3，网关为 172.16.3.1。

（5）配置交换机

```
Switch>en                                    由用户模式进入特权模式
Switch# conf  t                              由特权模式进入配置模式
Switch(config)#hostname  C3550    .          在配置模式下修改主机名
C3550(config)#exit                           退出配置模式
C3550#vlan database                          进入 VLAN 配置模式
C3550(vlan)#vlan 2  name  student            创建编号为 2、名字为 student 的 VLAN
C3550(vlan)#vlan 3  name  teacher            创建编号为 3、名字为 teacher 的 VLAN
C3550(vlan)#exit
C3550#conf t
C3550(config)#int fastethernet 0/1           进入快速以太口
C3550(config-if)#switchport access vlan 2    将快速以太口划分入 VLAN2
C3550(config-if)#exit                         退出接口配置模式
C3550(config)#int fastethernet0/2
C3550(config-if)#switchport access vlan 2
C3550(config-if)#exit
C3550(config)#int fastethernet0/12
C3550(config-if)#switchport access vlan 3
C3550(config-if)#end
C3550#write                                  保存配置信息
C3550#conf t
C3550(config)# int  vlan 2                    给 VLAN2 的所有节点分配静态 IP 地址
C3550(config-if)# ip add 172.16.2.1  255.255.255.0  配置网关
C3550(config-if)#no shut                      启用端口
C3550(config-if)#exit
C3550(config)# int  vlan 3
C3550(config-if)# ip add 172.16.3.1  255.255.255.0
C3550(config-if)#no shut
C3550(config-if)#end
C3550#conf  t
C3550(config)# ip routing             启用路由
C3550(config)#end
C3550# write
```

提示

① 交换机有3种命令模式，分别为用户模式、特权模式和配置模式。

用户模式（User EXEC）是交换机启动时的缺省模式，仅允许执行一些非破坏性的操作，如查看交换机的配置参数、测试交换机的连通性等，不能对交换机配置做任何改动。该模式下的提示符（Prompt）为“>”。

特权模式（Privileged EXEC）也叫使能（enable）模式，提示符为“#”，可对交换机进行更多的操作。

配置模式（Global Configuration）是交换机的最高操作模式，可以设置交换机上运行的硬件和软件的相关参数；配置各接口、路由协议和广域网协议；设置用户和访问密码等。在特权模式“#”提示符下输入config命令，即可进入配置模式。

② 交换机的配置可以在真实的交换机上完成，也可以采用模拟软件Boson Netsim完成。

（6）测试

在PC1上ping PC2，能ping通；在PC1上ping PC3，能ping通；在PC2上ping PC3，能ping通。

（7）结论

由测试结果可得知，VLAN 2 和VLAN 3之间实现了通信。

提示

每一个VLAN对应一个广播域；二层交换机之间没有路由功能，不能在VLAN之间转发帧，因而处于不同VLAN之间的主机不能进行通信；三层交换机支持VLAN之间的路由，可以实现VLAN之间的通信。

5.7 无线局域网

某矿业公司需要在分布达十几公里远的矿山上建立公司的计算机局域网，有十几个终端需要入网。但矿山山势险峻，沟壑陡峭，我们该考虑什么样的组网方案呢?

有线网络因为要受到布线的限制，所以布线、改线工程量大，线路容易损坏，网络中的各节点移动困难。特别是当要把相距较远的节点联结起来时，需要敷设专用通信线路，不但耗时，而且成本也急剧增加。另外，有些场合如大型广场布线难度相当大，而使用又只是临时的。这些问题都对正在迅速扩大的连网需求形成了严重的瓶颈阻塞，限制了用户连网。

5.7.1 无线局域网技术

无线局域网可以在普通局域网基础上通过无线Hub、无线接入站（AP）、无线网桥、无线Modem及无线网卡等来实现，其中以无线网卡最为普遍，使用最多。无线局域网的关键技术，除了红外传输技术、扩频技术、网同步技术外还有一些其他技术，如调制技术、加解扰技术、无线分集接收技术、功率控制技术和节能技术。无线局域网中最常用的技术是红外线技术和微波扩频技术两种。

1. 红外线技术

红外线局域网采用小于1μm波长的红外线作为传输媒体，有较强的方向性，受太阳光的干扰大，支持 1～2Mbit/s 数据传输速率，适于近距离通信。

2. 微波扩频通信技术

微波扩频通信技术覆盖范围大，具有较强的抗干扰、抗噪声和抗衰减能力，隐蔽性、保密性强，不干扰同频系统等性能特点，具有很高的可用性。无线局域网主要采用微波扩频通信技术。

扩频技术即扩展频谱技术，简称 SS（Spread Spectrum）技术。它是通过对传送数据进行特殊编码，使其扩展为频带很宽的信号，其带宽远大于传输信号所需的带宽（约数千倍），并将待传信号与扩频编码信号一起调制载波。

扩频技术主要有直接序列（简称直序）扩频技术和跳频扩频技术两种。

（1）直接序列扩频技术

所谓直接序列扩频（DSSS），就是使用具有高码率的扩频序列，在发射端扩展信号的频谱，在接收端用相同的扩频码序列进行解扩，把展开的扩频信号还原成原来的信号。

（2）跳频扩频技术

跳频扩频（FHSS）技术与直序扩频技术完全不同，属频率调制方式，是一种可避免干扰的技术。跳频的载波受一个伪随机码的控制，在其工作带宽范围内，其频率按随机规律不断改变。接收端的频率也按随机规律变化，并保持与发射端的变化规律一致。跳频的高低直接反映跳频系统的性能，跳频越高，抗干扰的性能越好。

5.7.2　无线局域网标准

1. 无线局域网标准

无线局域网的标准有很多，具体如表 5-7 所示。

表 5-7　　　　　　　　　　　　　　　无线局域网标准

标　　准		说　　明
IEEE802.11 系列	IEEE802.11b	1999 年 9 月通过，工作在 2.4～2.483GHz 频段。数据传输速率为 11Mbit/s。IEEE802.11b 具有 5.5Mbit/s、2Mbit/s、1Mbit/s 3 个低速档次。当工作站之间距离过长或干扰太大、信噪比低于某个门限时，数据传输速率能够从 11Mbit/s 自动降到 5.5Mbit/s、2Mbit/s 或者 1Mbit/s，通过降低数据传输速率来改善误码率性能。该标准采用 CSMA/CA 协议
	IEEE802.11a	出现比 802.11b 晚，工作在 5GHz 频段。数据传输速率高达 54Mbit/s。该频段用得不多，干扰和信号争用情况较少。该标准采用 CSMA/CA 协议
	IEEE802.11g	2001 年 11 月 15 日通过，兼顾 802.11a 和 802.11b，为 802.11b 过渡到 802.11a 奠定了基础
	IEEE 802.11n	IEEE802.11n 计划将 WLAN 的数据传输速率从 802.11a 和 802.11g 的 54Mbit/s 增加至 108Mbit/s 以上，最高速率可达 320Mbit/s

标　　准		说　　明
HiperLAN 标准（由欧洲电信标准化协会（ETSI）的宽带无线电接入网络（BRAN）制定）	HiperLAN1	用于高速 WLAN 接入
	HiperLAN2	
	Hiper Link	用于室内无线主干系统
	Hiper Access	用于室外对有线通信设施提供固定接入
红外系统		红外局域网系统采用波长小于 1μm 的红外线作为传输媒体，该频谱在电磁光谱里仅次于可见光，不受无线电管理部门的限制。 红外信号要求视距传输，方向性强，对邻近区域的类似系统也不会产生干扰，窃听困难。实际应用中由于红外线具有很高的背景噪声，受日光、环境照明等影响较大，一般要求的发射功率较高。 红外无线局域网仍是目前"100Mbit/s 以上、性能价格比高的网络"唯一可行的选择，主要用于设备的点对点通信
蓝牙技术		蓝牙是一种使用 2.45GHz 无线频带（ISM 频带）的通用无线接口技术，提供不同设备间的双向短程通信。 蓝牙面向移动设备间的小范围连接，它用来在较短距离内取代目前多种线缆连接方案。蓝牙克服了红外技术的缺陷，可穿透墙壁等障碍，通过统一的短距离无线链路，在各种数字设备之间实现灵活、安全、低成本、小功耗的话音和数据通信。 提供点对点和点对多点的无线连接。在任意一个有效通信范围内，所有设备的地位都是平等的，更适合家庭组建无线局域网
HomeRF		工作在 2.4GHz 频段，采用数字跳频扩频技术，速率为 50 跳/s，有 75 个带宽为 1MHz 跳频信道

2. 常见标准的主要区别

常见标准的主要区别如表 5-8 所示。

表 5-8　　　　　　　　　　　常见标准的主要区别

技　　术	区　　别
红外技术	数据传输速率仅为 115.2kbit/s，传输距离一般只有 1m
蓝牙技术	数据传输速率为 1Mbit/s，通信距离为 10m 左右
802.11b/a/g	数据传输速率达到了 11Mbit/s，有效距离长达 100m，更具有"移动办公"的特点，可以满足用户运行大量占用带宽的网络操作，基本就像在有线局域网上一样。从成本来看，802.11b/a/g 比较廉价。所以 802.11b/a/g 比较适合用在办公室构建无线网络（特别是笔记本电脑）

5.7.3　蓝牙技术

1. 蓝牙技术的由来

蓝牙（Bluetooth）技术是以公元 10 世纪统一丹麦和瑞典的一位斯堪的纳维亚国王的名字命名

的。蓝牙计划是由爱立信、诺基亚、英特尔和东芝等五大公司发起的，它的目标是提供一种通用的无线接口标准，用微波取代传统网络中错综复杂的电缆，在蓝牙设备间实现方便快捷、灵活安全、低成本低功耗的数据和话音通信。

1998 年 5 月，五大公司联合成立了蓝牙共同利益集团（Bluetooth SIG），目的是加速其开发、推广和应用。蓝牙技术的目标是采用无线接口技术来取代各种传统的有线连接。虽然蓝牙主要用来解决电话、数据终端等的连接组网问题，但是 SIG 也想将该技术应用到家电上去：家庭通过这种方式组成小型无线数据网，实现智能控制与管理。蓝牙技术的关键是很小的蓝牙芯片（9mm×9mm，即无线电收发信机），可以装在各种设备上，如手机、冰箱等。

此项无线通信技术公布后，迅速得到了包括摩托罗拉、3Com、朗讯、康柏、西门子等一大批公司的拥护，至今加盟蓝牙 SIG 的公司已达到 2 000 多个，其中包括许多世界最著名的计算机、通信以及消费电子产品领域的企业，甚至还有汽车与照相机的制造商和生产厂家。

一项公开的技术规范能够得到工业界如此广泛的关注和支持，这说明基于此项蓝牙技术的产品将具有广阔的应用前景和巨大的潜在市场。蓝牙共同利益集团现已改称蓝牙推广集团。

2. 有关名词术语

（1）Piconet（微微网）：通过蓝牙技术连接在一起的所有设备被认为是一个 Piconet。

微微网的建立由两台设备（如便携式电脑和蜂窝电话）的连接开始，最多由 8 台设备构成。所有的蓝牙设备都是对等的，以同样的方式工作。

当一个微微网建立时，只有一台为主设备，其他均为从设备，在一个微微网存在期间将一直维持这一状况。

（2）Scatternet（分布式网络）：几个独立且不同步的 Piconet 组成一个 Scatternet。

（3）Master Unit：主单元，即在一个 Piconet 中，其时钟和跳频顺序被用来同步其他单元的设备。

（4）Slave Units：从单元，即 Piconet 中不是 Master 的所有设备。

（5）Mac Address：用来区分 Piconet 中各单元的长度为 3bit 的地址。

（6）Parked Units：暂停单元，即 Piconet 中与网络保持同步，但没有 Mac Address 的设备。

（7）Sniff and Hold Mode：呼吸与保持模式，与网络同步但进入睡眠状态以节省能源的一种工作模式。

3. 蓝牙系统的组成

蓝牙系统由以下 4 部分组成。
① 无线单元。
② 链路控制单元。
③ 链路管理。
④ 软件功能定义。

4. 蓝牙基带技术支持的连接类型

蓝牙基带技术支持以下两种连接类型。
（1）同步定向连接类型
同步定向连接（SCO）类型为对称连接，主要用于传送话音，利用保留时隙传送数据包。连接建立后，Master 和 Slave 可以不被选中就发送 SCO 数据包。SCO 数据包既可以传送话音，也可以传送数据，但在传送数据时，只用于重发被损坏的那部分的数据。

（2）异步无连接类型

异步无连接（ACL）类型主要用于传送数据包，就是定向发送数据包，它既支持对称连接，也支持不对称连接。Master 负责控制链路带宽，并决定 Piconet 中的每个 Slave 可以占用多少带宽和连接的对称性。Slave 只有被选中时才能传送数据。ACL 链路也支持接收 Master 发给 Piconet 中所有 Slave 的广播消息。

同一个 Piconet 中不同的主从对可以使用不同的连接类型，而且在一个阶段内还可以任意改变连接类型。每个连接类型最多可以支持 16 种不同类型的数据包，其中包括 4 个控制分组，这一点对 SCO 和 ACL 来说都是相同的。两种连接类型都使用 TDD（时分双工传输方案）实现全双工传输。

5.7.4　无线局域网组建实例

有两个公司需要进行信息交流，但它们之间有的地方地势险要，不能采用有线网络进行连接，只好采用无线连接来克服这个困难，弥补有线网络的不足。

无线网络组建一般采用两种模式：Ad-Hoc 模式与 Infrastructure 模式。Ad-Hoc 模式就是所说的无中心结构，即无线对等网络，如图 5-20 所示；Infrastructure 模式就是有中心结构，如图 5-21 所示。

实例 5-2　组建无中心结构的无线网。

无中心结构的无线局域网组建过程如下。

（1）给连接的计算机选择好无线网卡（TL-WN210+ 2.0），安装好操作系统

（2）设置好拓扑结构，如图 5-22 所示

图 5-20　无中心结构　　　　图 5-21　有中心结构　　　　图 5-22　无线对等网构建图

（3）安装管理软件

① 在没有安装无线网卡的计算机驱动器中插入光盘，在光盘中选择 TL-WN210+2.0\Vtility，双击 Setup，安装 TL-WN250+ 的管理软件。

② 单击 Next 按钮，继续。

③ 选择 "NO，I will restart my computer later"，单击 Finish 按钮。

④ 手动关机。

（4）安装无线网卡

将 TL-WN210+ 2.0 插入计算机主板的 PCI 插槽中，并固定好。

　　笔记本电脑有自带无线网卡，无线网卡驱动已经正确安装（如果驱动安装不正确，请重新安装，进入步骤（3））。

（5）安装网卡驱动程序

① 启动计算机，提示找到新硬件。

② 单击"下一步"按钮，选择"搜索适于我的驱动程序"，再单击"下一步"按钮。

③ 指定驱动程序所在目录，TL-WN210+ 2.0 Driver\ winXP 找到驱动程序后单击"打开"按钮。

④ 单击"下一步"按钮，再单击"完成"按钮。

（6）检测是否安装成功

① 桌面右下角的任务栏图标显示如图 5-23 所示，该图标表示管理软件安装正确，工作正常。

② 检查无线网卡是否安装正确

选择"我的电脑"→"属性"→"硬件"→"设备管理器"，显示如图 5-24 所示的界面时表明安装成功。

图 5-23 任务栏图标

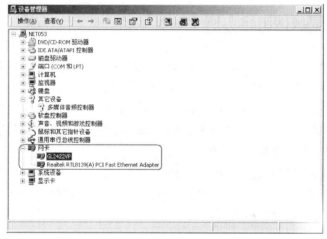

图 5-24 无线网卡成功安装界面图

（7）配置

① 管理软件参数设置。

Channel：1～6 的数字可供选择，一般设置为 6，互连的无线设备设置应相同。

网络模式：是组建对等网（Ad-Hoc）还是控制型（Infrastructure）网络，在本例中选择 Ad-Hoc 模式。

Preamble：前同步码，选择 long preamble。

TxRate：当前用于数据发送的数据传输速率模式，是 11Mbit/s 还是 5.5Mbit/s。互连的无线设备设置应相同。

SSID（Service Set Identifier，服务集标识符）：互连的无线设备设置应相同。

Mode 4x：ON。

加密方式：WEP 加密，互连的无线设备设置应相同。

验证模式：开放式/共享式/Auto。

互连的无线设备的各参数设置应相同。

② 无线网卡设置。

下面的无线网卡设置以 Windows XP 内置的无线网络配置功能为例。专业工具配置功能较为强大，但也有一定难度，比较复杂。如果采用 WindowsXP 系统内置的"无线网络配置"功能，虽然功能相对较弱，但能让用户快速配置无线网络。

● 安装好无线网卡驱动程序后，右键单击系统托盘的无线网卡图标，选择"状态"选项，在弹出的对话框中单击"属性"按钮，切换到"无线网络配置"选项卡，如图 5-25 所示。

在此选项卡中，可查看可用网络和进行网络选择。"查看可用网络"除了可以判断无线区域内可用网络的情况外，还可判断网络的连通状况。

　　如果在客户机上没有搜索到可用的无线网络（即无线网络连接显示断开状态），可把两台计算机的位置调整在 10 米以内。如果还不能搜索到该网络，可以在"无线网络连接"属性窗口中选择"无线网络配置"选项卡，在"可用网络"区域单击"刷新"按钮，这样就可以搜索并连接到可用网络了。

● 接着在"首选网络"框中单击"添加"按钮，弹出"无线网络属性"对话框，如图 5-26 所示。设置好"关联"选项卡中的各项，在"网络名（SSID）"栏中输入要接入的无线网络的 SSID 名，如 WirelessLAN。接着在"网络密钥"框中进行安全认证设置，在"网络验证"框中选择"共享式"，在"数据加密"框中选择"WEP"。

　　注意一定要取消"自动为我提供此密钥"选项前面的对钩，否则就无法填写网络密钥。接着在"网络密钥"栏中输入密钥，最后单击"确定"按钮。然后再设置"连接"选项卡中的参数，保证网络中的计算机 IP 处于同一网段。

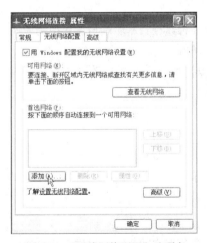

图 5-25　"无线网络配置"选项卡

图 5-26　"无线网络属性"对话框

● 在"无线网络配置"选项卡中，选中刚才添加的无线网络，单击"高级"按钮，弹出"高级"配置对话框，如图 5-27 所示。

● 本实例是要组建对等网络，故选择"仅计算机到计算机（特定）"选项，如图 5-27 所示。单击"确定"按钮，稍候客户机就可以接入指定的无线局域网。在桌面上显示如图 5-28 所示的标识，表示无线局域网已经组建成功。

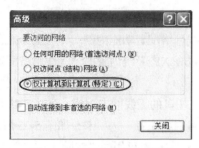

图 5-27　高级选项配置对话框　　　　　图 5-28　无线对等网组建成功示意图

提示　　　两台计算机通过无线方式进行通信，设置时需要注意虽然是对等网络，还是要选一台计算机为主，另外两台计算机的 IP 地址设置需要在同一个网段，SSID、速率、信道必须相同。

如果无线网络是"Infrastructure"结构，建议选择默认的"任何可用的网络（首选访问点）"选项。

练习与思考

一、填空题

1. 决定局域网特性的主要技术要素是_____、_____和传输介质 3 个方面。

2. 局域网体系结构仅包含 OSI 参考模型最低两层，分别是_____层和_____层。

3. CSMA/CD 方式遵循"先听后发，_____，_____，随机重发"的原理控制数据包的发送。

4. 基于交换式的以太网要实现虚拟局域网主要有 3 种途径：基于端口的虚拟局域网，基于_____的虚拟局域网和基于_____虚拟局域网。

5. 无线网络的组建一般采用两种模式：Ad-Hoc 模式与_____模式。

6. LAN 参考模型可分为物理层、_____层和 LLC 3 层。

二、选择题

1. 下面关于虚拟局域网 VLAN 的叙述错误的是_____。

　A．VLAN 是由一些局域网网段构成的与物理位置无关的逻辑组

　B．利用以太网交换机可以很方便地实现 VLAN

　C．每一个 VLAN 的工作站可处在不同的局域网中

　D．虚拟局域网是一种新型局域网

2. 在一个采用粗缆作为传输介质的以太网中，两个节点之间的距离超过 500m，那么最简单的方法是选用（　　）来扩大局域网的覆盖范围。

　A．中继器　　　　　　　　B．网桥

　C．路由器　　　　　　　　D．网关

3. 在局域网拓扑结构中，传输时间固定，适用于数据传输实时性要求较高的是（　　）拓扑。

　A．星型　　　　　　B．总线型　　　　　　C．环型　　　　　　D．树型

4. 关于无线局域网，下列叙述错误的是（　　　）。

　　A. 无线局域网可分为两大类，即有固定基础设施的和无固定基础设施的

　　B. 无固定基础设施的无线局域网又叫做自组网络

　　C. 有固定基础设施的无线局域网的 MAC 层不能使用 CSMA/CD 协议，而使用 CSMA/CA 协议

　　D. 移动自组网络和移动 IP 相同

5. 对于 CSMA/CD 媒体访问控制方法的错误叙述是（　　　）。

　　A. 信息帧在信道上以广播方式传播

　　B. 站点只有检测到信道上没有其他站点发送的载波信号时，站点才能发送自己的信息帧

　　C. 当两个站点同时检测到信道空闲后，同时发送自己的信息帧，则肯定发生冲突

　　D. 当两个站点先后检测到信道空闲后，先后发送自己的信息帧，则肯定不发生冲突

6. 局域网的层次结构中，可省略的层次是（　　　）。

　　A. 物理层　　　　　　　　　　B. 媒体访问控制层

　　C. 逻辑链路控制层　　　　　　D. 网际层

7. 要把学校里行政楼和实验楼的局域网互连，可以通过（　　　）实现。

　　A. 交换机　　　　　　　　　　B. MODEM

　　C. 中继器　　　　　　　　　　D. 网卡

三、问答题

1. 什么是局域网？它有什么特点？

2. 网络的拓扑结构主要有哪些？

3. 在 CSMA/CD 中，什么情况会发生信息冲突？怎么解决？简述其工作原理。

4. 简述令牌环的工作原理。

5. 什么是 VLAN？VLAN 有什么优点？

第**6**章

网络互连

📖 【学习目标】

网络互连技术是计算机网络技术中的重要内容。本章主要讲述网络互连的定义、参考模型、网络互连的层次、设备及互连方式等。

📢 【学习要点】

1. 理解 OSI 网络互连参考模型
2. 掌握网络互连的定义及功能
3. 熟悉常见的网络互连设备
4. 掌握常见的网络互连方式

6.1 网络互连的基本概念

❓ 随着计算机技术、计算机网络技术和计算机通信技术的飞速发展，以及计算机网络的广泛应用，单一网络环境已经不能满足社会对信息网络的需求。通常需要将两个或多个计算机网络互连在一起，以实现更广泛的资源共享和信息交流。怎么实现对多个网络的互连？什么是网络互连？

网络互连涉及的概念很多。为了深刻理解网络互连的内涵和外延，下面对网络连接、网络互连、网络互通 3 个概念进行解释。

1. 网络连接

网络连接（Internetworking）是指一对同构或异构的端系统，通过由多个网络（或中间系统）所提供的接续通路连接起来，完成信息互传的组织形式。连接的目的是实现系统之间的端—端（end-end）通信。所以网络连接是对附接于不同网络的各种系统之间的互连，它要求一条在协议能力上连续的接续能力，以完成端系统之间的数据传递。

2．网络互连

网络互连（Interconnection）是指不同子网之间的互相连接，目的是解决子网之间的数据流通，但这种流通尚未扩展到系统与系统之间。这里把一个子网看作一条"链路"，把子网之间的连接（中间系统）看作交换节点，从而形成一个"超级网络"。

3．网络互通

网络互通（Interworking）是指网络不依赖于其具体连接形式的一种能力。它不仅指两个端系统间的数据传输和转移，还表现出各自业务间相互作用的关系。网络连接和网络互连是解决数据的传送，而网络互通是各系统在连通的条件下，为支持应用间的相互作用而创建的协议环境。

如果仅仅把几个网络在物理上连接在一起，它们之间不能进行通信，这种"互连"是没有意义的。通常说的网络互连应该包括网络连接、网络互连和网络互通 3 个方面，也就是说这些互相连接的计算机之间是可以进行相互通信的。

6.2　网络互连的类型与层次

作为校园网，需要连接多个建筑物，或者连接多个校区，甚至要接入到互联网，形成一个更大规模的网络。这属于哪种网络互连的类型？

对计算机网络进行分类，从距离上来划分，分为广域网（WAN）、城域网（MAN）和局域网（LAN）。因此，网络的互连也就涉及 LAN、MAN、WAN 之间的互连。网络互连类型如图 6-1 所示，主要有 LAN-LAN、LAN-WAN、WAN-WAN、LAN-WAN-LAN 等几种互连方式。

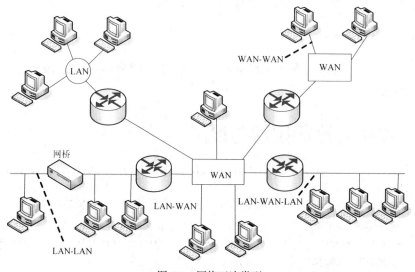

图 6-1　网络互连类型

1. LAN-LAN

一般说来，在局域网的建网初期，网络的节点较少，相应的数据通信量也较小。随着业务的发展，节点的数目会不断增加。当一个网络段上的通信量达到极限时，网络的通信效率会急剧下降。为了克服这种问题，可以采取增设网段，划分子网的方法，但无论什么方法都会涉及两个或多个 LAN 之间的互连问题。

根据 LAN 使用的协议不同，LAN-LAN 互连可以分为以下两类。

（1）同构网的互连

同构网的互连是指协议相同的局域网之间的互连。例如，两个以太网之间的互连，两个令牌环网之间的互连。同种局域网之间的互连比较简单，常用的设备有中继器、集线器、交换机、网桥等。

（2）异构网的互连

异构网的互连是指协议不同的局域网之间的互连。例如，以太网和令牌环网之间的互连，以太网和令牌总线之间的互连。异构网的互连必须实现协议转换，因此，连接使用的设备必须支持要进行互连的网络所使用的协议。异构网的互连可以使用网桥、路由器等设备。

2. LAN-WAN

LAN-LAN 互连是解决一个小区域范围内相邻几个楼层或楼群之间以及在一个组织机构内部的网络互连，LAN-WAN 互连则扩大了数据通信网络的连通范围，可以使不同单位或机构的 LAN 连入范围更大的网络体系中，其扩大的范围可以超越城市、国界或洲界，从而形成世界范围的数据通信网络。LAN-WAN 的互连设备主要包括网关和路由器，其中，路由器最为常用。

3. WAN-WAN

WAN 与 WAN 互连一般在政府的电信部门或国际组织间进行，它主要是将不同地区的网络互连以构成更大规模的网络，如全国范围内的公共电话交换网、数字数据网等。除此之外，WAN-WAN 互连还涉及网间互连，即将不同的广域网互连。

4. LAN-WAN-LAN

LAN-WAN-LAN 互连可以将分布在不同地理位置的两个局域网通过广域网进行互连，达到远程登录局域网的目的。

6.3 网络互连的层次与设备

> 在校园网中，需要连接很多个节点，怎样利用网络设备使得分布在不同地理位置的节点连接到一个统一的网络中来？怎样使得整个网络中的节点相互连通呢？

网络互连从通信协议的角度来看可以分成 4 个层次，如图 6-2 所示。

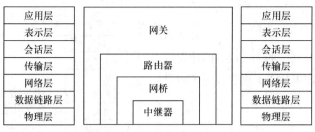

图 6-2 网络互连的层次关系

对局域网而言，所涉及的网络互连问题有网络距离延长、网段数量的增加、不同 LAN 之间的互连及广域互连等。网络互连中常用的设备有中继器、网桥、路由器等，下面分别进行介绍。

6.3.1 物理层互连设备

物理层互连如图 6-3 所示，主要解决的问题是在不同的电缆段间复制位信号。互连的主要设备是中继器。

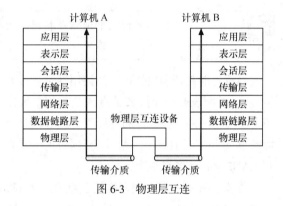

图 6-3 物理层互连

1. 中继器的标准

中继器工作在 OSI/RM 第一层即物理层。物理层互连标准是 EIA、CCITT（现称为 ITUT）及 IEEE 制定的。

2. 中继器的功能

中继器常用于两个网络节点之间物理信号的双向转发工作，连接两个（或多个）网段，对信号起中继放大作用，补偿信号衰减，支持远距离的通信。中继器主要完成物理层的功能，负责在两个节点的物理层上按位传递信息，完成信号的复制、调整和放大功能，以此延长网络的长度。中继器对所有送达的数据不加选择地予以传送。

在以太网中通常利用中继器扩展总线的电缆长度，标准细缆以太网的每段长度最大为 185m，最多可有 5 段，因此增加中继器后，最大网络电缆长度则可提高到 925m。一般来说，中继器两端的网络部分是网段，而不是子网。

3. 中继器连接的介质

一般情况下，中继器的两端连接的是相同的媒体，但有的中继器也可以完成不同媒体的转接工作。有些品牌的中继器可以连接不同物理介质的电缆段，如细同轴电缆和光缆。

6.3.2 数据链路层互连设备

数据链路层的互连如图 6-4 所示，主要解决的问题是在不同的网络间存储和转发数据帧。互连的主要设备是网桥。

1. 网桥的标准

网桥工作在 OSI 模型中的第二层，即数据链路层。网桥的标准由 IEEE 802 工程的各个子委员会开发。

2. 网桥的功能

网桥的功能是完成数据帧（frame）的转发，主要目的是在连接的网络间提供透明的通信。数据帧转发的依据是数据帧中的源地址和目的地

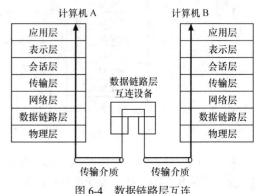

图 6-4　数据链路层互连

址，用来判断一个帧是否转发和转发到哪个端口。帧中的地址称为"MAC"地址或"硬件"地址，一般就是网卡地址。

 　　　这里提到的透明的通信是指网络上的设备看不到网桥的存在，设备之间的通信就如同在一个网上一样方便。

　　网桥还能起到隔离作用。当使用网桥连接如图 6-5 所示的两段 LAN 时，若节点 A 有数据帧要发送给节点 B，网桥就检查目的地址为节点 B 的地址，而节点 A 与节点 B 都在 LAN1 上，网桥不将帧转发到 LAN2，而是将其滤除。

　　若节点 A 有数据帧要发送给节点 D，网桥检查目的地址为节点 D 的地址，而节点 A 与节点 D 不是在同一网段上，网桥就将它转发到 LAN2。

　　这表明，LAN1 和 LAN2 上各有一对用户在本

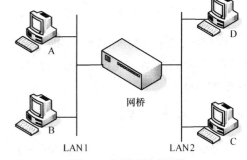

图 6-5　网桥连接的网络

网段上可以同时进行通信。由此看出，网桥在一定条件下具有增加网络带宽的作用。

3. 网桥的特点

网桥的特点如表 6-1 所示。

表 6-1　　　　　　　　　　　　　　　　　网桥的特点

优　　点	易于扩展
	适应于连接使用不同 MAC 协议的 LAN
	对高层协议完全透明
	有利于改善可靠性、可用性和安全性
缺　　点	比中继器延时长，因为要接收帧并进行缓冲
	不提供流控功能

4. 网桥的种类

所有网桥都是在数据链路层提供连接服务，网桥的分类方法有多种，如表 6-2 所示。本书主

要介绍透明网桥、转换网桥、封装网桥和源路由选择网桥。

表 6-2	网桥的分类
根据网桥连接的网络段的距离远近分类	本地网桥：直接连接距离很近的网络段
	远程网桥：连接远距离的网络段
根据网桥所连接的网络段数量分类	级联网桥：连接两个网络段
	多端口网桥：连接多个网络段
根据介质访问控制协议的不同分类	透明网桥：用于以太网环境
	转换网桥：用于具有不同介质类型格式及传输机制的网络间
	封装网桥：用于连接 FDDI 骨干网
	源路由选择网桥：用于连接令牌环网

（1）透明网桥

所谓"透明网桥"是指，它对任何数据站都完全透明，用户感觉不到它的存在，也无法对网桥寻址，所有的路由判决全部由网桥自己确定。当网桥连入网络时，它能自动初始化并对自身进行配置。

（2）转换网桥

转换网桥是透明网桥的一种特殊形式，它为物理层和数据链路层使用不同协议的 LAN 提供网络连接服务。

转换网桥通过处理与每种 LAN 类型相关的信封来提供连接服务。转换网桥提供的处理由于令牌环和 Ethernet 信封类似而比较简单。但是，这两种 LAN 的帧长不同，转换网桥又不能将长帧分段，所以在使用这种网桥时，所互连的 LAN 所发送的帧长要能被两种 LAN 接受。

（3）封装网桥

封装网桥通常用于连接 FDDI 骨干网。与转换网桥不同，封装网桥是将接收的帧置于 FDDI 骨干网使用的信封内，并将封的帧转发到 FDDI 骨干网，进而传递到其他封装网桥，拆除信封，送到预定的工作站。

假定 LAN1 上的工作站 A 要将报文发往 LAN3 上的工作站 F，如图 6-6 所示，其工作过程如下。

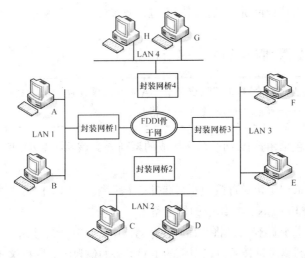

图 6-6　封装网桥连接 FDDI 骨干网

第 1 步：封装网桥 1 使用 LAN1 所用的物理层和数据链路层协议，读取 A 发送的数据帧的目的地址，即 F 的 MAC 地址。

第 2 步：封装网桥 1 接收寻址到其他 LAN 上的帧，并将这些帧置于 FDDI 的信封内，将此信封发送到 FDDI 骨干网上。

第 3 步：封装网桥 1 对寻址到 LAN1 上设备的帧全都滤除。

第 4 步：封装网桥 2 接收所有帧，去掉信封，检查目的地址（F 的 MAC 地址）。由于 MAC 帧地址不在本地 LAN2 上，于是将这些帧滤除。

第 5 步：封装网桥 3 接收所有帧，去掉信封，检查目的地址（F 的 MAC 地址）。由于 MAC 帧地址处于本地 LAN3，封装网桥 3 便使用 LAN3 的物理层和数据链路层协议将帧发给 LAN3 的工作站 F。

第 6 步：封装网桥 4 的操作与封装网桥 2 相同。

第 7 步：封装网桥 1 将来自 FDDI 骨干网的帧从 FDDI 双环上撤离。

（4）源路由选择网桥

源路由选择网桥主要用于互连令牌环网。图 6-7 所示为使用源路由选择网桥互连 5 个令牌环网的结构。源路由选择网桥与上述 3 种桥的一个基本区别是，源路由选择网桥要求信源（不是网桥本身）提供传递帧到终点所需的路由信息。

信源是指数据的发送方。

使用源路由选择网桥时，网桥不需要保存转发数据帧，它对帧实施转发和滤除的依据是帧信封内包括的数据。信源要想在发送数据时写入到达终点的路由，必须先通过"路由探询过程"来获得。

路由探询有多种实现方法，本书只介绍其中的一种路由探询过程。以图 6-7 所示的网络为例，假定 LAN1 上的工作站 A 要将报文发往 LAN5 上的工作站 B，其步骤如下。

第 1 步：LAN1 上的工作站 A 通过发送"探询"包来启动路径发现过程。探询包使用独一无二的信封，只有源路由选择网桥才能识别。

第 2 步：每个源路由选择网桥一旦收到探询包，便将接收包的连接和自身的名字写到探询包的路由选择信息字段。

第 3 步：网桥将包扩散到除本连接之外的所有连接上。

同一探询包的多个拷贝可能出现在 LAN 上，探询包的接收者也将收到多个拷贝，从源点到终点每一可能的通路便有一个拷贝。

每个接收到的帧都包括由连接/网桥名字构成的系列表，该系列表列出了从源到终点的可能路径。

第 4 步：工作站 B 根据最快最直接的原则选择一个路径，并向工作站 A 发回一个响应。该响应列出 A 到 B 由中间桥和 LAN 连接组成的特定路径。

第 5 步：工作站 A 收到路径后，将其存储在存储器中，供其以后使用。

这些报文包含在由源路由选择桥可以识别的不同类型的信封中。网桥接收到这种信封，只需对连接和网桥组成的表进行扫描就可获得转发信息。

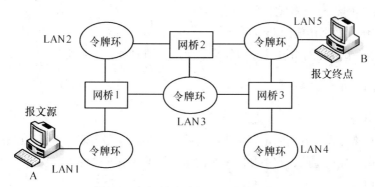

图 6-7　路由选择网桥互连 5 个令牌环网

6.3.3　网络层互连设备

网络层的互连如图 6-8 所示，主要解决的问题是在不同的网络间存储和转发分组。互连的主要设备是路由器。

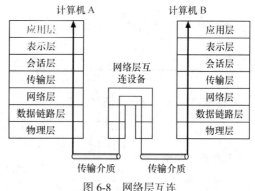

图 6-8　网络层互连

1. 路由器的功能

路由器是互联网的主要设备，它具有以下 3 个基本功能。

（1）连接功能

路由器不但可以连接不同的 LAN，还可以连接不同的网络类型（如 LAN 或 WAN），不同速率的链路或子网接口。另外，通过路由器，可以在不同的网段之间定义网络的逻辑边界，从而将网络分成独立的广播域。因此，路由器可以用来做流量隔离，将网络中的广播通信量限定在某一局部，以免扩散到整个网络，并影响到其他的网络。

（2）网络地址判断、最佳路由选择和数据处理功能

路由器为每一种网络层协议建立路由表并对其加以维护。路由表可以是静态的，也可以是动态的。在路由表生成后，路由器根据每个帧的协议类型，取出网络层目的地址，并按指定协议的路由表中的数据来决定是否转发该数据。另外，路由器还根据链路速率、传输开销和链路拥塞等参数来确定数据包转发的最佳路径。在数据处理方面，其加密和优先级等处理功能有助于路由器有效地利用宽带网的带宽资源。特别是它的数据过滤功能，可限定对特定数据的转发。例如，可以不转发它不支持的协议数据包，不转发以未知网络为信宿的数据包，不转发广播信息，从而起到防火墙的作用，避免广播风暴的出现。

（3）设备管理

由于路由器工作在网络层，因此可以了解更多的高层信息，可以通过软件协议本身的流量控制功能控制数据转发的流量，以解决拥塞问题。路由器还可以提供对网络配置管理、容错管理和性能管理的支持。

路由器是一种智能型的设备，它的特点如下。

- 路由器是在网络层上实现多个网络的互连。
- 路由器能解决数据传输的最佳路径。
- 路由器要求节点在网络层以上的各层中使用相同或兼容的协议。

2．路由器的相关概念

（1）静态路由表

由系统管理员事先设置好的固定路由表称为静态（Static）路由表，一般是在系统安装时就根据网络的配置情况预先设定的，它不会随未来网络结构的改变而改变。

（2）动态路由表

动态（Dynamic）路由表是路由器根据网络系统的运行情况而自动调整形成的路由表。路由器根据路由选择协议（Routing Protocol）提供的功能，自动学习和记忆网络运行情况，在需要时自动计算出数据传输的最佳路径。

3．路由器的类型

路由器按照不同的划分标准有多种类型。常见的分类如表 6-3 所示。

表 6-3　　　　　　　　　　　　　　路由器的分类

从性能档次分类	高档路由器：吞吐量大于 40Gbit/s 的路由器
	中档路由器：吞吐量在 25～40Gbit/s 的路由器
	低档路由器：吞吐量低于 25Gbit/s 的路由器
从结构上分类	模块化路由器：模块化结构
	非模块化路由器：提供固定的端口
从功能上分类	接入级路由器：主要应用于连接家庭或 ISP 内的小型企业客户群体
	企业级路由器：连接多终端系统
	骨干级路由器：实现企业级网络互连

本节只介绍接入级路由器、企业级路由器和骨干级路由器 3 种。

（1）接入级路由器

接入级路由器不但提供 SLIP 或 PPP 连接，还支持 PPTP 和 IPSec 等虚拟私有网络协议。这些协议要能在每个端口上运行。例如，ADSL 等技术可以提高各家庭的可用带宽，这将进一步增加接入路由器的负担。

（2）企业级路由器

企业级路由器的主要目标是以尽量低的成本实现尽可能多的节点互联，并进一步要求支持不同的服务质量 QoS。有路由器参与的网络能够将机器分成多个碰撞域，并因此能够控制一个网络的大小。此外，路由器还支持一定的服务等级，至少允许分成多个优先级别。但是路由器的端口造价要贵些，并且在能够使用之前要进行大量的配置工作。因此，企业路由器的成败在于是否提供大量端口且端口的造价很低，是否容易配置，是否支持 QoS。另外还要求企业级路由器有效地支持广播和组播。企业网络还要处理历史遗留的各种 LAN 技术，支持多种协议，包括 IP、IPX

等。它们还要支持防火墙、包过滤以及大量的管理和安全策略以及 VLAN。

（3）骨干级路由器

对骨干级路由器的要求是速度和可靠性，代价则处于次要地位。硬件可靠性可以采用电话交换网中使用的技术，如热备份、双电源、双数据通路等来获得。骨干 IP 路由器的主要性能瓶颈是在转发表中查找某个路由所耗的时间。即当收到一个包时，输入端口在转发表中查找该包的目的地址以确定其目的端口。

6.3.4　高层互连设备

传输层及以上各层协议不同网络之间的互连属于高层互连，如图 6-9 所示。实现高层互连的主要设备是网关。

1. 网关的功能

网关也叫网间协议变换器，它是比网桥与路由器更复杂的网络互连设备。网关可以实现不同协议的网络间的互连，包括不同网络操作系统的网络间的互连，也可以实现局域网与远程网间的互连。

当两个完全不同的网络（不仅硬件不同，整体

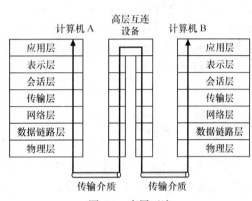

图 6-9　高层互连

结构、数据类型和通信协议也可以完全不同）连接时，通常使用网关，如图 6-10 所示。

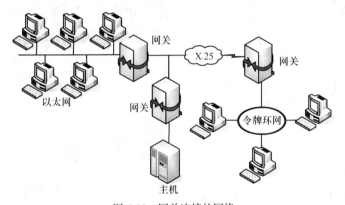

图 6-10　网关连接的网络

2. 网关的使用

网关用于以下几种场合的异构网络互连。

① 异构型局域网，如互连专用交换网 PBX 与遵循 IEEE 802 标准的局域网。

② 局域网与广域网的互连。

③ 广域网与广域网的互连。

④ 局域网与主机的互连（当主机的操作系统与网络操作系统不兼容时，可以通过网关连接）。

3. 网关的分类

按照不同的分类标准，网关也有很多种。目前，网关主要有3种：协议网关、应用网关、安全网关。

协议网关：通常在使用不同协议的网络区域间完成协议转换。

应用网关：是在使用不同数据格式间翻译数据的系统。

安全网关：是各种技术的融合，具有重要且独特的保护作用，其范围从协议级过滤到十分复杂的应用级过滤。

交换机是一个非常重要的网络互连设备。在第5章，我们曾讲过根据OSI的分层结构，交换机可分为二层交换机、三层交换机、四层交换机，所以交换机设备即是数据链路层的互连设备，也是网络层和传输层及高层的互连设备。但某一具体的交换机仅工作在某一层。

6.4 实例

实例6-1　图6-11所示为一个中小型校园网的拓扑结构图，请分析图中A、B、C、D、E、F处各适合采用什么样的网络互连设备。

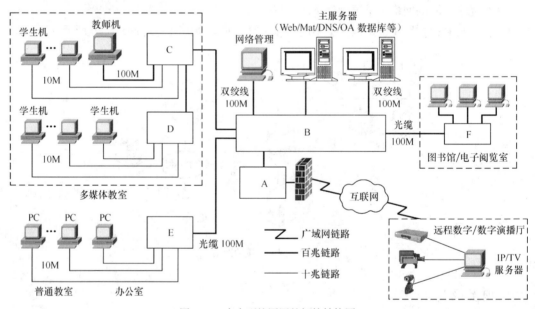

图6-11　中小型校园网的拓扑结构图

分析：

A设备在网络中心的最顶层，它直接与互联网连接，同时内连校园网中的防火墙，故此处采用路由器比较适合。

B设备连接着路由器和各建筑物的互连设备，这里适合采用交换机。考虑到现在高校的人数一般都比较多，计算机数量也比较多，为了方便管理，故此处宜选用支持VLAN的三层路由交换机。

C、D、E、F 设备的作用是将各建筑内的计算机连接起来，所以我们只需根据每幢楼的计算机数量决定选择多少口的普通交换机即可。现在普通的交换机一般为 24 口，也有 48 口交换机，如果一幢楼的计算机超过这个数量，可以将交换机进行级联，也可以采用可堆叠的交换机进行堆叠。

练习与思考

一、名词解释

用所给定义解释以下术语（请在每个术语前的下划线上标出正确定义的序号）。

术语：

_____1. 网关　　　　　　　　_____2. 路由器　　　　　　　_____3. 网桥

_____4. 多协议路由器　　　　_____5. 互操作　　　　　　　_____6. 互连

定义：

A. 数据链路层实现网络互连的设备

B. 将分布在不同地理位置的网络或设备相连构成更大规模的网络系统

C. 网络层实现网络互连的设备

D. 网络层互连设备，但互连的网络层协议不同

E. 在传输层及其以上高层实现网络互连的设备

F. 网络中不同计算机系统之间具有透明访问对方资源的能力

二、单项选择

1. 双绞线绞合的目的是_____。

　　A. 增大抗拉强度　　　　B. 提高传送速度

　　C. 减少干扰　　　　　　D. 增大传输距离

2. 网桥作为局域网上的互连设备，主要作用于_____。

　　A. 物理层　　　　　　　B. 数据链路层

　　C. 网络层　　　　　　　D. 高层

3. 在星型局域网结构中，连接文件服务器与工作站的设备是_____。

　　A. 调制解调器　　　B. 交换机　　　C. 路由器　　　D. 集线器

4. 对局域网来说，网络控制的核心是_____。

　　A. 工作站　　　　B. 网卡　　　C. 网络服务器　　D. 网络互连设备

5. 在中继系统中，中继器处于_____。

　　A. 物理层　　　　B. 数据链路层　　C. 网络层　　D. 高层

6. 在网络互连的层次中，_____是在数据链路层实现互连的设备。

　　A. 网关　　　　B. 中继器　　　C. 网桥　　　D. 路由器

7. 我们所说的高层互连是指_____及其以上各层协议不同的网络之间的互连。

　　A. 网络层　　　B. 表示层　　　C. 数据链路层　　D. 传输层

8. 如果在一个采用粗缆作为传输介质的以太网中，两个节点之间的距离超过 500m，那么最简单的方法是选用_____来扩大区域覆盖的范围。

　　A. 中继器　　　B. 网关　　　C. 路由器　　　D. 网桥

9. 如果在一个机关的办公室自动化局域网中，财务部门与人事部门已经分别组建了自己的部门以太网，并且网络操作系统都选用了 Windows NT Server。那么将这两个局域网互连起来最简单的方法是选用_____。

    A. 路由器　　　　　　B. 网关　　　　　　C. 中继器　　　　　　D. 网桥

10. 如果有多个局域网需要互连，并且希望将局域网的广播信息能很好地隔离开来，那么最简单的方法是采用_____。

    A. 中继器　　　　　　B. 网桥　　　　　　C. 路由器　　　　　　D. 网关

11. 如果一台 NetWare 节点主机要与 SNA 网中的一台大型机通信，那么用来互连 NetWare 与 SNA 的设备应该选择_____。

    A. 网桥　　　　　　　　　　B. 网关

    C. 路由器　　　　　　　　　D. 多协议路由器

12. 通过执行运输层及以上各层协议转换，或者实现不同体系结构的网络协议转换的互连部件称为_____。

    A. 集线器　　　　　　B. 路由器　　　　　　C. 交换机　　　　　　D. 网关

三、判断对错

请判断下列描述是否正确（正确的在下划线上写 Y，错误的写 N）。

_____1. 互连是指网络中不同计算机系统之间具有透明访问对方资源的能力。

_____2. 如果在网络互连中使用的是透明网桥，那么路由选择工作由发送帧的源节点来完成。

_____3. 如果互连的局域网高层采用了不同的协议，这时用普通的路由器就能实现网络互连。

_____4. 如果网关使用网间信息格式实现协议转换，当有 n 个网络需要互连时，需要为网关编写 $2n$ 个协议转换模块。

_____5. 多协议路由器是一种在高层实现网络互连的设备。

_____6. 网关通过广播方式解决节点位置不明确的问题，这样做有可能会引起常说的广播风暴。

四、问答题

1. 你认为"互连网络（Internetwork）"与"因特网（Internet）"是同一个概念吗？如果认为两者是不同的，那么请说明它们的联系与区别。

2. 网络互连类型有哪几类？请举出一个你所了解的实际互连网络的例子，并说明它属于哪种类型？

3. 网桥是从哪个层次上实现了不同网络的互连？它具有什么特征？

4. 路由器是从哪个层次上实现了不同网络的互连？它有什么功能？

5. 描述网桥如何被用于减少网络交通问题。

第 7 章

广域网技术

📖 【学习目标】

随着办公管理、生产控制等信息量的增大和网点地理范围的扩大，网络间互连的需求越来越强烈。广域网是进行网络互连的中间媒介。本章主要讲述广域网技术的相关基础理论知识，主要包括广域网的定义及组成、常见的广域网接入技术及 VPN 技术等。

📢 【学习要点】

1. 理解广域网的组成
2. 掌握广域网的定义及类型
3. 熟悉各种广域网接入技术及特点
4. 了解 VPN 定义及其技术

7.1 广域网概述

❓ 某银行在全国各省都设有分行，通过什么方式才能实现分行与总行的数据安全通信呢？

1. 广域网的定义

广域网（Wide Area Network，WAN）是一种使用本地和国际电话网或公用数据网络，将分布在不同国家、地域甚至全球范围内的各种局域网、计算机、终端等设备，通过互连技术而形成的大型计算机通信网络。

2. 广域网的类型

常见的广域网从应用性质上可以划分为以下两种类型。

第一种是指电信部门提供的电话网或者数据网络，如公用电话网、公用分组交

换网、公用数字数据网和宽带综合业务数字网等公用通信网。这些网络可以向用户提供世界范围的数据通信服务。

第二种是指将分布在同一城市、同一国家、同一洲甚至几个洲的局域网，通过电信部门的公用通信网络进行互连而形成的专有广域网。这类广域网的通信子网和资源子网分属于不同的机构，如通信子网属于电信部门，资源子网属于专有部门。例如，像 IBM、SUN、DEC 等一些大的跨国公司，都建立了自己的广域网。它们都是通过电信部门的公用通信网来连接分布在世界各地的子公司。

当主机之间或 LAN 之间的距离较远时，我们可以通过广域网接入技术来实现网络互连，从而满足它们之间的通信要求。

7.2 广域网的接入技术

随着通信的飞速发展和电话普及率的日益提高，无论是在人口密集的城市还是在地形复杂的山区、海岛或用户稀少、分散的农村地区，用户接入广域网的需求正在日益增加，那么不同地理位置的用户接入广域网的方式是否一样呢？广域网的接入技术究竟又有哪些呢？

7.2.1　ISDN 接入

1. ISDN 的定义

ISDN（Integrated Service Digital Network）的中文名称是综合业务数字网，俗称为"一线通"，它起源于 1967 年。CCITT（现 ITU-T）对 ISDN 是这样定义的：ISDN 是以综合数字电话（IDN）为基础发展演变而成的通信网，能够提供端到端的数字连接，用来支持包括话音在内的多种电信业务，用户能够通过有限的一组标准化的多用途用户网络接口接入网内。利用一条 ISDN 用户线路，就可以在上网的同时拨打电话、收发传真，就像两条电话线一样。实际上 ISDN 理论可以提供 8 个终端同时通信，但因为目前设备的限制，所以暂时只能提供两个终端同时通信。

2. ISDN 的组成及系统结构

ISDN 的组成包括网络终端、终端设备、终端适配器，如图 7-1 所示。

网络终端分为网络终端 1（NT1）和网络终端 2（NT2），终端设备分为终端设备 1（TE1）和终端设备 2（TE2），终端适配器（TA），它们的特点如表 7-1 所示。

表 7-1　　　　　　　　　　　　　　　　　　　ISDN 组成

类　　型	特　　点
网络终端 1（NT1）	用户端网络设备 工作在物理层 支持连接 8 台 ISDN 终端设备

续表

类　　型	特　　点
网络终端 2（NT2）	位于用户端执行交换和集中功能的一种智能化设备 可提供 OSI/RM 的第 2、3 层服务 适合于大型用户终端数量多的场合
终端设备 1（TE1）	与 ISDN 网络兼容的数字用户设备 可直接连接 NT1 或 NT2 通过 2 对数字线路连接到 ISDN 网络
终端设备 2（TE2）	与 ISDN 网络不兼容的设备 连接 ISDN 网时需要使用终端适配器 TA
终端适配器（TA）	将从 TE2 中所接收到的非 ISDN 格式的信息转换为符合 ISDN 标准的信息

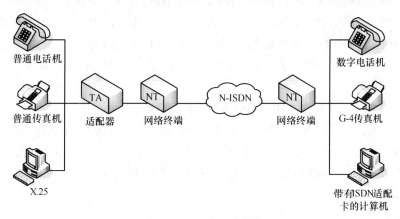

图 7-1　ISDN 的组成部件

3．ISDN 的信道类型

为了实现灵活性，ISDN 标准定义了 3 种信道类型：载体信道（B 信道）、数据信道（D 信道）和混合信道（H 信道）。每种信道都有一个不同的数据传输速率。本节中重点讨论 B 信道和 D 信道。

（1）B 信道

B 信道的传输速率为 64kbit/s，它是基本的用户信道。只要所要求的数据传输速率不超过 64kbit/s，就可以用全双工的方式传送任何数字信息。例如，B 信道可以用来传输数字数据、数字化语音或其他低速率的信息。B 信道以端—端的方式传输。

（2）D 信道

D 信道根据用户的需要不同，数据传输速率可以是 16kbit/s 或者是 64kbit/s。ISDN 将控制信息单独划分为一个信道，即 D 信道，主要用于传输控制信息，也可用于低速率的数据传输和告警及遥感传输的应用等。

4．ISDN 的数字用户接口类型

ISDN 的数字用户接口目前可分为两种类型：基本速率接口（BRI）和主速率接口（PRI）。每个类型适用于不同用户的需求层次。每个类型都包括一个 D 信道和若干个 B 信道。

（1）基本速率接口

基本速率接口（BRI）规范了包含 2 个 B 信道和 1 个 16kbit/s 的 D 信道的数字管道，即 2B+D。两个 B 信道都是 64kbit/s，总共是 144kbit/s。另外，BRI 服务本身需要 48kbit/s 的开销。因此，BRI 需要一个 192kbit/s 的数字管道。

 两个 B 信道和一个 D 信道是一个 BRI 接口所能支持的最大信道数。然而，这 3 个信道并不一定要分开使用，一个 BRI 所有的 192kbit/s 的数字管道可以全部用来传送一个信号。

（2）主速率接口

主速率接口（PRI）提供的信道情况，要根据不同国家或地区采用的 PCM 基群格式而定。在北美洲和日本，PRI 提供 23 个 B 信道和 1 个 64kbit/s 的 D 信道组成的数字管道，即 23B+D。23 个 B 信道每个都是 64kbit/s，加上 1 个 64kbit/s 的 D 信道。另外，PRI 服务本身使用了 8kbit/s 的开销。于是，PRI 总的数据传输速率是 1.544Mbit/s。在欧洲、澳大利亚、中国和其他国家，PRI 提供 30 个 B 信道和 1 个 D 信道组成的数字管道，即 30B+D，总的数据传输速率是 2.048Mbit/s。由于 ISDN 提供了更高速率的数据传输，因此，它可实现可视电话、视频会议或 LAN 间的高速网络互连。

实例 7-1 ISDN 在家庭个人用户和中小型企业的典型应用。

如图 7-2 所示，家庭个人用户通过一台 ISDN 终端适配器连接个人电脑、电话机等。个人电脑以 64/128kbit/s 的速率上 Internet，同时照样可以打电话。对于中小型企业，将企业的局域网、电话机、传真机通过一台 ISDN 路由器连接到一条或多条 ISDN 线路上，以 64/128kbit/s 或更高的速率接入 Internet。

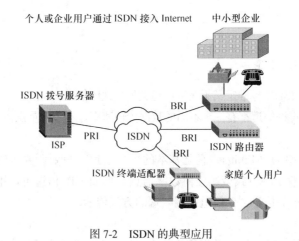

图 7-2　ISDN 的典型应用

7.2.2　xDSL 接入

1．xDSL 定义

DSL 是数字用户环路（Digital Subscriber Line）的简称，它是以铜质电话线为传输介质的点对点传输技术。DSL 利用软件与电子技术的结合，使用在电话系统中没有被利用的高频信号传输数据以弥补铜线传输的一些缺陷。DSL 包括 HDSL、SDSL、VDSL、ADSL 和 RADSL 等，它们的主要区别体现在信号传输速度和有效距离不同，以及上行速率和下行速率对称性不同这两个方面。

采用 xDSL 技术需要在原有话音线路上叠加传输，在电信局和用户端分别进行合成与分解，为此需要配置相应的局端设备。不过，传输距离越长，信号衰减就越大，也就越不适合高速传输。因此，xDSL 只能工作在用户环路上，故传输距离有限。

目前，xDSL 的发展非常迅速，其主要原因在于：xDSL 可以充分利用现有已经铺设好的电话线路，而无需重新布线、构建基础设施；xDSL 的高速带宽可以为服务提供商增加新的业务，而宽带服务主要应用于高速的数据传输业务，如高速 Internet 接入、小型家庭办公室局域网访问、异地多点协作、远程教学等。

xDSL 的主要特点如表 7-2 所示。

表 7-2　　　　　　　　　　　　　　　xDSL 的主要特点

xDSL 支持工业标准，支持任意数据格式或字节流数据业务，可以同时打电话
xDSL 是一种 Modem，也进行调制与解调
xDSL 有对称与非对称之分，满足不同的用户需求

2. xDSL 的种类

xDSL 可以分为对称的 DSL 和非对称的 DSL，对称的 DSL 有 HDSL、SDSL、IDSL；非对称的 DSL 有 ADSL、RADSL、VDSL。

（1）HDSL

HDSL（High-bit-rate Digital Subscriber Line）是高速对称 4 线 DSL。它采用 2 对或 3 对铜线提供全双工的数据传输，在 2 对电话线上进行全双工通信，发送和接收的数据传输速率最高为 1.544Mbit/s，传输距离最大为 3.6km（2.25 英里）。在 3 对电话线上进行全双工通信时，提供 2.048Mbit/s 的速度。

（2）SDSL

SDSL（Single-pair Digital Subscriber Line）是 HDSL 的单对线版本，也被称为 S-HDSL。S-HDSL 是高速对称 2 线 DSL，可以提供双向高速可变比特率连接，数据传输速率范围从 160kbit/s 到 2.048Mbit/s。它支持多种速率，用户可以根据数据流量选择最经济合适的速率，最高可达 2.048Mbit/s。它比 HDSL 节省一对铜线，在 0.4mm 双绞线上的最大传输距离为 3km 以上。由于只使用一对线，S-HDSL 技术可以直接应用在家庭或办公室里而无需进行任何线路的申请或更改，同时实现 POTS 和高速通信。SDSL 对于视频会议和交互式教学尤为有用。

（3）IDSL

IDSL 是 ISDN 数字用户线，这种技术通过在用户端使用 ISDN 终端适配器及 ISDN 接口卡，可以提供 128kbit/s 速率的服务。

（4）ADSL

ADSL（Asymmetrical Digital Subscriber Line）为非对称数字用户环路，是一种能够通过普通电话线提供宽带数据业务的技术，是目前极具发展前景的一种接入技术。

　　ADSL 在两个方向上的速率是不相同的，它使用单对电话线，为网络用户提供很高的数据传输速率。当 ADSL 刚开始建立的时候，使用的上行传输速度为 64kbit/s，下行传输速度为 1.544Mbit/s（和 T-1 相同）。现在上行传输速度可以达到 576～640kbit/s，下行传输速度可以达到 6Mbit/s。ADSL 还可以使用第三个通信信道，在进行数据传输的同时进行 4kHz 的语音传输。

　　① ADSL 设备的安装。

　　ADSL 设备的安装包括局端线路的调整和用户端设备的安装两个方面。局端线路的调整是指将用户原有的电话线路接入 ADSL 局端设备，用户端设备的安装是指 ADSL 调制解调器的安装。

　　② ADSL 的接入结构及软件设置。

- 将电话外线接到滤波器上，滤波器的作用是分离语音和数字信号。
- 用一根 ADSL 电缆（两芯电话线）连接滤波器和 ADSL 调制解调器。
- 用一根两头接有 RJ-45 水晶头的 UTP 直通双绞线连接 ADSL 调制解调器和计算机上的网卡。
- 设置好 TCP/IP 中的 IP 地址、DNS 和网关等参数。

使用 ADSL 接入 Internet 的结构如图 7-3（单机接入）和图 7-4（局域网接入）所示。

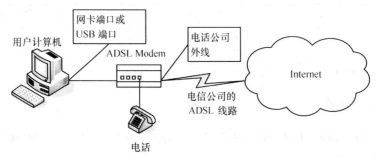

图 7-3　单机使用 ADSL 接入 Internet

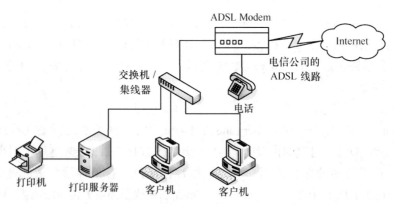

图 7-4　局域网使用 ADSL 接入 Internet

　　③ ADSL 的特点。

　　ADSL 不但具有 HDSL 的所有优点，而且还具有下面几个方面的特点。

- 只使用一对电话线，以减轻分散的住宅居民用户的压力，也可以扩展至企业集团用户。
- 具有普通电话信道，即使 ADSL 设备出现故障也不影响普通电话业务。
- 下行速率大，可以满足将来广播电视、视频点播以及多媒体接入业务的需要。
- 线路具有良好的抗干扰性能，在受到干扰的地方，它可以动态地调整通道的数据传输速率。

　　在未受到干扰的地方或干扰小的地方，它可以保持较高的数据传输速率。它还可以把受干扰较大的子通道内的数据流转移到其他通道上，这样既保证了数据的高速传输又保证了传输的质量。

　　④ ADSL 的应用。

　　ADSL 通常应用到高速的数据接入、视频点播、网络互连业务、家庭办公、远程教学、远程医疗等方面。

　　RADSL（Rate Adaptive Digital Subscriber Line）为速率自适应数字用户环路，是 ADSL 的一种扩充，它允许服务提供者调整 xDSL 连接的带宽，以适应实际需要并且解决线长和质量问题。它利用一对双绞线传输，支持同步与异步的传输方式，速率自适应。建立传输速率的方式有两种，一种是电话公司根据对线路使用的估计，为每一个用户线路设置一个特殊的速率；另外一种是电话公司根据线路上的实际需求，自动地调整传输速率。RADSL 对用户十分有利，因为只需为他们需要的带宽付费，电话公司可以以将没有使用的带宽分配给其他用户。RADSL 另外的一个优点是当带宽没有被全部使用时，线路的长度可以很长，因此可以满足那些距电话公司 5.5km 之外的用户。下行传输速率可以达到 12Mbit/s，而上行传输速率可以达到 1Mbit/s。

　　VDSL（Very High-bit-rate Digital Subscriber Line）为其高速数字用户环路，是一种极高速非对称的数据传输技术。它是在 ADSL 基础上发展起来的 xDSL 技术，可以将传输速率提高到 25～52Mbit/s，应用前景更广。它与 ADSL 有很多相似之处，也采用频分复用技术，将普通的电话 POTS、ISDN 及 VDSL 上下行信号放在不同的频带内，接收时采用无源滤波器就可以滤出各种信号。VDSL 的速率比 ADSL 高约 10 倍，但传输距离比 ADSL 短得多。VDSL 在速率为 13Mbit/s 时传输距离约为 1 500m；在速率为 52Mbit/s 时传输距离只有 300m 左右。所以，VDSL 适用于光纤网络中与用户相连的最后一段线路。

7.2.3　DDN 接入

1. DDN 的定义

　　数字数据网（Digital Data Network，DDN）是以数字交叉连接为核心技术，集合数据通信、数字通信、光纤通信等技术，利用数字信道传输数据信号的一种数据接入业务网络。它的传输媒介有光纤、数字微波卫星信道以及用户端可用的普通电缆和双绞线。

2. DDN 的特点

DDN 有以下特点。

① 半永久性电路连接方式。

② 采用同步时分复用技术，不具备交换功能。

③ 为用户提供点到点的数字专用线路。

④ 可利用光缆、数字微波、卫星信道，用户端可用普通电缆和双绞线。

⑤ 网络对用户透明，支持任何协议，不受约束，只要通信双方自行约定了通信协议就能在DDN 上进行数据通信。

⑥ 适合于频繁的大数据量通信。

⑦ 速率可达 155Mbit/s。

3. DDN 的组成

DDN 以硬件为主，对应 OSI 模型的低 3 层。它主要由以下 4 部分组成。

① 本地传输系统：由用户设备和用户环路组成。

② DDN 节点：DDN 节点的功能主要由复用和交叉连接组成。

③ 局间传输及同步系统：由局间传输和同步时钟组成。

④ 网络管理系统：用户接入管理，网络资源和路由管理，网络状态的监控，网络故障的诊断，报警与处理，网络运行数据的收集与统计，计费信息的收集与报告等。

4. DDN 提供的网络业务

DDN 提供的网络业务分为专业电路、帧中继和压缩话音/G3 传真、虚拟专用网等。DDN 的主要业务是向用户提供中、高速率，高质量的点到点和点到多点数字专用电路（简称专用电路）；在专用电路的基础上，通过引入帧中继服务模块（FRM），提供永久性虚电路（PVC）连接方式的帧中继业务；通过在用户入网处引入话音服务模块（VSM）提供压缩话音/G3 传真业务，可看作是在专用电路业务基础上的增值业务。压缩话音/G3 传真业务可由网络增值，也可由用户增值。

7.2.4　Cable Modem 接入

1. Cable Modem 接入的定义及特点

Cable Modem 是一种允许用户通过有线电视网进行高速数据接入（如接入 Internet）的设备，它发挥了有线电视同轴电缆的带宽优势，利用一条电视信道高速传送数据。

Cable Modem 接入主要有如下特点。

① 速度快。下行速率可高达 36Mbit/s，上行速率也可高达 10Mbit/s。

② Cable Modem 只占用了有线电视系统可用频谱中的一小部分，因而上网时不影响收看电视和使用电话。

③ 接入 Internet 的过程可在一瞬间完成，不需要拨号和登录过程。计算机可以每天 24 小时停留在网上，用户可以随意发送和接收数据。不发送或接收数据时不占用任何网络和系统资源。

2. Cable Modem 的组成

Cable Modem 不仅包含调制解调部分，还包括射频信号接收调谐、加密解密和协议适配等部分，它还可能是一个桥接器、路由器、网络控制器或集线器。使用 Cable Modem 无需拨号上网，也不占用电话线，便可永久连接。通过 Cable Modem 系统，用户可在有线电视网络内实现国际互联网的访问、IP 电话、视频会议、视频点播、远程教育、网络游戏等功能。一个 Cable Modem 要在两个不同的方向上接收和发送数据：它把上行的数字信号转换成模拟射频信号，类似电视信号，在有线电视网上传送；在下行方向上，Cable Modem 把射频信号转换为数字信号，以便计算机处理。

3. Cable Modem 的加密与解密

有线电视网属于共享资源，因而 Cable Modem 在进行发送和接收数据时，除了要对数据进行调制和解调外，还需要对数据进行加密和解密。当通过 Internet 发送数据时，本地 Cable Modem 对数据进行加密，使得黑客盗取数据非常困难，电视网服务器端的 Cable Modem 端接系统（CMTS）对数据解密，然后送给 Internet。接收数据时则相反，有线电视网服务器端的 CMTS 加密数据，送上有线网，然后本地电脑上的 Cable Modem 解密数据。

4. Cable Modem 的接入方式

Cable Modem 大致有两种接入方式，第一种是多用户共享 Cable Modem 的 HFC+Cable Modem+ Hub 在五类线以太网入户方式，即可通过下连集线器支持多台 PC 上网，PC 的 IP 地址，通过 DHCP 服务器动态获得；第二种是同轴电缆入户，用户独享 Cable Modem 的双向网络方式，用户可通过计算机以太网卡或 USB 口连接到 Cable Modem，PC 的 IP 地址可通过 DHCP 服务器动态获得。

7.2.5　光纤接入

1. 光纤接入的定义及特点

光纤接入是指局端与用户之间完全以光纤作为传输媒体，采用的具体接入技术可以不同。光纤接入网（Optical Access Network，OAN）主要的传输媒质是光纤，实现接入网的信息传送功能。与其他接入技术相比，光纤接入网的优点如表 7-3 所示。

表 7-3　　　　　　　　　　　　　　　　　光纤接入网的优点

优点	能满足用户对各种业务的需求
	可以克服铜线电缆无法克服的一些限制因素
	性能不断提高，价格不断下降
	提供数据业务，有完善的监控和管理系统，能适应将来宽带综合业务数字网的需要

2. 光纤接入的分类

光纤接入可以分为有源光接入和无源光接入。

通过有源光接入设备将局端设备（CE）和远端设备（RE）相连的网络称为有源光网络，其骨干部分采用的传输技术是同步数字系列（Synchronous Digital Hierarchy，SDH）和准同步数字系列（Plesiochronous Digital Hierarchy，PDH）技术，以 SDH 技术为主。远端设备主要完成业务的收集、接口适配、复用和传输功能，局端设备主要完成接口适配、复用和传输功能和提供网管接口。在实际接入网建设中，有源光网络的拓扑结构通常是星型或环型。

以无源光接入的一种纯介质网络称为无源光网络（PON）。

有源光网络和无源光网络的特点如表 7-4 所示。

表 7-4	有源光网络和无源光网络的特点
有源光网络	传输容量大，一般提供 155Mbit/s 或 622Mbit/s 的接口
	传输距离远，在不加中继设备的情况下，传输距离可达 70km～80km
	用户信息隔离度好
	技术成熟
无源光网络	运行、维护的成本降低
	业务透明性较好，高带宽
	端设备和光纤由用户共享
	标准化程度好

3. 光纤接入的形式

光纤接入最主要有 FTTB（光纤到大楼）、FTTC（光纤到路边）、FTTH（光纤到用户）3 种形式，如表 7-5 所示。

表 7-5	光纤主要接入方式
FTTB	光网络单元（ONU）设置在大楼内的配线箱处，为大中型企事业单位及商业用户服务，提供高速数据、电子商务、可视图文等宽带业务
FTTC	为住宅用户提供服务，光网络单元（ONU）设置在路边，从 ONU 出来的电信号再传送到各个用户，一般用同轴电缆传送视频业务，用双绞线传送电话业务
FTTH	光网络单元（ONU）放置在用户住宅内，为家庭用户提供各种综合宽带业务

7.2.6　无线接入

1. 无线接入的定义及特点

所谓"无线接入"，是指从交换节点到用户终端之间，部分或全部采用了无线手段的一种接入方式。在遇到洪水、地震、台风等自然灾害时，无线接入系统还可作为有线通信网的临时应急系统，快速提供基本业务服务。

无线接入有如下特点。

① 无线接入不需要专门进行管道线路的铺设，为一些光缆或电缆无法铺设的区域提供了业务接入的可能，缩短了工程项目的时间，节约了管道线路的投资。

② 随着接入技术的发展，无线接入设备可以同时解决数据及语音等多种业务的接入。

③ 可根据区域业务量的增减灵活调整带宽。

④ 可方便地进行行业务迁移、扩容，在临时搭建业务点的应用中优势更加明显。

2. 无线接入的结构

无线接入在结构上大致可分为 2 种类型，一种是局端设备之间通过无线方式互连，相当于中继器；另一种是用户终端采用无线接入方式接入局端设备。典型的接入模型如图 7-5（局端设备接入）和图 7-6（用户端设备接入）所示。

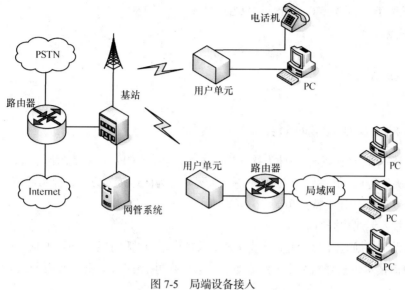

图 7-5 局端设备接入

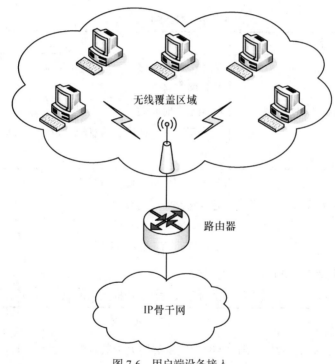

图 7-6 用户端设备接入

3. 无线接入技术的类型

无线接入 Internet 所采用的技术，是在向用户提供传统电信业务的无线本地环路（WLL）技术基础上发展、建立起来的。传统无线本地环路系统所使用的频带，从几十 MHz 到几百 MHz 不等，主要类型有以下几种。

① 模拟蜂窝标准，如 AMPS、NMT、TACS 制式。

② 数据蜂窝标准，如 GSM、DCS41800、D-AMPS、PDC、CDMA（IS-95）。

③ 数字无绳类，如 DECT、PHS、PACS。

④ 点对多点微波。

⑤ 卫星。

⑥ 宽带 CDMA。

⑦ 专用技术。

4．无线接入数据通信的分类

无线接入技术可分为两种：一种为移动接入方式，包括 CDPD（蜂窝数字分组数据）、电路交换蜂窝、分组无线传输（PCS，个人通信业务）；另一种为固定接入方式，包括微波、扩频微波、卫星、无线光传输和 UHF（特高频）。

（1）移动接入无线数据通信

移动接入无线数据通信比较注重时效性，要求在移动的过程中完成对数据信息的存取。这种类型的数据通信技术包括蜂窝数字分组数据（CDPD）、电路交换蜂窝、通用分组无线传输技术（GPRS）等，其特点如表 7-6 所示。

表 7-6   移动接入技术的特点

类 型	特 点
蜂窝数字分组数据（CDPD）	采用公共随机接入，信道利用率高 传输时延较大 呼叫建立时间短 适合于点多、面广、信息短、量大而频次较密的突发性业务
电路交换蜂窝	信道利用率低而传输时延小 建立链路时时延较大 适合传输较长的文件
通用分组无线传输技术（GPRS）	呼叫建立时间短 支持点到点、点到多点、上下行链路非对称传送 适合于突发性、面向大众的业务

（2）固定接入无线数据通信

固定接入无线数据通信系统是用户上网浏览及传输大量数据时的最佳选择。与移动接入方式相比，固定接入成本较低。这种类型的数据通信技术包括微波、扩频微波、卫星、无线光传输和 UHF（特高频），其特点如表 7-7 所示。

表 7-7   固定接入技术的特点

类 型	特 点
微波	用于宽带固定无线接入 开通快、维护简单 用户较密时成本低

续表

类　型	特　点
扩频微波	高速率 实现点到点、点到多点的通信及连网 传送图形、文字、话音、动态图像等信息 信号弱，隐蔽保密性好，误码率低 可实现局域网互连或远程接入
卫星	受气候影响较大 安全性低
无线光传输	以红外光或激光为传输媒介 适合于安装有线电路不便且申请无线频率困难的情况
UHF（特高频）	本身并不具备安全性能 速率在 128kbit/s～10Mbit/s

提示

　　广域网的接入技术有很多，根据负荷、预算和需要覆盖的地理范围等的不同，采用的接入技术也不一样。如个人用户和小型局域网可以通过 ISDN 或 ADSL 技术等方式接入广域网；大、中型集团用户可以利用公共传输系统采用 DDN 数据专线方式互相连接进来或是通过光纤接入等方式接入广域网；在地形复杂的山区、海岛或用户稀少、分散的农村地区则可采用无线接入的方式。

7.3　虚拟专用网络

　　当移动用户或远程用户通过拨号方式远程访问公司或企业内部专用网络时，采用传统的远程访问方式不但通信费用较高，而且通信的安全性也得不到保证。那么在与内部专用网络中的计算机进行数据传输时，怎样才能保证通信的安全性呢？

1. VPN 的概念

　　VPN（Virtual Private Network）指的是虚拟专用网络，它可以让企业远程客户利用现有公用网的物理链路在需要的时候安全地与企业内部网络进行互访。它是专用网络的延伸，包含了类似 Internet 的共享或公共网络链接。VPN 可以以模拟点对点专用链接的方式通过共享或公共网络在两台计算机之间发送数据。

　　由 VPN 组成的"线路"并不是物理存在的，而是通过技术手段模拟出来，即是"虚拟"的。不过，这种虚拟的专用网络技术却可以在一条公用线路中为两台计算机建立一个逻辑上的专用"通道"，它具有良好的保密性和抗干扰性，使双方能进行自由而安全的点对点连接，因此被网络管理员们非常广泛地关注着。

2. VPN 技术

为了构建 VPN，网络隧道（Tunnelling）技术是关键技术。网络隧道技术指的是利用一种网络协议来传输另一种网络协议，它主要利用网络隧道协议来实现这种功能。网络隧道技术涉及 3 种网络协议，网络隧道协议、隧道协议下面的承载协议和隧道协议所承载的被承载协议。

现有两种类型的隧道协议，一种是二层隧道协议，用于传输二层网络协议，它主要应用于构建 Access VPN；另一种是三层隧道协议，用于传输三层网络协议，它主要应用于构建 Intranet VPN 和 Extranet VPN。

（1）二层隧道协议

二层隧道协议主要有 3 种：一种是微软、Ascend、3Com 等公司支持的 PPTP（Point to Point Tunneling Protocol，点对点隧道协议），在 Windows NT 4.0 以上版本中即有支持；另一种是 Cisco、北方电信等公司支持的 L2F（Layer 2 Forwarding，二层转发协议），在 Cisco 路由器中有支持；而由 IETF 起草，微软 Ascend、Cisco、3COM 等公司参与的 L2TP（Layer 2 Tunneling Protocol，二层隧道协议）结合了上述两个协议的优点，将很快地成为 IETF 有关二层隧道协议的工业标准。L2TP 作为更优更新的标准，已经得到了如 Cisco Systems，Microsoft，Ascend，3COM 等公司的支持，以后还必将为更多的网络厂商所支持，将是使用最广泛的 VPN 协议。本书中重点介绍 L2TP 协议。

L2TP 具有适用于 VPN 服务的以下几个特性。

- 灵活的身份验证机制以及高度的安全性。

L2TP 可以选择多种身份验证机制（CHAP、PAP 等），继承了 PPP 的所有安全特性；L2TP 可以对隧道端点进行验证，这使得通过 L2TP 所传输的数据更加难以被攻击。根据特定的网络安全要求，还可以方便地在 L2TP 之上采用隧道加密、端对端数据加密或应用层数据加密等方案，来提高数据的安全性。

- 内部地址分配支持。

LNS（L2TP 网络服务器）可以放置于企业网的防火墙之后，可以对远端用户的地址进行动态分配和管理，可以支持 DHCP 和私有地址应用（RFC1918）等方案。远端用户所分配的地址不是 Internet 地址而是企业内部的私有地址，这样方便了地址的管理并可以增加安全性。

- 网络计费的灵活性。

可以在 LAC（接入服务器）和 LNS 两处同时计费，即 ISP 处（用于产生账单）及企业处（用于付费及审记）。L2TP 能够提供数据传输的出入包数，字节数及连接的起始、结束时间等计费数据，根据这些数据可以方便地进行网络计费。

- 可靠性。

L2TP 协议可以支持备份 LNS，当一个主 LNS 不可达之后，LAC（接入服务器）可以重新与备份 LNS 建立连接，这样增加了 VPN 服务的可靠性和容错性。

- 统一的网络管理。

L2TP 协议将很快地成为标准的 RFC 协议，有关 L2TP 的标准 MIB 也将很快地得到制定，这样可以统一地采用 SNMP 网络管理方案，方便地进行网络维护与管理。

（2）三层隧道协议

用于传输三层网络协议的隧道协议叫做三层隧道协议。三层隧道协议并非是一种很新的技术，早先出现的 RFC 1701 Generic Routing Encapsulation（GRE）协议就是一个三层隧道协议，IETF

的 IP 层加密标准协议 IPSec 协议也是个三层隧道协议。

IPSec，IP 安全协议，是一组开放协议的总称，它包括网络安全（Authentication Header，AH）协议和 Encapsulating Security Payload（ESP）协议、密钥管理（Internet Key Exchange，IKE）协议和用于网络验证及加密的一些算法等。IPSec 规定了如何在对等层之间选择安全协议、确定安全算法和密钥交换，向上提供了访问控制、数据源验证、数据加密等网络安全服务。在特定的通信方之间提供数据的私有性、完整性保护，并能对数据源进行验证。IPSec 使用 IKE 进行协议及算法的协商，并采用由 IKE 生成的密码来加密和验证。IPSec 用来保证数据包在 Internet 上传输时的私有性、完整性和真实性。IPSec 在 IP 层提供这些安全服务，对 IP 及所承载的数据提供保护。这些服务是通过两个安全协议 AH 和 ESP，通过加密等过程实现的。这些机制的实现不会对用户、主机或其他 Internet 组件造成影响。用户可以选择不同的加密算法，而不会对实现的其他部分造成影响。

IPSec 提供以下几种网络安全服务。

① 私有性：IPsec 在传输数据包之前将其加密，以保证数据的私有性。

② 完整性：IPsec 在目的地要验证数据包，以保证该数据包在传输过程中没有被替换。

③ 真实性：IPsec 端要验证所有受 IPsec 保护的数据包。

④ 反重复：IPsec 防止数据包被捕捉并重新投放到网上，即目的地会拒绝老的或重复的数据包，这将通过与 AH 或 ESP 一起工作的序列号实现。

IPSec 协议本身定义了如何在 IP 数据包中增加字段来保证 IP 包的完整性、私有性和真实性，这些协议还规定了如何加密数据包。使用 IPsec，数据就可以在公网上传输，而不必担心数据被监视、修改或伪造。IPsec 提供了两个主机之间、两个安全网关之间或主机和安全网关之间的保护。

练习与思考

一、填空题

1. 广域网由_____及_____组成。

2. 现有以太网接入技术主要的解决方案有_____和_____。

3. 数字数据网（DDN）是以_____为核心的技术，集合_____技术、_____技术、_____技术等，利用数字信道传输数据信号的一种数据接入业务网络。它的传输媒介有_____、_____以及用户端可用的普通电缆和双绞线。

二、选择题

1. ADSL 采用的多路复用技术是 （1） ，最大传输距离可达 （2） m。

（1）A. TDM　　　　　B. FDM　　　　　C. WDM　　　　　D. CDMA

（2）A. 500　　　　　B. 1 000　　　　　C. 5 000　　　　　D. 10 000

2. FTTx + LAN 接入网采用的传输介质为_____。

　　A. 同轴电缆　　　B. 光纤　　　　　C. 5 类双绞线　　　D. 光纤和 5 类双绞线

3. 接入 Internet 的方式有多种，下面关于各种接入方式的描述中，不正确的是_____。

　　A. 以终端方式入网，不需要 IP 地址。

　　B. 通过 PPP 拨号方式接入，需要有固定的 IP 地址。

C. 通过代理服务器接入，多个主机可以共享 1 个 IP 地址。

D. 通过局域网接入，可以有固定的 IP 地址，也可以用动态分配的 IP 地址。

4. 在 HFC 网络中，Cable Modem 的作用是_____。

   A. 用于调制解调和拨号上网

   B. 用于调制解调以及作为以太网接口

   C. 用于连接电话线和用户终端计算机

   D. 连接 ISDN 接口和用户终端计算机

5. 使用 ADSL 拨号上网，需要在用户端安装_____协议。

   A. PPP   B. SLIP   C. PPTP   D. PPPoE

6. ADSL 是一种宽带接入技术，这种技术使用的传输介质是_____。

   A. 电话线   B. CATV 电缆

   C. 基带同轴电缆   D. 无线通信网

三、综合题

1. 什么是广域网？它有几种类型？

2. 什么是光纤接入？它有何特点？

3. 在位置偏远的山区安装电话，铜线和双绞线的长度在 4～5km 的时候出现高环阻问题，通信质量难以保证。那么应该采用什么样的接入技术呢？为什么？这种接入方式有何特点？

第**8**章

Internet 基础与应用

📖 【学习目标】

计算机网络已经越来越深入到了我们的生活中，特别是 Internet 网络的发展尤为如此。本章主要讲述 Internet 的基本概念、Internet 在中国的发展、Internet 的应用及 Intranet 的相关知识。

🔊 【学习要点】

1. 了解 Internet 的基本概念及发展过程

2. 理解域名系统、WWW 服务、电子邮件服务、文件传输服务及远程登录服务的概念及工作原理

3. 熟悉 Intranet 的概念、特点及组成

8.1 Internet 基础

❓ 我们常说"上网"一词，那么，究竟"上网"指的是哪个网？我们上网又可以做些什么呢？

8.1.1 Internet 概述

Internet 是由成千上万个不同类型、不同规模的计算机网络和计算机主机组成的覆盖世界范围的巨型网络，中文简称"因特网"，它是全球最大的、最有影响的计算机信息资源网。这些资源以电子文件的形式，在线分布在世界各地的数百万台计算机上。与此同时，在 Internet 上开发了许多应用系统，供接入网上的用户使用，网上的用户可以方便地交换信息、共享资源。Internet 也可以认为是由各种网络组成的网络，它是使用 TCP/IP

协议进行通信的数据网络集体。Internet 是一个无级网络，不专门为某个个人或组织所拥有及控制，人人都可以参与、人人都可以加入。

从通信的角度来看，Internet 是一个理想的信息交流媒体。利用 Internet 的 E-mail，能够快捷、安全、高效地传递文字、声音、图像以及各种各样的信息；通过 Internet 可以打国际长途电话（IP 电话），甚至传送国际可视电话，召开在线视频会议。

从获得信息的角度来看，Internet 是一个庞大的信息资源库，网络上有几百个书库，遍布全球的几千家图书馆，近万种杂志和期刊，还有政府、学校和公司企业等机构的详细信息，各种学术全文数据库等。

从娱乐休闲的角度来看，Internet 是一个花样众多的娱乐厅，网络上有很多专门的视频站点和广播站点、BT 网站、MP3 网站，我们可以尽情欣赏全球各地的风景名胜和风俗人情，网上的 QQ 和 BBS 更是一个大家聊天交流的好地方。

从经商的角度来看，Internet 是一个即能省钱又能赚钱的场所，在 Internet 上已经注册有几百家公司，利用 Internet，足不出户就可以得到各种免费的经济信息，还可以将生意做到海外。无论是股票证券行情，还是房地产、商品信息，在网上都有实时跟踪。通过网络还可以通过图、声、文等多种方式召开订货会、新产品发布会以及做广告搞推销等。

提示

我们通常所说的"上网"指的是上"因特网"，即 Internet。许多人以为"上网"就是指浏览网页，浏览网页只是 Internet 提供的许多服务中的一种，我们还可以通过 Internet 收发邮件，可以通过 Internet 下载文件等。

8.1.2 Internet 的管理机构

Internet 不受某一政府或个人的控制，而是以自愿的方式组成了一个帮助和引导 Internet 发展的最高组织，即"Internet 协会"（Internet Society，ISOC）。该协会是非营利性的组织，成立于 1992 年，其成员包括与 Internet 相连的各组织与个人。Internet 协会本身并不经营 Internet，但它支持 Internet 体系结构委员会（Internet Architecture Board，IAB）开展工作，并通过 IAB 加以实施。

IAB 负责定义 Internet 的总体结构（框架和所有与其连接的网络）和技术上的管理，对 Internet 存在的技术问题及未来将会遇到的问题进行研究。IAB 下设 Internet 研究任务组（IRTF）、Internet 工程任务组（IETF）和 Internet 网络号码分配机构（IANA）。

Internet 研究工作组（IRTF）的主要任务是促进网络和新技术的开发与研究。

Internet 工程任务组（IETF）的主要任务是解决 Internet 出现的问题，帮助和协调 Internet 的改革和技术操作，为 Internet 各组织之间的信息沟通提供条件。

Internet 网络号码分配机构（IANA）的主要任务是对诸如注册 IP 地址和协议端口地址等 Internet 地址方案进行控制。

Internet 的运行管理可分为两部分：网络信息中心（InterlNIC）和网络操作中心（InterNOC）。网络信息中心负责 IP 地址分配、域名注册、技术咨询、技术资料的维护与提供等。网络操作中心负责监控网络的运行情况以及网络通信量的收集与统计等。

几乎所有关于 Internet 的文字资料，都可以在 RFC（Request For Comments）文档中找到，它的意思是"请求评论"。RFC 是 Internet 的工作文件，其主要内容除了包括对 TCP/IP 标准和相关文档的一系列注释和说明外，还包括政策研究报告、工作总结和网络使用指南等。

8.1.3 Internet 在中国的发展

Internet 在我国的发展，可以大致分为两个阶段：第一个阶段是 1987～1993 年，一些科研机构通过 X.25 实现了与 Internet 的电子邮件转发的连接；第二阶段是从 1994 年开始，实现了和 Internet 的 TCP/IP 连接，从而开始了 Internet 全功能服务，几个全国范围的计算机信息网络相继建立，Internet 在我国得到了迅猛发展。

目前，国内的 Internet 主要由九大骨干互联网络组成，中国教育和科研计算机网、中国科研网、中国公用计算机互联网和中国金桥信息网四大网络是其中的典型代表。

1. 中国教育和科研计算机网

中国教育和科研计算机网（Chinese Education and Research Network，CERNET）是由国家投资建设，教育部负责管理，清华大学等高等学校承担建设和管理运行的全国学术性计算机互联网络。它主要面向教育和科研单位，是全国最大的公益性互连网络。CERNET 主页的网址为：http://www.edu.cn。

2. 中国科技网

中国科技网（Chinese Science and Technology Network，CSTNET）由中国科学院主管，它是在中关村地区教育与科研示范网和中国科学院计算机网络的基础上建设和发展起来的覆盖全国范围的大型计算机网络，是我国最早建设并获国家承认的具有国际信道出口的中国四大互连网络之一。

它是非营利、公益性的网络，也是国家知识创新工程的基础设施，主要为科技界、科技管理部门、政府部门和高新技术企业服务。中国科技网始建于 1989 年，并于 1994 年 4 月首次实现了我国与国际互连网络的直接连接，同时在国内开始管理和运行中国顶级域名 CN。

中国科学院计算机网络信息中心是中国科技网的网络管理运行中心。中国科学院计算机网络信息中心经国家主管部门授权，管理和运行中国互连网络信息中心（China Internet Network Information Center，CNNIC），向全国提供网络域名注册服务。中国科技网网络中心为中国科学院计算机网络信息中心，二级网络节点分布在全国各主要城市，组成 CSTNET 骨干网。中国科技网的建设与发展得到了国家发展计划委员会、科技部、信息产业部和国家自然科学基金委的大力支持与指导。CSTNET 主页的网址为：http://www.cnc.ac.cn。

3. 中国公用计算机互联网

中国公用计算机互联网（CHINANET）是中国最大的 Internet 服务提供商，它是 1994 年由前邮电部（现为工业和信息化部）投资建设的公用计算机互联网，现由中国电信经营管理，于 1995 年 5 月正式向社会开放。它是中国第一个商业化的计算机互联网，旨在为中国的广大用户提供 Internet 的各类服务，推进信息产业的发展。

CHINANET 是 Internet 在中国的一部分，它采用 TCP/IP 结构，通过高速数字专线与国际 Internet 相连。在国内，CHINANET 充分发挥国家公用网络的骨干作用与其他三大互联网中国金桥信息网（CHINAGBNET），中国教育和科研网（CERNET），中国科技网（CSTNET）互连。

CHINANET 是国内计算机互联网名副其实的骨干网。CHINANET 现已开通至美国、欧洲国家、亚洲国家的国际出口电路，到 2003 年年初，总带宽达到 5 147Mbit/s。

CHINANET 以现代化的中国电信为基础，凡是电信网（中国公用数字数据网，中国公用交换数据网、中国公用帧中继宽带业务网和电话网）通达的城市均可通过 CHINANET 接入 Internet，享用 Internet 服务。CHINANET 主页的网址为：http://www.chinanet.cn。

提示　　CHINANET 与中国公用数字数据网（CHINADDN），中国公用交换数据网（CHINAPAC），中国公用帧中继宽带业务网（CHINAFRN0），中国公用电话网（PSTN）连通，用户可以根据自己的业务需要选择入网方式。

---

4. 中国金桥信息网

中国金桥信息网（CHINAGBN）简称金桥网，是国家公用经济信息通信网，是国民经济信息化的基础设施，是国务院授权的几大互连网络之一。根据国务院信息化领导小组的决定，吉通公司成为国家公用经济信息通信网——金桥工程的业主。

CHINAGBN 以卫星传输为基础，覆盖国内 30 个省市的计算机综合信息服务系统，实现国际连网，建立了全程全网的技术和运营体制。

CHINAGBN 提供数据、语音、图像传输业务和各种增值业务、多媒体通信业务，是国内技术先进、智能化程度较高的计算机通信网络。

中国金桥信息网目前有 12 条国际出口信道同国际互连网络相连，总带宽为 168Mbit/s。

CHINAGBN 实行天地一网，即天上卫星网和地面光纤网互连互通，互为备用，可覆盖全国各省市和自治区。CHINAGBN 主页的网址为：http://www.gb.com.cn。

8.2　Internet 的应用

　　Internet 现已遍及世界各地，它为人们提供的服务也是应有尽有。那么，它究竟为我们提供了什么样的服务？是如何实现的呢？

今天，Internet 已在世界范围内得到了广泛的普及与应用，并正在迅速地改变人们的工作和生活方式。据统计，Internet 上的各种服务多达 65 500 多种，其中多数服务是免费的。随着 Internet 的发展，它所提供的服务将会进一步增加。其中，最基本、最常用的服务功能有电子邮件（E-mail）、远程登录（Telnet）、文件传输（FTP）、WWW 和新闻组（NewsGroup）等。

8.2.1　域名系统（DNS）

1. 什么是域名

IP 地址为 Internet 提供了统一的编址方式，直接使用 IP 地址就可以访问 Internet 中的主机。

一般来说，用户很难记住 IP 地址。例如，用点分十进制表示某个主机的 IP 地址为 218.75.196.218，大家很难记住这样的一串数字。但是如果告诉你湖南铁道职业技术学院 WWW 服务器地址的字符表示为 www.hnrpc.com，那么就容易理解、方便记忆了。因此就提出了域名的概念。

DNS 是域名系统（Domain Name System）的缩写，指在 Internet 中使用的分配名字和地址的机制。

2. 域名系统的结构

域名采用分层次方法命名，每一层都有一个子域名。域名由一串用小数点分隔的子域名组成。域名的一般格式为：

计算机名组织机构名. 网络名. 最高层域名

各部分间用小数点隔开。

为了方便管理及确保网络上每台主机的域名绝对不会重复，因此整个 DNS 结构被设计为 4 层，分别是根域、顶级域、第二层域和主机。

（1）根域

这是 DNS 的最上层，当下层的任何一台 DNS 服务器无法解析某个 DNS 名称时，便可以向根域的 DNS 寻求协助。理论上，只要所查找的主机按规定进行了注册，那么无论它位于何处，从根域的 DNS 服务器往下层查找，一定可以解析出它的 IP 地址。

（2）顶级域

域名系统将整个 Internet 划分为多个顶级域，并为每个顶级域规定了通用的顶级域名，如表 8-1 所示。

表 8-1　　　　　　　　　　　Internet 第一级域名的代码及类型

顶 级 域 名	域 名 类 型
com	商业组织
edu	教育机构
gov	政府部门
int	国际组织
mil	军事部门
net	网络支持中心
org	各种非营利性组织
国家和地区代码	各个国家和地区

这一层的命名方式有争议。在美国以外的国家，大多数依据 ISO3116 来区分，例如，cn 为中国，jp 为日本等。但是在美国，虽然它也有 us，但却很少用来当成顶级域名，反而是以组织性质来区分。

（3）第二层域

第二层域可以说是整个 DNS 系统中最重要的部分，在这些域名之下的都可以开放给所有人申请，名称则由申请者自己定义，例如，".pku.edu.cn"。

（4）主机

最后一层是主机，也就是隶属于第二层域的主机，这一层是由各个域的管理员自行建立，不需要通过管理域名的机构。例如，我们可以在".pku.edu.cn"这个域下再建立"www.pku.edu.cn"、"ftp.pku.edu.cn"等主机。

3. 域名系统的组成

域名系统由解析器和域名服务器组成。

（1）解析器

在域名系统中，解析器为客户方，它与应用程序连接，负责查询域名服务器、解释从域名服务器返回的应答以及把信息传送给应用程序等。

（2）域名服务器

域名服务器用于保存域名信息，一部分域名信息组成一个区，域名服务器负责存储和管理一个或若干个区。为了提高系统的可靠性，每个区的域名信息至少由两台域名服务器来保存。

4. 域名系统的工作过程

一台域名服务器不可能存储 Internet 中所有的计算机名字和地址。一般来说，服务器上只存储一个公司或组织的计算机名字和地址。例如，当中国的一个计算机用户需要与美国麻省理工大学的一台名为 WWW 的计算机通信时，该用户首先必须指出那台计算机的名字。假定该计算机的域名地址为"www.mit.edu"。中国这台计算机的应用程序在与计算机 WWW 通信之前，首先需要知道 WWW 的 IP 地址。为了获得 IP 地址，该应用程序就需要使用 Internet 的域名服务器，如图 8-1 所示。具体的解析步骤如下。

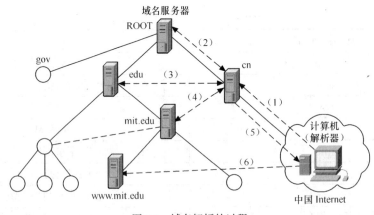

图 8-1　域名解析的过程

① 假定解析器向中国的本地域名服务器发出请求，查寻"www.mit.edu"的 IP 地址。

② 中国的本地域名服务器先查询自己的数据库，若发现没有相关的记录，则向根"."域名服务器发出查寻"www.mit.edu"的 IP 地址请求；根域名服务器给中国本地域名服务器返回一个指针信息，并指向 edu 域名服务器。

③ 中国的本地域名服务器向 edu 域名服务器发出查找"mit.edu"的 IP 地址请求，edu 域名

服务器给中国的本地域名服务器返回一个指针信息，并指向"mit.edu"域名服务器。

④ 经过同样的解析过程，"mit.edu"域名服务器再将"www.mit.edu"的 IP 地址返回给中国的本地域名服务器。

⑤ 中国本地域名服务器将"www.mit.edu"的 IP 地址发送给解析器。

⑥ 解析器使用 IP 地址与 www.mit.edu 进行通信。

整个过程看起来相当烦琐，但由于采用了高速缓存机制，所以查询过程非常快。由上述例子可以看出，本地域名服务器为了得到一个地址，往往需要查找多个域名服务器。因此，在查寻地址的同时，本地域名服务器也就得到许多其他域名服务器的信息，如 IP 地址、负责的区域等。本地域名服务器将这些信息连同最近查到的主机地址全部都存放到高速缓存中，以便将来参考。

8.2.2 WWW 服务

1. WWW 的简介

WWW（World Wide Web，万维网）是 Internet 上被广泛应用的一种信息服务，它是建立在 C/S 模式之上，以 HTML 语言和 HTTP 为基础，能够提供面向各种 Internet 服务的、统一用户界面的信息浏览系统。WWW 服务器利用超文本链路来链接信息页，这些信息页既可放置在同一主机上，也可以放置在不同地理位置的不同主机上。文本链路由统一资源定位器（URL）维持，WWW 客户端软件（WWW 浏览器也即 Web 浏览器）负责如何显示信息和向服务器发送请求。

WWW 服务的特点在于高度的集成性，它能把各种类型的信息（如文本、图像、声音、动画、录像等）和服务（如 News，FTP，Telnet，Gopher，Mail 等）无缝连接，提供生动的图形用户界面（GUI）。WWW 为全世界的人们提供了查找和共享信息的手段，是人们进行动态多媒体交互的最佳方式。

> 网络的计算模式主要有两种，第一种是客户机/服务器模式，又称 C/S 模式或 Client/Server 模式。它是软件系统体系结构，通过它可以充分利用两端硬件环境的优势，将任务合理分配到 Client 端和 Server 端来实现，降低系统的通信开销。服务器通常采用高性能的 PC、工作站或小型机，并采用大型数据库系统，如 Oracle、Sybase、Informix 或 SQL Server。客户端需要安装专用的客户端软件。
>
> 第二种是浏览器/服务器模式，又称 B/S 模式或 Brower/Server 模式。它是随着 Internet 技术的兴起而对 C/S 结构进行改进的结果。在这种结构下，用户工作界面是通过 WWW 浏览器来实现的，极少部分事务逻辑在前端（Browser）实现，主要事务逻辑在服务器端（Server）实现，形成所谓的三层（3-tier）结构。这样大大简化了客户端计算机的载荷，减轻了系统维护与升级的成本和工作量，降低了用户的总体成本（TCO）。

2. WWW 的相关概念

（1）超文本与超链接

对于文字信息的组织，通常是采用有序的排列方法。例如一本书，读者常是从书的第一页到最后一页顺序地查阅他所需要了解的知识。随着计算机技术的发展，人们不断推出新的信息组织方式，以方便人们对各种信息的访问，超文本就是其中之一。

所谓"超文本"就是指它的信息组织形式不是简单地按顺序排列，而是用由指针链接的复杂的网状交叉索引方式，对不同来源的信息加以链接。可以链接的有文本、图像、动画、声音或影像等，而这种链接关系称为"超链接"。各种信息交叉索引的关系，如图 8-2 所示。

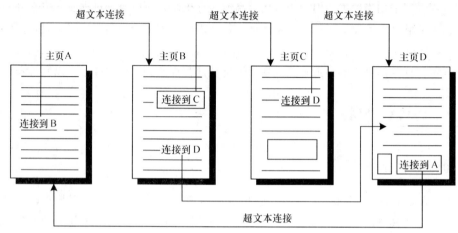

图 8-2　超文本与超链接

（2）超文本传输协议

超文本传输协议（HTTP）是 Internet 可靠地传送文本、声音、图像等各种多媒体文件所使用的协议。HTTP 协议是 Web 操作的基础，它保证正确传输超文本文档，是一种最基本的客户机/服务器的访问协议。它可以使浏览器更加高效，使网络传输流量减少。通常，它通过浏览器向服务器发送请求，而服务器则回应相应的网页。

（3）统一资源定位符 URL

网页位置、该位置的唯一名称以及访问网页所需的协议，这三个要素共同定义了统一资源定位符（Uniform Resource Locator，URL）。在万维网上使用 URL 来标识各种文档，并使每一个文档在整个因特网范围内具有唯一的标识符 URL。URL 给网上资源的位置提供了一种抽象的识别方法，并用这种方法来给资源定位。

URL 的格式如下（URL 中的字母不区别大小写）：

<URL 的访问方法>：//<主机>：<端口>/<路径>

其中，<URL 的访问方式>表示要用来访问一个对象的方法名（一般是协议名），<主机>一项是必须的，<端口>和<路径>有时可省略。常用的 URL 访问方法如表 8-2 所示。

表 8-2　　　　　　　　　　　　　　　URL 常用访问方法列表

URL 的访问方法	说　　明
HTTP	使用 HTTP 协议提供超级文本信息服务的 WWW 信息资源空间
FTP	使用 FTP 协议提供文件传送服务的 FTP 资源空间
FILE	使用本地 HTTP 协议提供超级文本信息服务的 WWW 信息资源空间
TELNET	使用 Telnet 协议提供远程登录信息服务的 Telnet 信息资源空间

下面是几个 URL 的例子。

实例 8-1　http://www.microsoft.com/

分析：该 URL 表示用 http 协议访问微软公司服务器 http://www.microsoft.com/。这里没有指定文件名，所以访问的结果是把一个缺省主页送给浏览器。

实例 8-2　ftp://ftp.pku.edu.cn/pub/ms-windows/winvn926.zip

分析：该 URL 表示用 ftp 协议访问北京大学 ftp 服务器上路径名为 pub/ms-windows，文件名为 winvn926.zip 的文件。

（4）主页

主页（Homepage）是指个人或机构的基本信息页面，用户通过主页可以访问有关的信息资源。主页通常是用户使用 WWW 浏览器访问 Internet 上的任何 WWW 服务器（即 Web 主机）所看到的第一个页面。通常主页的名称是固定的，如叫做 index.htm 或 index.html 等。（后缀.htm 和.html 均表示 HTML 文档）。

主页通常是用来对运行 WWW 服务器的单位进行全面介绍，同时它也是人们通过 Internet 了解一个学校、公司、企业、政府部门的重要手段。WWW 在商业上的重要作用就体现在这里，人们可以使用 WWW 介绍一个公司的概况、展示公司新产品的图片、介绍新产品的特性，或利用它来公开发行免费的软件等。

　　　　一个主页上面可以有许多页面，通常我们把一系列逻辑上可以视为一个整体的页面叫做网站。网站的概念是相对的，大可以到"新浪网"这样的门户网站，页面多得无法计数，而且位于多台服务器上；小可以到一些个人网站，可能只有几个页面，仅在某台服务器上占据很小的空间。

3．WWW 的基本工作原理

WWW 的工作采用浏览器/服务器体系结构，主要由两部分组成：Web 服务器和客户端的浏览器。当访问因特网上的某个网站时，我们使用浏览器这个软件向网站的 Web 服务器发出访问请求。Web 服务器接受请求后，找到存放在服务器上的网页文件，然后将文件通过因特网传送给我们的计算机，最后浏览器将文件进行处理，把文字、图片等信息显示在屏幕上。WWW 的工作原理如图 8-3 所示。

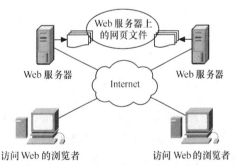

图 8-3　WWW 的工作原理

　　　　WWW 并不就是 Internet，它只是 Internet 提供的服务之一。但是，有相当多的其他 Internet 服务都是基于 WWW 服务的，如网上聊天、网上购物、网络炒股等。我们平常所说的网上冲浪，其实就是利用 WWW 服务获得信息并进行网上交流。

4．WWW 浏览器

WWW 的客户端程序被称为 WWW 浏览器，它是一种用于浏览 Internet 上的主页（Web 文档）的软件，可以说是 WWW 的窗口。WWW 浏览器为用户提供了寻找 Internet 上内容丰富、形式多样的信息资源的便捷途径，我们可以透过它浏览多彩多姿的 WWW 世界。

现在的浏览器功能非常强大，利用它可以访问 Internet 上的各类信息。更重要的是，目前的浏览器基本上都支持多媒体，可以通过浏览器来播放声音、动画与视频。图 8-4 所示为 Microsoft 公司的 Internet Explorer 9.0 的窗口布局。

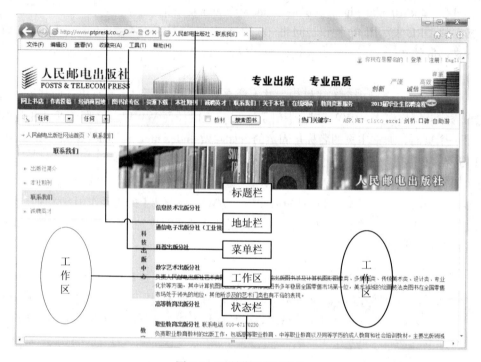

图 8-4　IE 浏览器窗口布局

8.2.3　电子邮件服务

1. 电子邮件简介及特点

电子邮件简称 E-mail（Electronic mail），它是利用计算机网络的通信功能实现信件传输的一种技术，是 Internet 上最早出现的服务之一，于 1972 年由 Ray Tomlinson 发明。与传统通信方式相比，电子邮件具有以下优点。

① 与传统邮件相比，传递迅速，花费更少，可达到的范围广，且比较可靠。

② 可以实现一对多的邮件传送，可以使得一位用户向多人发送通知的过程变得很容易。

③ 可以将文字、图像、语音等多种类型的信息集成在一个邮件里传送，因此，它将成为多媒体信息传送的重要手段。

2. 邮件服务器

邮件服务器（Mail Server）是 Internet 邮件服务系统的核心，它在 Internet 上充当"邮局"角色，运行着邮件服务器软件。用户使用的电子邮箱建立在邮件服务器上，借助它提供的邮件发送、接收、转发等服务，用户的信件通过 Internet 被送到目的地。邮件服务器的功能主要如下。

① 对有访问本邮件服务器电子邮箱要求的用户进行身份安全检查。

② 接收本邮件服务器用户发送的邮件，并根据邮件地址转发给适当的邮件服务器。

③ 接收其他邮件服务器发来的电子邮件，检查电子邮件地址的用户名，把邮件发送到指定的用户邮箱。

④ 对因某种原因不能正确发送/转发的邮件，附上出错原因，退还给发信用户。

⑤ 允许用户将存储在邮件服务器用户信箱中的信件下载到自己的计算机上。

如果我们要使用电子邮件服务，首先要拥有一个电子邮箱（Mail Box）。电子邮箱是由提供电子邮件服务的机构（一般是 ISP）为用户建立的。当用户向 ISP 申请 Internet 账号时，ISP 就会在它的邮件服务器上建立该用户的电子邮件账号，它包括用户名（User Name）与用户密码（Password）。任何人都可以将电子邮件发送到某个电子邮箱中，但只有电子邮箱的拥有者输入正确的用户名和用户密码，才能查看到电子邮件内容或处理电子邮件。

3．电子邮件地址

电子邮件与传统邮件一样，也需要一个地址。在 Internet 上，每一个使用电子邮件的用户都必须在各自的邮件服务器上建立一个邮箱，拥有一个全球唯一的电子邮件地址，也就是我们通常所说的邮箱地址。电子邮件地址采用基于 DNS 所用的分层命名的方法，其结构为

Username@Hostname.Domain-name 或者是：用户名@主机名

其中 Username 表示用户名，代表用户在邮箱中使用的账号；@表示 at（即中文"在"的意思）；Hostname 表示用户邮箱所在的邮件服务器的主机名；Domain-name 表示邮件服务器所在域名。

实例 8-3 xesuxn@163.com

分析：该邮箱地址表示用户 xesuxn 在.com 域中名为 163 的主机上的邮箱地址。

4．电子邮件的相关协议

在 Internet 上电子邮件服务系统中，各种服务协议在电子邮件客户机和邮件服务器间架起了一座桥梁，使得电子邮件系统得以正常运行。常用的电子邮件主要协议有 SMTP 协议、POP3 协议和 MIME 协议等。

SMTP 协议的主要任务是负责服务器之间的邮件传送，它只规定电子邮件如何在 Internet 中通过发送方和接收方的 TCP/IP 连接传送，对于其他操作如与用户的交互、邮件的存储、邮件系统发送邮件的时间间隔等问题均不涉及。

POP3 协议的主要任务是实现当用户计算机与邮件服务器连通时，将邮件服务器的电子邮箱中的邮件直接传送到用户的计算机上，它类似于邮局暂时保存邮件，用户可以随时取走邮件。

MIME 是 IETF 于 1993 年 9 月通过的一个电子邮件标准，它是为了使 Internet 用户能够传送二进制数据而指定的标准。MIME 是一种新型的邮件消息格式，它所规定的信息格式可以表示各种类型的信息（如汉字、多媒体等），并且可以对各种信息格式进行转换，它的应用很广泛。

5．电子邮件系统的工作原理

电子邮件服务基于客户机/服务器结构，它通过"存储-转发"方式为用户传递信件。电子邮件系统的工作原理如图 8-5 所示。首先，发送方将写好的邮件发送给自己的邮件服务器；发送方

的邮件服务器接收用户送来的邮件，并根据收件人地址发送到对方的邮件服务器中；接收方的邮件服务器接收到其他服务器发来的邮件，根据收件人地址分发到相应的电子邮箱中；最后，接收方可以在任何时间或地点从自己的邮件服务器中读取邮件，并对它们进行处理。发送方将电子邮件发出后，通过什么样的路径到达接收方，这个过程可能非常复杂，但是不需要用户介入，一切都是在 Internet 中自动完成。

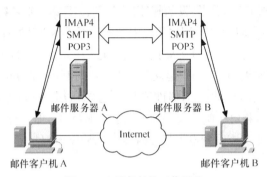

图 8-5　电子邮件的工作原理

为什么有时发送电子邮件总是失败？

可能的原因是因特网中某处的通信量特别大，于是路由器大量丢弃分组。即使 TCP 进行重传，但重传后的分组还是被丢弃。致使所发送的邮件分组无法到达接收方。

8.2.4　文件传输服务

互联网上除了有丰富的网页供用户浏览外，还有大量的共享软件、免费程序、学术文献、影像资料、图片、文字、动画等多种不同功能、不同展现形式、不同格式的文件供用户索取。利用文件传输协议（File Transfer Protocol，FTP），用户可以将远程主机上的这些文件下载（Download）到自己的磁盘中，也可以将本机上的文件上传（Upload）到远程主机上。

1.　FTP 的基本工作过程

FTP 服务系统是典型的客户机/服务器工作模式。提供 FTP 服务的计算机称为 FTP 服务器，用户的本地计算机称为客户机。FTP 的基本工作过程如图 8-6 所示。

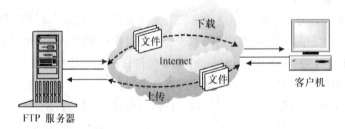

图 8-6　文件传输的工作过程

FTP 是一种实时的连机服务，用户在访问 FTP 服务器之前必须进行登录，登录时要求用户给出其在 FTP 服务器上的合法账号和口令。只有成功登录的用户才能访问 FTP 服务器，并对授权的文件进行查阅和传输。FTP 的这种工作方式限制了 Internet 上一些公用文件及资源的发布。因此，多数 FTP 服务器都提供一种匿名 FTP 服务。

2. 文件传输协议

在两个计算机系统间进行文件传输时，有多种文件传输协议可供选择，如 FTP、HTTP、NFS 等。其中，FTP 是 Internet 间传输文件最通用的协议。

FTP（File Transfer Protocol，文件传输协议）是一种通用的、具有一定安全性的协议，它也是 TCP/IP 协议栈中的一个应用层协议。相对来说，FTP 协议相当复杂，在文件传输过程中，它在客户程序和服务进程之间要建立两个 TCP 连接：控制连接和数据连接。控制连接主要用于传输 FTP 命令以及服务器的回送信息。一旦启动 FTP 服务程序，服务程序将打开一个专用的 FTP 端口（21 号端口），等待客户程序的 FTP 连接。客户程序主动与服务程序建立端口号为 21 的 TCP 连接。在整个 FTP 过程中，双方都处于控制连接状态。数据连接主要用于传输数据，即文件内容。当控制连接建立后，在客户程序和服务程序之间，一旦要传输文件就立即建立数据连接，而每传输一个文件就产生一个数据连接。在图 8-7 中数据连接为双向箭头，表示 FTP 支持文件上传和文件下载，但必须是客户机主动访问服务器而不能是服务器访问客户机。

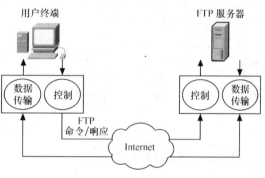

图 8-7　FTP 工作原理图

3. FTP 的主要功能

当用户计算机与远端计算机建立 FTP 连接后，就可以进行文件传输了。FTP 的主要功能如下。

① 把本地计算机上的一个或多个文件传送到远程计算机上（上传），或从远程计算机上获取一个或多个文件（下载）。传送文件实质上是将文件进行复制，对源文件不会有影响。

② 能够传输多种类型、多种结构、多种格式的文件，如文本文件（ASCII）或二进制文件。此外，还可以选择文件的格式控制以及文件传输的模式等。用户可以根据通信双方所用的系统及要传输的文件，确定在文件传输时选择哪一种文件类型和结构。

③ 提供对本地计算机和远程计算机的目录操作功能，可在本地计算机或远程计算机上建立或者删除目录、改变当前工作目录以及打印目录和文件的列表等。

④ 对文件进行改名、删除、显示文件内容等。

可以完成 FTP 功能的客户端软件种类很多，有字符界面的，也有图形界面的，通常用户可以使用的 FTP 客户端软件如下。

- 操作系统命令行模式下的 FTP 实用程序。
- 各种 WWW 浏览器可以实现 FTP 文件传输功能。
- 使用其他客户端的 FTP 软件，如 CuteFTP、LeapFTP、AceFTP 与 WS-FTP 等。

通过 WWW 浏览器程序进行文件传输时，一次只能传输一个文件。如果在下载过程中网络连接意外中断，那么我们下载完的部分文件将会前功尽弃。如果用 FTP 下载工具就可以为我们解决这个问题，即通过断点续传功能可以继续进行剩余部分的传输。但专门的 FTP 客户软件必须先安装、配置才能使用，一次可以传输选定的全部文件。

4. 匿名 FTP

在 Internet 上要连接 FTP 服务器，大多要经过一个登录（Login）的过程，要求输入用户在该主机上登记的账号和密码。为了方便用户，大部分主机都提供了一种称为匿名（Anonymous）的 FTP 服务，用户不需要主机的账号和密码即可进入 FTP 服务器，任意浏览和下载文件。要使用匿名 FTP 时，只要以 Anonymous 或 Guest 作为登录的账号，输入用户的电子邮件地址作为密码即可进入服务器。如果用户使用 Anonymous 或 Guest 两个账号都无法进入 FTP 主机，表示该主机不提供匿名 FTP 服务，必须有该主机的账号及密码，才能进入并下载其中的文件。使用匿名 FTP 进入服务器时，通常只能浏览及下载文件，不能上传文件或修改服务器上的文件。但也有的服务器会提供一些目录供用户上传文件。

匿名 FTP 服务并不适用于 Internet 上所有的主机，它只适用于提供了这项服务的主机。以匿名用户登录 FTP 服务器时，要求输入用户的电子邮件地址作为密码，该电子邮件地址只要包含了"@"符号即可，并不一定要求是真实存在的电子邮件地址。

8.2.5　远程登录服务

1. 远程登录的概念及意义

远程登录（Telecommunication Network Protocol，Telnet）是最主要的 Internet 应用之一，也是最早的 Internet 应用。

Telnet 允许 Internet 用户从其本地计算机登录到远程服务器上，一旦建立连接并登录到远程服务器上，用户就可以向其输入数据、运行软件，就像直接登录到该服务器一样，可以做任何其他操作。Internet 远程登录服务的主要作用如下。

- 允许用户与在远程计算机上运行的程序进行交互。
- 可以执行远程计算机上的任何应用程序，并且能屏蔽不同型号计算机之间的差异。
- 用户可以利用个人计算机去完成许多只有大型计算机才能完成的任务。

2. Telnet 的基本工作原理

与其他 Internet 服务一样，Telnet 服务系统也是客户机/服务器工作模式，主要由 Telnet 服务器、Telnet 客户机和 Telnet 通信协议组成。在用户要登录的远程主机上，必须运行 Telnet 服务软件；在用户的本地计算机上需要运行 Telnet 客户软件，用户只能通过 Telnet 客户软件进行远程访问。Telnet 服务软件与客户软件协同工作，在 Telnet 通信协议的协调指挥下，完成远程登录功能，如图 8-8 所示。

Telnet 为了适应不同计算机和操作系统，定义了网络虚拟终端（Network Virtual Terminal，NVT）。在进行远程登录时，用户通过本地计算机的终端与客户软件交互。客户软件把客户系统

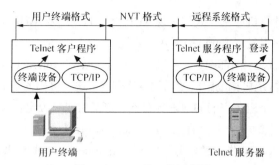

图 8-8　Telnet 的工作原理图

格式的用户击键和命令转换为 NVT 格式，并通过 TCP 连接传送给远程的服务器。服务器软件把收到的数据和命令，从 NVT 格式转换为远程系统所需的格式。向用户返回数据时，服务器将远程服务器系统格式转换为 NVT 格式，本地客户接收到信息后，再把 NVT 转换为本地系统所需的格式并在屏幕上显示出来。因此，客户软件和服务器软件都必须支持 TCP 连接，即必须支持 TCP/IP。事实上，远程登录所用到的 Telnet 协议就是 TCP/IP 的应用层协议，而其他层次的功能是由 TCP/IP 对应层次完成的。Telnet 通信分 Telnet 客户端和服务器端两部分。

3. Telnet 的使用

使用 Telnet 的条件是用户本身的计算机或向用户提供 Internet 访问的计算机是否支持 Internet 命令。用户进行远程登录时，在远程计算机上应该具有自己的用户账户，包括用户名与用户密码。远程计算机提供公共的用户账户，供没有账户的用户使用。

用户在使用 Telnet 命令进行远程登录时，首先应在 Telnet 命令中给出对方计算机的主机名或 IP 地址（如 Telnet 192.168.1.254），然后根据对方系统的询问正确键入自己的用户名或用户密码，有时还要根据对方要求回答自己所使用的仿真终端的类型。

Internet 有很多信息服务机构提供开放式的远程登录服务。登录到这样的计算机时，不需要事先设置用户账户，使用公开的用户名就可以进入系统。这样，用户就可以使用 Telnet 命令，使自己的计算机暂时成为远程计算机的一个仿真终端。一旦用户成功地实现了远程登录，用户就可以像远程主机的本地终端一样进行工作，并可以使用远程主机对外开放的全部资源，如硬件、程序、操作系统、应用软件及信息资料等。

8.3　企业内联网（Intranet）

Internet 上提供的服务虽然应有尽有，但是由于 Internet 应用范围广，资源共享程度高等，因而存在管理费用高、安全性低等缺点。对企业来讲，如何充分利用 Internet 的优势，又尽量多地避免它的缺点呢？

8.3.1　Intranet 的概念

Internet 的浪潮冲击着人们生活的每一个环节，促使人类社会进入了网络时代。同样，Internet

的浪潮也冲击着企业的计算机应用。人们发现 TCP/IP、HTML 及 Web 等技术也可以用于企业内部信息网的建设，由此便引发了 Intranet 应用的高潮。

Intranet 按字面直译就是"内部网"的意思，为了与互联网（Internet）对应，通常将之译成"内联网"，表示这是一组在特定机构范围内使用的互连网络。这个机构的范围，大可到一个跨国企业集团，小可到一个部门或小组，它们的地理分布不一定集中或只限定在特定的区域内。所谓"内部"，只是就机构职能而言的一个逻辑概念。Intranet 的核心技术是基于 Web 的计算，基本思想是：在内部网络上采用 TCP/IP 作为通信协议，利用 Internet 的 Web 模型作为标准信息平台，同时建立防火墙把内部网和 Internet 分开。当然 Intranet 并非一定要和 Internet 连接在一起，它完全可以自成一体作为一个独立的网络。

Intranet 技术一问世就受到了各类机构组织和企业的极大欢迎，近年来推广速度与 Intranet 相比有过之而无不及。现在全球几乎 80%的 Web 服务器都与 Intranet 应用有关，可以说 Intranet 已成为当前机构和企业计算机网络的新热点。Intranet 在企业中的应用非常广泛，通过 Intranet 可以实现企业主页的发布，协助销售工作，还可以改善企业通信和技术支持工作，协同工作环境等。

Intranet 是在 Internet 技术上发展起来的，它们虽然有着许多共同点，但也有着一定的差别。其异同点的主要表现如下。

① Intranet 是一种企业内部的计算机信息网络，而 Internet 是一种向全世界用户开放的公共信息网络，这是二者在功能上的主要区别之一。

② Intranet 是一种利用 Internet 技术、开放的计算机信息网络，它所使用的 Internet 技术主要有 WWW、电子邮件、FTP 与 Telnet 等，这是 Internet 与 Intranet 二者的共同之处。

③ Intranet 采用了统一的 WWW 浏览器技术去开发用户端软件，对于 Intranet 用户来说，他所面对的用户界面与普通 Internet 用户界面是相同的，因此，企业网内部用户可以很方便地访问 Internet 和使用各种 Internet 服务，同时 Internet 用户也能够方便地访问 Intranet。

8.3.2 Intranet 的技术特点

Intranet 的核心技术之一是 WWW。WWW 是一种以图形用户界面和超文本链接方式来组织信息页面的先进技术，它的 3 个关键组成部分是 URL、HTTP 与 HTML。将 Internet 技术引入企业内部网 Intranet，使得企业内部信息网络的组建方法发生了重大的变化。同时，也使 Intranet 具有以下几个明显的特点。

1. Intranet 为用户提供了友好的统一的浏览器界面

在传统的企业网中，用户一般只能使用专门为他们设计的用户端应用软件。这类应用软件的用户界面通常是以菜单方式工作的。由于 Intranet 使用了 WWW 技术，用户可以使用浏览器方式方便地访问企业内部网的 Web Server 或者是外部 Internet 上的 Web Server，这将给企业内部网的用户带来很大的方便。用户可以通过 WWW 的主页方便地访问企业内部网与 Internet 上的各种资源。

2. Intranet 可以简化用户培训过程

由于 Intranet 采用了友好和统一的用户界面，因此，用户在访问不同的信息系统时可以不需要进行专门的培训。这样，既可以减少用户培训的时间，又可以减少培训的费用。

3．Intranet 可以改善用户的通信环境

由于 Intranet 中采用了 WWW、E-mail、FTP 与 Telnet 等标准的 Internet 服务，因此，Intranet 用户可以方便地与企业内部网用户或 Internet 用户通信，实现信件发送、通知发送、资料查询、软件与硬件共享等功能。

4．Intranet 可以为企业最终实现无纸办公创造条件

Intranet 用户不但能发送 E-mail，而且可以利用 WWW 发布和阅读文档。文档的作者可以随时修改文档内容和文档之间的链接，且不需要打印就可以在各地用户之间传送与修改文档、查询文件。企业管理者可以通过 Intranet 实现网络会议和网上联合办公。企业产品的开发者可以用协同操作方式，并通过 Intranet 实现网上联合设计。这些功能都为企业最终实现办公自动化和无纸办公创造了有利条件。

8.3.3　Intranet 网络的组成

企业内部网 Intranet 将 Internet 的技术和服务应用到企业内部网络（一般是局域网络）环境中，它通过使用标准的网络协议 TCP/IP 和更简单的客户程序，提供信息发布、电子邮件等信息服务。从技术上来说，Intranet 也是为了实现企业内部多种硬件平台、多种操作平台、多种应用平台的统一，实现异种机的网络互连。对于新建的企业网络环境，完整的企业内部网主要由网络硬件系统和网络服务系统组成。

Intranet 是使用 Internet 技术组建的企业内部网，Intranet 要与 Internet 互连才能发挥作用；Intranet 是企业内部网，而 Internet 是公众信息网；Internet 允许任何人从任何一个站点访问它的资源，而 Intranet 中的内部信息必须严格加以保护，它必须通过防火墙与 Internet 连接起来。

Intranet 主要由服务器、客户机、物理网与防火墙这四部分组成，如图 8-9 所示。

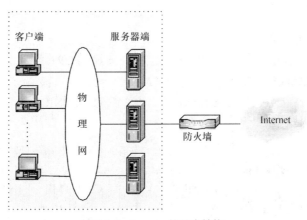

图 8-9　Intranet 的基本结构

Intranet 基本服务器主要包括 WWW 服务器、数据库服务器与电子邮件服务器。数据库服务器（Database Server）是 Intranet 的重要组成部分，WWW 服务器通过 ODBC 与数据库连接。网

页设计者通常会在生成网页的脚本程序中嵌入 SQL 语句，使得用户可以通过脚本程序去访问数据库的信息，以便生成用于浏览的网页。图 8-10 所示为一个实际的 Intranet 结构示意图。

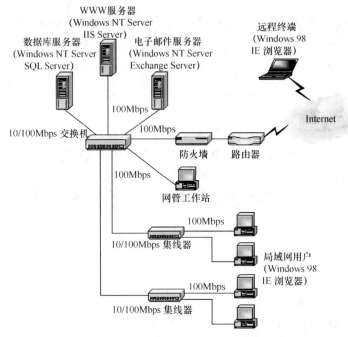

图 8-10　实际的 Intranet 结构示意图

目前，Intranet 正在以惊人的速度发展。由于具有开放的网络标准与良好的浏览器用户界面，使得阻碍企业办公人员多人协同工作的技术障碍已经消除。因此，Intranet 在实现企业办公自动化中将会发挥更大的作用。

练习与思考

一、选择题

1. 因特网主要的传输协议是（　　　）。

   A. TCP/IP   B. IPC   C. POP3   D. NetBIOS

2. 中国教育科研网的缩写为（　　　）。

   A. ChinaNet   B. CERNET   C. CNNIC   D. ChinaPac

3. 教育部门的域名是（　　　）。

   A. com   B. org   C. edu   D. net

4. WWW 主要使用的语言是（　　　）。

   A. C   B. Pascal   C. HTML   D. Java

5. Telnet 使用的端口号是（　　　）。

   A. 20   B. 21   C. 23   D. 25

6. 网络中的计算机可以借助通信线路相互传递信息，共享软件、硬件与（　　　）。

   A. 打印机   B. 数据   C. 磁盘   D. 复印机

7. 在我国 Internet 又称为（　　　）。

    A. 邮电通信网　　　　B. 数据通信网　　　C. 企业网　　　　　　D. 因特网

8. Internet 是全球最具有影响力的计算机互连网络，也是全世界范围重要的（　　　）。

    A. 信息资源库　　　　B. 多媒体网　　　　C. 因特网　　　　　　D. 销售网

9. 接入 Internet 的主机既可以是信息资源及服务的使用者，也可以是信息资源及服务的（　　　）。

    A. 多媒体信息　　　　B. 信息　　　　　　C. 提供者　　　　　　D. 语音信息

10. TCP/IP 是 Internet 中计算机之间通信所必须共同遵循的一种（　　　）。

    A. 通信规则　　　　　B. 信息资源　　　　C. 软件　　　　　　　D. 硬件

11. www.nankai.edu.cn 不是 IP 地址，而是（　　　）。

    A. 硬件编号　　　　　B. 域名　　　　　　C. 密码　　　　　　　D. 软件编号

12. WWW 服务是 Internet 上最方便与最受用户欢迎的（　　　）。

    A. 数据库计算机方法　　　　　　　　B. 信息服务类型

    C. 数据库　　　　　　　　　　　　　D. 费用方法

13. WWW 浏览器是用来浏览 Internet 上主页的（　　　）。

    A. 数据　　　　　　　B. 信息　　　　　　C. 硬件　　　　　　　D. 软件

14. elle@nankai.edu.cn 是一种典型的用户（　　　）。

    A. 数据　　　　　　　B. 信息　　　　　　C. 电子邮件地址　　　D. www.地址

15. 我们将文件从 FTP 服务器传输到客户机的过程称为（　　　）。

    A. 下载　　　　　　　B. 浏览　　　　　　C. 上传　　　　　　　D. 邮寄

16. 一般在 Internet 中域名（如 ccf.tsinghua.edu.cn）依次表示的含义是（　　　）。

    A. 用户名，主机名，机构名，最高层域名

    B. 用户名，单位名，机构名，最高层域名

    C. 主机名，网络名，机构名，最高层域名

    D. 网络名，主机名，机构名，最高层域名

17. 电子邮件由用户在计算机上使用电子邮件软件包（　　　）。

    A. 直接发到接收者计算机的指定磁盘目录中

    B. 直接发到接收者注册的 POP3 服务器指定的电子邮箱中

    C. 通过 SMTP 服务器发到接收者计算机中指定的磁盘目录中

    D. 通过 SMTP 服务器发到接收者注册的 POP3 服务器指定的电子邮箱中

18. 电子邮箱地址的基本结构为：用户名@（　　　）。

    A. SMTP 服务器 IP 地址

    B. POP3 服务器 IP 地址

    C. SMTP 服务器域名

    D. POP3 服务器域名

19. 在电子邮件中，用户（　　　）。

    A. 可以同时传送声音文本和其他多媒体信息

    B. 只可以传送文本信息

    C. 在邮件上不能附加任何文件

  D. 不可以传送声音文件

20. 要在浏览器中查看某个公司的主页，则必须知道（ ）。

  A. 该公司的 E-mail 地址

  B. 该公司的主机名

  C. 该公司主机的 ISP 地址

  D. 该公司的 WWW 地址

21. 域名服务器上存放有 Internet 主机的 （ ）。

  A. 域名

  B. IP 地址

  C. 域名和 IP 地址

  D. E-mail 地址

22. Internet 网关的作用是（ ）。

  A. 将 Internet 上的网络互连，并把分组从一个网络传递到另一个网络

  B. 防止黑客进入 Internet

  C. 保证网络安全

  D. 监控网络状态并管理网络运行

二、填空题

1. 电子邮件地址采用基于 DNS 所用的分层命名方法，其结构为：用户名_____计算机名. _____. _____. 最高层域名。

2. Internet 上的文件服务器分_____和_____。

3. 万维网上的文档称_____或_____，它是用_____语言编写的。

4. 如果要下载的文件在网页上，则可以使用如下两种方式下载：_____和_____。

5. Telnet 允许 Internet 用户从_____登录到_____上，一旦建立连接并登录成功，用户可以向其_____、_____。

三、名词解释

用所给定义解释以下术语（请在每个熟语前的下划线上标出正确定义的序号）

_____1. Internet   _____5. 网络新闻组

_____2. Intranet   _____6. 浏览器

_____3. 电子邮件   _____7. 搜索引擎

_____4. 文件传输   _____8. 电子商务

定义：

A. 利用 Internet 进行专题讨论的国际论坛

B. 利用 Internet 发送与接收邮件的 Internet 基本服务功能

C. 用来浏览 Internet 上主页的客户端软件

D. 利用 Internet 技术建立的企业内部信息网络

E. 贸易活动各个环节的电子化

F. 利用 Internet 在两台计算机之间传输文件的 Internet 基本服务功能

G. 全球性、最具有影响力的计算机互连网络

H. 在 Internet 中主动搜索其他 WWW 服务器中的信息并对其自动索引，将索引内容存储

可供查询的大型数据库的 WWW 服务器上

四、判断对错

请判断下列描述是否正确（正确的在下划线上写 Y，错误的写 N）

_____1. 在按组织模式划分的域名中，"edu" 表示政府机构。

_____2. 电子邮件程序从邮件服务器中读取邮件时，需要使用简单邮件传输协议（SMIP）。

_____3. 在用户访问匿名 FTP 服务器时，一般不需要输入用户名与用户密码。

_____4. 当通过局域网接入 Internet 时，并不需要使用通信线路连接到 ISP 主机上。

_____5. Intranet 中的内部信息必须严格加以保护，它必须通过防火墙与 Internet 连接起来。

_____6. 通常所说的 B to C 模式，指的是企业与企业之间的电子商务。

_____7. Internet 上使用的协议是 TCP/IP。

_____8. 世界上两个不同国家的 Internet 主机，其 IP 地址可以重复。

_____9. 在 Internet 的基本服务功能中，文件传输所使用的命令是 Telnet。

_____10. 如果不知道某一网站的 URL，就不能访问该站点。

五、问答题

1. Internet 的基本组成部分是什么？

2. WWW 提供的基本服务有哪些？

3. Internet 的基本服务功能有哪几种？

4. 简述电子邮件服务器的基本工作原理。

5. 简述文件传输服务的基本工作原理。

6. Internet 的接入方式有哪几种？它们各有什么特点？

7. Intranet 的技术特点有哪些？它的基本结构是什么？

8. 下载文件有哪几种常用的方法？

9. 访问 FTP 服务器有哪几种方式？

10. A、B 两地相距很远，在 A 地的用户怎样才能够方便地使用位于 B 地的计算机上的资源？

11. 电子邮件传送的是什么信号？都可以用来传送什么？可以用它传送实物吗？

12. WWW 的全称是什么？它和 Internet 是什么关系？

13. 实例操作：浏览人民邮电出版社的 Web 站点（http://www.ptpress.com.cn/），并将其添加到收藏夹，同时设置为起始页。

14. 实例操作：首先从人民邮电出版社的网页上直接下载文件，再利用 CutFTP 从 FTP 站点上下载文件。

第9章

常见的网络故障排除

📖 【学习目标】

随着计算机网络技术的不断发展，网络的维护和管理变得越来越复杂。本章主要讲述网络故障的分类、网络故障的排查过程、网络故障的检测工具等基本知识，列举和分析常见的网络故障。通过本章的学习，读者应能解决处理简单的网络故障。

📢 【学习要点】

1. 了解网络故障的分类
2. 熟悉基本的网络故障排查过程
3. 掌握常见网络诊断工具的使用
4. 熟悉常见网络故障的诊断及排除方法

9.1 网络故障概述

❓ 我们在使用网络时经常会出现莫明其妙的问题，如网络不通、速度变慢、网络时好时坏等情况，你知道该如何查找原因吗？怎么能够使系统恢复正常呢？

随着计算机网络技术的飞速发展，网络规模的不断扩大，网络维护变得越来越复杂。网络在使用中易出现各式各样的故障，不但造成使用中的问题，也会大大影响网络的安全。一名优秀的网络管理员要利用多种技能、技术和技巧来保障网络的正常运行。而作为网络中的用户来说，如果能掌握基本的网络故障排除方法，将极大地方便自己的工作、学习和生活。

9.1.1 产生网络故障的主要原因

引起网络故障的原因很多，且分布很广，但总体来说可以分为软件故障和硬件故障两个方面。再细化可分为网络连接故障、软件属性配置故障和网络协议故障 3 个方面。

1. 网络连接故障

网络连接应该是发生故障之后首先应当考虑的问题，通常网络连接错误会涉及网卡，网线、集线器、交换机、路由器等设备，如果其中一个部分出现问题必然会导致网络故障。

网络是否处于连接状态可进行测试。例如，当前一台计算机不能浏览网页的时候，第一反应就应该是网络连接是否正常。这时，可以用 ping 命令 ping 网内同一网段的计算机是否能正常连接、打开"网上邻居"是否能看到其他计算机、其他网络软件能否正常使用等方法，来判断网络连接的正常性，只要其中有一项处于正常状态，那么就不可能存在网络连接的故障。

2. 软件属性设置故障

计算机的配置选项、应用程序的参数设置不正确，也有可能导致网络故障的发生。例如，服务器权限设置不当，将导致资源无法共享；计算机网卡配置不当，将导致无法连接；IE 浏览器设置不当，将无法浏览网页。所以在排除了硬件故障之后，重点就应放在软件属性方面。

3. 网络协议故障

没有网络协议就没有计算机网络，如果缺少合适的网络协议，那么局域网中的网络设备和计算机之间就无法建立通信连接。所以，网络协议在网络中处于举足轻重的地位，决定着网络是否能正常运行。网络协议非常多，不仅仅是常见的 TCP/IP，还包括文件和打印及共享等服务。如果配置不当，都会导致网络瘫痪，或出现服务被终止的情况。

9.1.2 常见故障排查过程

在排查局域网中的故障时，首先要认真考虑出现故障的原因，以及应当从哪里开始着手一步一步地进行分析和排除，甚至要在纸上画出一些流程图来帮助排查网络中的故障。

在开始排除故障之前，最好准备纸和笔，将故障现象认真记录下来。这样不仅有助于分析故障产生的原因，还可以根据记录的故障向他人请教，日后如果再次遇到类似的问题就可以通过这份记录材料迅速得以解决。需要注意的是，在记录故障的时候千万要重视细节，因为很多时候都是一些看似不起眼的小问题造成了网络故障。

1. 识别故障的现象

在进行故障排除之前，必须确切地知道网络到底出现了什么问题：是无法共享网络、不能浏览网页，还是在"网上邻居"中查找不到对方的计算机？知道出现了什么问题并能够及时对其定位，是成功排除网络故障的首要条件。所以，在排查网络故障时一定要找到处理问题的出发点。

为了与故障现象进行对比，我们必须非常清楚网络的正常运行状态。例如，了解网络设备、网络服务、网络软件、网络资源在正常情况下的工作状态，了解网络拓扑结构、网络协议，熟悉操作系统和自己所使用的应用程序等，都是在排除故障过程中所不可缺少的。

总体来说，在识别网络故障的时候要注意下面几个方面。

① 当网络发生故障的时候，正在运行哪些程序。

② 这些程序以前是否成功运行过。

③ 如果成功运行过，最后一次运行是在什么时候。

④ 第一次发生故障之前对系统配置、软件配置以及硬件设备配置曾做过哪些更改。

2. 故障现象的描述

在处理网络故障时，对故障的描述显得格外重要。例如，无法浏览网页，仅凭这个信息能判断出究竟是哪里出现问题吗？所以需要注意此时的错误信息。例如，使用 IE 浏览器上网的时候，无论键入哪一个网页地址都会出现"该页无法显示"的错误信息，或者是通过 ping 程序查看与其他计算机连接状况的时候始终显示超时连接的信息，这些错误信息都有助于缩小问题的范围。

3. 列举可能出现故障的原因

在得知了详细的网络故障之后，就要从多方面来列举有可能导致故障的原因。例如，无法浏览网页时候，到底是网络硬件故障、网络连接故障、网络协议设置不当，还是 IE 浏览器的参数设置有误。这时不可能一下子找出问题的根源所在，只能根据出错的可能性将所有导致故障的原因逐一列举出来，不要忽略其中任何一个故障产生的原因。

4. 缩小搜索范围

在排查网络故障时，要借助一些软件工具或者硬件设备从各种有可能导致错误的原因中剔除非故障因素。这时需要对有可能导致错误的原因逐一进行测试，而且不要根据一次测试的结果断定某部分的网络运行正常或者不正常，要尽量使用各种方法来测试所有导致网络故障的可能性。

5. 隔离错误

在经过上面的测试，基本确定网络故障产生的根源后，就要对症下药。属于计算机故障的就要检查网络协议配置、应用程序的参数是否正确；属于网卡、网线等方面的硬件故障，可以通过替换方法来排除网络故障。由于已经对所发生的网络故障有了充分了解，所以排除起来也就得心应手了。

6. 故障分析

故障分析的主要目的是制定相应的对策来防止此类问题的再次发生。例如，当网络故障是由系统或者应用程序参数变更所导致的，那么就要在以后的使用中注意，尽量不要擅自修改这些参数。

对于一些简单的网络故障来说，上述 6 个方面似乎有些烦琐了，但是遇到复杂的网络故障时必须遵循这些步骤来进行排查。否则即使解决了问题，但不知故障产生的原因，一旦再遇到同样的问题还是难以解决。

9.2 网络故障检测工具

医生在给病人看病的时候，通常会借助于先进的医疗检测仪器，从而迅速准确地诊断出病情所在。当网络出现了故障的时候，我们用什么工具可以迅速准确地诊断出网络的故障呢？

网络故障检测的方法和手段因检测的目的不同而不同，所采用的工具也各不相同。用于进行网络故障检测的工具很多，针对不同的检测内容，有专门的检测工具，也有综合性的检测工具；既有专业化的检测仪器，也有免费的软件检测工具；很多系统本身也集成了简单的网络检测工具。总的来说，网络故障检测的工具分为网络故障检测的硬件工具和网络故障检测的软件工具两大类。

9.2.1 网络故障检测硬件工具

网络故障检测硬件工具有很多，如数字万用表、时域反射仪、高级电缆测试仪、示波器、协议分析仪等。但是网络故障检测的硬件工具相对于普通的网络用户来说，很难接触到，故在此不做重点介绍。

9.2.2 网络故障检测软件工具

在 Windows、UNIX、Linux 等操作系统中，都附带有一些小巧但很实用的网络诊断程序，如 ping、ipconfig/ifconfig、tracert/traceroute、netstat 等。灵活地运用这些工具，可以帮助我们快速准确地确定网络中的故障。

某命令在不同的操作系统下参数的作用略有不同，如无特别指出，以下命令均指的是在 Windows 操作系统中的使用方式。如果我们对某条命令的使用不太清楚，在命令提示符下键入"命令名 /?"可获得该命令的使用帮助。

1. 数据包网际检测程序 ping 命令

（1）作用

ping 命令是网络中使用最频繁的小工具，主要用来确定网络的连通性问题。ping 是 Windows、UNIX、Linux 等操作系统集成的 TCP/IP 应用程序之一。我们可以在"开始"/"运行"中直接执行 ping 命令，也可以在"开始"/"运行"中输入命令"cmd"，进入 DOS 命令提示符下使用。

只有在安装 TCP/IP 之后才能使用该命令。

（2）语法格式及参数

ping IP 地址或主机名 参数

ping 命令的参数如下。

-t：表示 ping 指定的计算机直到中断。

-a：表示将地址解析为计算机名。

-f：在数据包中发送"不要分段"标志，数据包就不会被路由上的网关分段。

-n：发送 count 指定的 ECHO 数据包数，默认值为 4。

-w：指定超时间隔，单位为 ms。

在 DOS 命令提示符下输入命令 ping 192.168.1.2，回车后的结果如图 9-1 所示。其中，"bytes"表示数据包的大小，"time"表示数据包的延迟时间，"TTL"表示数据包的生存期。统计数据为：总共发送了 4 个数据包，实际接收应答数据包也是 4 个，丢失率为 0%，最大、最小的平均传输延时为 0ms（这个延时是数据包的往返时间）。

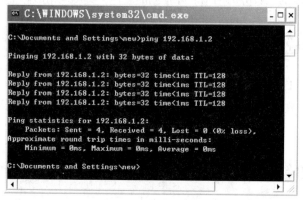

图 9-1　ping 命令的使用

　我们在命令后面加上"－t"参数，就可以不间断地测试源主机与目的主机之间的链路是否连通。用"CTRL+C"可中断测试，用"CTRL+BREAK"组合键可查看统计结果。

（3）应用

● ping 127.0.0.1。

这个 ping 命令被送到本地计算机的 IP 软件，如果 ping 不通，就表示 TCP/IP 的安装或运行存在最基本的问题。

● ping 本机 IP。

这个命令被送到用户计算机所配置的 IP 地址，用户的计算机始终都应该对该 ping 命令做出应答，如果没有，则表示本地配置或安装存在问题。出现此问题时，局域网用户应断开网络传输介质，然后重新发送该命令。如果网线断开后本命令正确，则表示另一台计算机可能配置了相同的 IP 地址。

● ping 局域网内其他 IP。

这个命令离开用户的计算机，经过网卡及网络传输介质到达其他计算机，再返回。收到回送应答，表明本地网络中的网卡和载体运行正确。但如果收到 0 个回送应答，那么表示子网掩码（进行子网分割时，将 IP 地址的网络部分与主机部分分开的代码）不正确或网卡配置错误或传输介质系统有问题。

- ping 网关 IP。

这个命令如果应答正确，表示局域网中的网关路由器正在运行并能够做出应答。

- ping 远程 IP。

如果收到应答，表示成功地使用了默认网关。对于拨号上网的用户则表示能够成功地访问 Internet（但不排除 ISP 的 DNS 会有问题）。

- ping localhost。

localhost 是操作系统的网络保留名，它是 127.0.0.1 的别名，每台计算机都应该能够将该名字转换成相应地址。如果没有做到这一点，则表示主机文件（/Windows/host）中存在问题。

- ping 域名。

对域名执行 ping 命令，用户的计算机必须先将域名转换成 IP 地址，通常是通过 DNS 服务器。如果这里出现故障，则表示 DNS 服务器的 IP 地址配置不正确或 DNS 服务器有故障（对于拨号上网用户，某些 ISP 已经不需要设置 DNS 服务器了）。

　　如果上面所列出的所有 ping 命令都能正常运行，那么用户对自己的计算机进行本地和远程通信基本上就可以放心了。但是，这些命令的成功并不表示用户所有的网络配置都没有问题，例如，子网掩码错误就可能无法用这些方法测试到。ping 成功只能保证当前主机与目的主机间存在一条连通的物理路径。

（4）ping 命令的出错信息说明

如果 ping 命令失败了，这时可注意 ping 命令显示的出错信息，这种出错信息通常分为以下 3 种情况。

- unknown host（不知名主机）。

这种出错信息的意思是该台电脑的名字不能被 DNS 服务器转换成 IP 地址。这表明可能为 DNS 服务器有故障，或者其名字不正确，或者服务器与客户机之间的通信线路出现了故障。

- network unreachable（网络不能到达）。

这是用户计算机没有到达服务器的路由，可用 netstat -rn 检查路由表来确定路由配置情况。

- no answer（无响应）。

服务器没有响应。这种故障说明用户计算机有一条到达服务器的路由，但却接收不到它发给服务器的任何信息。这种故障的原因可能是服务器没有工作，或者用户计算机或服务器网络配置不正确。

　　如果执行 ping 不成功，则可以预测故障出现在以下几个方面：网线是否连通，网络适配器配置是否正确，IP 地址是否可用等。如果执行 ping 成功而网络仍无法使用，那么故障很可能出在网络系统的软件配置方面。

2. IP 配置查询命令 ipconfig/winipcfg/ifconfig

（1）作用

此命令可以显示 IP 的具体配置信息，如显示网卡的物理地址、主机的 IP 地址、子网掩码以及默认网关等，还可以查看主机名、DNS 服务器、节点类型等相关信息。

（2）语法格式及参数

ipconfig/参数

命令的参数如下所列。

/?：显示所有可用参数信息。

/all：显示所有有关 IP 地址的配置信息。

/batch [file]：将命令结果写入指定文件。

/release_all：释放所有网络适配器。

/renew_all：重试所有网络适配器。

在 DOS 命令提示符下输入命令 ipconfig/all，回车后的结果如图 9-2 所示。我们可以从运行结果中查看网络适配器的物理地址、主机的 IP 地址、子网掩码、默认网关、主机名、DNS 服务器、节点类型等信息。其中网络适配器的物理地址在检测网络错误时非常有用。

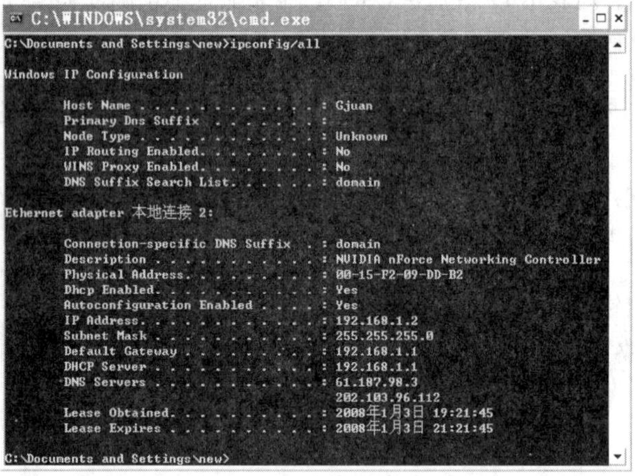

图 9-2　ipconfig 命令的使用

（3）应用

● 查看动态获取的 IP 地址。

利用 ipconfig 命令可以让用户很方便地了解到所用主机 IP 地址的实际配置情况，当用户设置的是利用网络中的 DHCP 服务器动态获取 IP 地址时，此命令非常有用，利用它可以清楚地知道本机分配的 IP 地址情况。

在 Windows 95/98 操作系统中，IP 配置的查询命令是 winipcfg；在 Linux 操作系统中，IP 配置的查询命令是 ifconfig。

3. 网络状态查询命令 netstat

（1）作用

此命令可以显示当前正在活动的网络连接的详细信息，统计目前总共有哪些网络连接正在运行。例如，显示 TCP/IP、UDP 等的使用状态、选择特定的协议并查看其具体信息、显示所有主机的端口号以及当前主机的详细路由信息。

（2）命令格式

netstat/参数

命令的参数如下所列。

-r：显示本机路由表的内容。

-s：显示每个协议的使用状态。

-n：以数字表格形式显示地址和端口。

-a：显示所有主机的端口号。

（3）应用

● 显示本地或与之相连的远程机器的连接状态，包括 TCP、IP、UDP、ICMP 的使用情况，了解本地机开放的端口情况。

● 检查网络接口是否已正确安装，如果在用 netstat 命令后不能显示某些网络接口的信息，则说明这个网络接口没有正确连接，需要重新查找原因。

● 通过加入 "-r" 参数查询与本机相连的路由器地址分配情况。

● 检查一些常见的木马等黑客程序，因为任何黑客程序都需要通过打开一个端口来达到与其服务器进行通信的目的。不过这首先要使你的这台机器连入互联网，不然这些端口是不可能打开的，而且这些黑客程序也不会起到入侵的目的。

● 如果用户的应用程序（如 Web 浏览器）运行速度比较慢，或者不能显示 Web 页，那么可以用 netstat-s 查看一下所显示的信息，找到出错的关键字，进而确定问题所在。

● 经常上网的用户会遇到一些骚扰，想投诉却又不知从何下手。这时只要知道对方的 IP 地址，就可以向他所属的 ISP 投诉。但怎样才能知道对方的 IP 呢？如果对方在设置 ICQ 时选择了不显示 IP 地址，是无法在信息栏中看到的。这时，可以通过 netstat 方便地做到这一点。当他通过 ICQ 或其他的工具与用户相连（例如，用户给他发一条 ICQ 信息或他给用户发一条信息）时，用户立刻在 DOS Prompt 下输入 netstat-n 或 netstat-a 就可以看到对方上网时所用的 IP 或 ISP 域名了，甚至连所用 port 情况都可以看到。

4．路由表管理命令 route

（1）作用

route 命令的作用是查看并编辑计算机的 IP 路由表。大多数主机一般都安装在路由器的网段上。如果只有一台路由器，就不存在使用哪一台路由器将数据报发送到远程计算机上去的问题，该路由器的 IP 地址可作为该网段上所有计算机的默认网关来输入。但是，当网络上拥有两个或多个路由器时，用户就不一定只依赖默认网关了。用户可以让某些远程 IP 地址通过某个特定的路由器来传递，而其他的远程 IP 则通过另一个路由器来传递。在这种情况下，用户需要相应的路由信息，这些信息储存在路由表中，每个主机和每个路由器都配有自己独一无二的路由表。大多数路由器使用专门的路由协议来交换和动态更新路由器之间的路由表。但在有些情况下，必须人工将项目添加到路由器和主机上的路由表中。route 命令的作用是用来显示、人工添加和修改路由表项目。

（2）命令格式及参数

route 参数[Command][Destination] [mask Netmask] [Gateway] [metric Metric]] [if Interface]]

命令的参数和选项作用如下。

-f 清除所有网关入口的路由表。如果该参数与某个命令组合使用，路由表将在运行命令前清除。

-p 与 add 命令一起使用时使路由具有永久性。该参数与 add 命令一起使用时，将使路由在系统引导程序之间持久存在。在默认情况下，系统重新启动时不保留路由。若与 print 命令一起使用时，则显示已注册的持久路由列表。

Command 指定想运行的命令（Add/Change/Delete/Print）。

Destination 指定该路由的网络目标。

mask Netmask 指定与网络目标相关的网络掩码（也被称作子网掩码）。如果没有指定，将使用 255.255.255.255。

Gateway 指定网络目标定义的地址集和子网掩码可以到达的前进或下一跃点 IP 地址。

metric Metric 为路由指定一个整数成本值标（从 1 至 9999），当在路由表（与转发的数据包目标地址最匹配）的多个路由中进行选择时可以使用。

if Interface 为可以访问目标的接口指定接口索引。就是说发往甲的数据用接口 A，发往乙的用接口 B。这一条在一个网卡捆绑了多个同网段的 IP 时应用非常有效。例如，捆绑了*.1 和*.2 两个地址，你可以指定某一条主机路由是用*.1 发，某一条是用*.2 发。不然，在默认情况下，发往同一子网的都是用一个 IP 发。

（3）应用

● 显示 IP 路由表的全部内容。

route print

● 显示以 10.起始的 IP 路由表中的路由。

route print 10.*

● 添加带有 192.168.12.1 默认网关地址的默认路由。

route add 0.0.0.0 mask 0.0.0.0 192.168.12.1

● 向带有 255.255.0.0 子网掩码和 10.27.0.1 下一跃点地址的 10.41.0.0 目标中添加一个路由。

route add 10.41.0.0 mask 255.255.0.0 10.27.0.1

● 向带有 255.255.0.0 子网掩码和 10.27.0.1 下一跃点地址的 10.41.0.0 目标中添加一个永久路由。

route -p add 10.41.0.0 mask 255.255.0.0 10.27.0.1

● 向带有 255.255.0.0 子网掩码、10.27.0.1 下一跃点地址且其成本值标为 7 的 10.41.0.0 目标中添加一个路由。

route add 10.41.0.0 mask 255.255.0.0 10.27.0.1 metric 7

● 向带有 255.255.0.0 子网掩码、10.27.0.1 下一跃点地址且使用 0x3 接口索引的 10.41.0.0 目标中添加一个路由。

route add 10.41.0.0 mask 255.255.0.0 10.27.0.1 if 0x3

● 删除到带有 255.255.0.0 子网掩码的 10.41.0.0 目标的路由。

route delete 10.41.0.0 mask 255.255.0.0

● 删除以 10. 起始的 IP 路由表中的所有路由。

route delete 10.*

● 将带有 10.41.0.0 目标和 255.255.0.0 子网掩码的下一跃点地址从 10.27.0.1 修改为 10.27.0.25。

route change 10.41.0.0 mask 255.255.0.0 10.27.0.25

5. 路由分析诊断命令 tracert /traceroute

（1）作用

tracert 命令用来显示数据包到达目标主机所经过的路径，并显示到达每个节点的时间。其功能与 ping 命令类似，但测试的内容比其更详细。它把数据包所走的全部路径、节点的 IP 以及花费的时间都显示出来。该命令适用于大型网络。

（2）语法格式及参数

Tracert　IP 地址或主机名　参数；

命令的参数如下所列。

-d：不解析目标主机的名字。

-h maximum hops：指定搜索到目标地址的最大跳跃数。

-j host list：按照主机列表中的地址释放源路由。

-w timeout：指定超时时间间隔，单位为毫秒。

（3）应用

● 了解自己的计算机与目标主机 www.cce.com.cn 之间详细的传输路径信息。

tracert　www.cce.com.cn

● 如果我们在 tracert 命令后面加上一些参数，可以测试到其他更详细的信息。例如，使用参数-d，可以指定程序在跟踪主机的路径信息时，同时也解析目标主机的域名。

在 Linux 操作系统下的路由分析诊断命令是 traceroute。

9.3　实例：常见的网络故障排除

正如每一种病都有它特定的病理特征与病理表现一样，网络故障也有自己的表现形式。医生利用医学理论知识和自己的实际经验根据病人的病情对症下药，我们则可以利用积累的经验，采用正确的方法对网络故障进行轻松的诊断与排除。

9.3.1　连通性故障

1. 连通性故障的表现形式

① 计算机无法登录到服务器。

② 计算机无法通过局域网接入 Internet。

③ 计算机在"网上邻居"中只能看到自己，而看不到其他计算机，从而无法使用其他计算机的共享资源和共享打印机。

④ 计算机无法在网络内访问其他计算机上的资源。

⑤ 网络中的部分计算机运行速度十分缓慢。

2. 连通性故障产生的主要原因

① 网线、信息插座故障。

② Hub 电源未打开，Hub 硬件故障，或 Hub 端口硬件故障。

③ 网络协议未安装正确。

④ 网卡驱动未安装或安装不正确及网卡硬件故障。

⑤ UPS 电源故障。

3. 连通性故障的基本排除方法

（1）确认连通性故障

当出现网络应用故障，如无法接入 Internet 时，首先尝试使用其他网络应用，查找网络中的其他计算机，或使用局域网中的 Web 浏览等。如果其他网络应用可正常使用，即使无法接入 Internet，只要能够在网上邻居中找到其他计算机，或可 ping 到其他计算机，那么可以排除连通性故障原因。

（2）利用 LED 灯判断网卡故障

查看网卡的指示灯是否正常。正常情况下，在不传送数据时，网卡指示灯闪烁较慢，传送数据时，闪烁较快。无论网卡的指示灯是不亮，还是长亮不灭，都表明网卡有故障存在。如果网卡的指示不正常，则需要关掉计算机电源，更换网卡。对于 Hub 的指示灯，凡是插有网线的端口，指示灯都亮。这些指示灯的作用只能指示该端口连接有终端设备，不能显示通信状态。

（3）利用 ping 命令排除网卡故障

使用 ping 命令 ping 本地的 IP 地址（如 127.0.0.1）或计算机名（如 User01），检查网卡和 TCP/IP 网络协议是否安装完好。如果能 ping 通，说明该计算机的网卡和网络协议设置都没有问题，问题出在计算机与网络的连接上，应当检查网线和 Hub 及 Hub 的接口状态；如果不能 ping 通，说明 TCP/IP 有问题。这时可以在计算机"控制面板"的"系统"中，查看网卡是否出错。如果在"系统"的硬件列表中没有发现网络适配器，或适配器前有一个黄色的"！"，说明网卡没有安装正确，需将未知设备和带有黄色的"！"网络适配器删除，刷新后，重新安装网卡。随之为该网卡正确安装和配置网络协议，然后进行应用测试。如果网卡无法正确安装，说明网卡可能损坏，换一块重试。如果网卡安装正确，可能原因是协议未安装。

（4）在确定网卡和协议都正确的情况下，网络还是不通，可以初步断定是 Hub 和双绞线有问题。为了进一步进行确认，可以换一台计算机按同样的方法进行判断。如果其他计算机与本机连接正常，则故障一定在先前那台计算机或者在 Hub 的接口上。

（5）如果确定 Hub 有故障，应先检查 Hub 的指示灯是否正常。因为凡是插有网线的端口，指示灯都会亮。如果先前那台计算机 Hub 接口不亮，说明该 Hub 的接口有故障。

（6）如果 Hub 没有问题，应检查先前那台计算机到 Hub 的那一段双绞线故障和所安装的网卡。判断双绞线是否有问题可以通过测试仪进行测试。

4．故障排除实例

实例 9-1　一台计算机，网络配置正常，但不能连通网络。

分析、排除故障的方法：本机通过信息插座和局域网连接，经确认网络配置和网卡没有问题后，怀疑是连接计算机和信息插座的网线问题。把此网线换到其他计算机上，工作正常。于是怀疑信息插座到交换机的线路问题，经检测也没有问题。

无意使用测线仪再测网线，发现 3 线有时不通，仔细检查，原来在制作网线时 3 线被网线钳快要压断。使用网线时，因为曲折的原因，这条线偶然会通。重新做网线故障排除。

使用网线钳剥双绞线的外皮时，非常容易出现这种现象，有些线被压得快要断开，但还能使用，长时间使用后会引起网络不通的故障。在制作网线时一定要仔细检查，不能做完后测通就了事。

实例 9-2　一个 120 台计算机的机房全部机器在启动 Windows 2000 时一直停留在启动画面不能进入系统。

分析、排除故障的方法：首先怀疑是计算机病毒的原因，经过查毒，发现没有问题。测试时发现使用安全模式可以进入，但普通模式不能进入。偶然发现机房中有 2 台机器可以进入，把这 2 台计算机替换到其他位置也出现相同问题，于是开始怀疑网络问题。

本机房使用了 9 个集线器和一个交换机，集线器全部连接到交换机上，交换机连接到校园网。把一个集线器和交换机的连接线断开，再实验，发现此集线器连接的计算机工作正常。因此确定故障在交换机上。

仔细检查交换机，发现交换机和校园网连接的网线两头都插在交换机的不同端口上，拔开后整个机房恢复正常。原来是上课老师为阻止学生上课时间上网，把外网网线拔掉，顺手插到交换机上，引起网络全部广播数据包回传，网卡无法完成测试网络状态，致使 Windows 2000 停止在开机画面。

实例 9-3　一台拨号上网的计算机，拨号网络连接正常，可以看到连通后任务栏上的两个计算机小图标，但使用 IE 不能打开任何网页。

分析、排除故障的方法：因为拨号连接正常，所以先怀疑 ISP 有问题。经咨询和与邻居计算机比较，排除 ISP 不正常。又重新安装系统和 IE，还更换了一个 Modem，有时可以打开网页，但还是不正常。打开室外的电话线接线盒，发现固定螺丝松脱，上紧后故障排除。原来，线路质量不好，对正常打电话影响不大，但数据传输会出现大量丢包，造成无法浏览。

9.3.2　网络协议故障

1．协议故障的表现形式

① 计算机无法登录到服务器。
② 计算机无法通过局域网接入 Internet。
③ 计算机在"网上邻居"中既看不到自己，也无法在网络中访问其他计算机。
④ 计算机在"网上邻居"中能看到自己和其他成员，但无法访问其他计算机。

2．协议故障产生的主要原因

① 网卡安装错误。

② 协议未安装：实现局域网通信，需安装 NetBEUI 协议。

③ 协议配置不正确：TCP/IP 涉及的基本参数有 4 个，包括 IP 地址、子网掩码、DNS、网关，任何一个设置错误，都会导致故障发生。

④ 网络中存在计算机重名。

3．协议故障的基本排除方法

① 使用 ping 命令 ping 本地的 IP 地址，检查网卡和 IP 网络协议是否安装完好。如果无法 ping 通，说明 TCP/IP 有问题。这时可以在电脑"控制面板"的"系统"中，查看网卡是否已经安装或是否出错。如果在系统的硬件列表中没有发现网络适配器，或网络适配器前方有一个黄色的"！"，说明网卡未安装正确。需将未知设备或带有黄色 "！"的网络适配器删除，刷新后，重新安装网卡，并为该网卡正确安装和配置网络协议，然后进行应用测试。如果网卡无法正确安装，说明网卡可能损坏，必须换一块网卡重试。如果网卡安装正确，而协议未安装或未安装正确，可在"控制面板"的"网络"属性中将网卡的 TCP/IP 重新安装并配置。

② 检查电脑是否安装 TCP/IP 和 NetBEUI 协议，如果没有，建议安装这两个协议，并把 TCP/IP 参数配置好，然后重新启动电脑，并再次测试。

③ 在"控制面板"的"网络"属性中，单击"文件及打印共享"按钮，在弹出的"文件及打印共享"对话框中检查一下，看是否选中了"允许其他用户访问我的文件"和"允许其他电脑使用我的打印机"复选框，或者其中的一个。如果没有，全部选中或选中一个。否则将无法使用共享文件夹。系统重新启动后，双击"网上邻居"，将显示网络中的其他计算机和共享资源。如果仍看不到其他计算机，可以使用"查找"命令，能找到其他计算机，就一切正常了。

④ 在"网络"属性的"标识"中，重新为该计算机命名，使其在网络中具有唯一性。

4．故障排除实例

实例 9-4 一个大型计算机房，大量计算机出现"本机的计算机名已经被使用"、"IP 地址冲突"等提示。

分析、排除故障的方法：此机房使用网络复制安装系统，因为安装了保护卡，后来手工修改计算机名和 IP 地址时，有些机器忘记取消保护。

由于机房较大，查找发生冲突的计算机有些困难。这时应注意出现冲突提示时，会同时出现发生冲突的计算机网卡的 MAC 地址。利用这些 MAC 地址，可以很容易找到冲突的机器。建议机房管理人员最好事先把所有计算机的 MAC 地址统计一遍，对以后查找网络故障和配置安全机制十分有用。

实例 9-5 一台局域网中的计算机，可以通过局域网访问因特网，也可以看到网上邻居，但是其他计算机在网上邻居中不能看到此计算机，机房管理系统也不能管理此机器。

分析、排除故障的方法：能上网，说明网络连通和 TCP/IP 没有问题，ping 不通又说明 TCP/IP 有问题。打开网络属性的 IP 配置，检查网卡的 IP 地址配置没有错误。无意打开了"拨号网络适配器"的 TCP/IP 属性，发现已设置了固定 IP 地址，将此 IP 地址设置为"自动获得 IP 地址"后，机器恢复正常。

实例 9-6　网络上的其他计算机无法与某一台计算机连接。

分析、排除故障的方法：确认是否安装了该网络使用的网络协议。如果要登录 NT 域，还必须安装 NetBEUI 协议。确认是否安装并启用了文件和打印共享服务。如果是要登录 NT 服务器网络，在"网络"属性的"主网络登录"中，应该选择"Microsoft 网络用户"。如果是要登录 NT 服务器网络，在"网络"属性框的"配置"选项卡中，双击列表中的"Microsoft 网络用户"组件，检查是否已选中"登录到 Windows 域"复选框，以及"Windows 域"下的域名是否正确。

9.3.3　网络配置故障

1．网络配置故障的表现形式

配置错误也是导致故障发生的重要原因之一。计算机的使用者（特别是初学者）对计算机设置的修改，也往往会产生一些令人意想不到的访问错误。常见的网络配置故障有如下几种表现。

① 只能 ping 通本机。

② 计算机只能与某些计算机而不是全部计算机进行通信。

③ 用 ping 命令都正常，但无法进行上网浏览，无法访问任何其他设备。

2．网络配置故障的基本排除方法

① 在"控制面板"的"网络"属性中，查看 TCP/IP 的配置，指定 IP 地址必须配在以太网网卡的 TCP/IP 上，拨号网络适配器的 IP 地址应是自动获取的。完成后重新启动计算机，测试网络运行状态。

② 在 MS-DOS 方式下运行 ipconfig 命令，查看网关是否设置正确。

③ 在 MS-DOS 方式下运行 ipconfig 命令，查看 DNS 是否设置正确。

测试系统内的其他计算机是否有类似的故障，如果有同样的故障，说明问题出在网络设备上，如 Hub；反之，检查被访问计算机对该访问计算机所提供的服务。

3．故障排除实例

实例 9-7　故障现象：局域网上可以 ping 通 IP 地址，但 ping 不通域名。

分析、排除故障的方法：TCP/IP 中的"DNS 设置"不正确，请检查其中的配置。对于对等网，"主机"应该填自己机器本身的名字，"域"不需填写，DNS 服务器应该填自己的 IP。对于服务器/工作站网络，"主机"应该填服务器的名字，"域"填局域网服务器设置的域，DNS 服务器应该填服务器的 IP。

实例 9-8　故障现象：已经安装了网卡和各种网络通信协议，但网络属性中的选择框"文件及打印共享"为灰色，无法选择。

分析、排除故障的方法：原因是没有安装"Microsoft 网络上的文件与打印共享"组件。在"网络"属性窗口的"配置"选项卡里，单击"添加"按钮，在"请选择网络组件"窗口单击"服务"，单击"添加"按钮，在"选择网络服务"的左边窗口选择"Microsoft"，在右边窗口选择"Microsoft 网络上的文件与打印机共享"，单击"确定"按钮，系统可能会要求插入 Windows 安装光盘，重

新启动系统即可。

实例 9-9　故障现象：从"网络邻居"中能够看到别人的机器，但不能读取别人计算机上的数据？

分析、排除故障的方法：首先必须设置好资源共享。选择"网络"→"配置"→"文件及打印共享"，将两个选项全部打勾并确定。安装成功后在"配置"中会出现"Microsoft 网络上的文件与打印机共享"选项。

检查所安装的所有协议中，是否绑定了"Microsoft 网络上的文件与打印机共享"。选择"配置"中的协议如"TCP/IP"，单击"属性"按钮，确保绑定中"Microsoft 网络上的文件与打印机共享"、"Microsoft 网络用户"前已经打钩了。

网络故障的表现形式多种多样，产生故障的原因也不是唯一的。以上实例中所给出的是针对某种故障现象最常见的排除方法，并且不是唯一的，也不是绝对的。在分析故障的时候，一定要结合实际情况采取合适的方法来进行。

练习与思考

一、选择题

1. 如果可以 ping 到一个 IP 地址但不能远程登录，可能是因为（　　）。

　　A. IP 地址不对

　　B. 网络接口卡出错

　　C. 上层功能没起作用

　　D. 子网配置出错

2. 为了观察数据包从数据源到目的地的路径和网络瓶颈，需要使用（　　）。

　　A. ping　　　　　　　　　　B. ipconfig

　　C. trace route　　　　　　　D. displayroute

3. 找出受到网络问题影响的用户数目主要是为了（　　）。

　　A. 确定这个问题和用户有关还是和网络有关

　　B. 确定这个问题的范围

　　C. 弄清楚哪些电缆需要检查

　　D. 确定需要多少技术人员

4. 在下面给出的解决问题的方法中，需要深刻理解 OSI 模型的是（　　）。

　　A. 实例对照法　　　　　　　B. 分层法

　　C. 试错法　　　　　　　　　D. 替换法

5. 如果要查看 Windows 2000 操作系统中的 TCP/IP 配置，应该使用（　　）。

　　A. 控制面板　　　　　　　　B. winipcfg 命令

　　C. ipconfig 命令　　　　　　D. ping 命令

6. 当网卡和集线器正确连接以后，通常都可以发现网卡和集线器上的（　　）灯点亮。

　　A. 冲突　　　　　　　　　　B. 衰减

　　C. 连接　　　　　　　　　　D. MDI

7. 过量的广播信息产生，导致网速严重下降或网络中断的现象称为（　　　）。

　　A. 冲突域　　　　　　　　B. 广播风暴

　　C. 多播风暴　　　　　　　D. 单播风暴

8. 一个 MAC 地址是（　　　）位的十六进制数。

　　A. 32　　　　　　　　　　B. 48

　　C. 64　　　　　　　　　　D. 128

9. 用 ipconfig/all 查看网络的物理地址，下面的（　　　）是不可能的。

　　A. 04-00-FF-6B-BC-2D

　　B. 8C-4C-00-10-AA-EE

　　C. 4G-2E-18-09-B9-2F

　　D. 00-00-81-53-9B-2C

10. 引起计算机硬件故障原因可能是（　　　）。

　　A. 显示器、键盘、鼠标、CPU、RAM、硬盘驱动器、网卡、交换机和路由器等
　　　 有故障。

　　B. 软件有缺陷，造成系统故障。

　　C. 网络操作系统缺陷，造成系统失效。

　　D. 使用者没有遵守网络赋予的权限，操作其他用户的数据资料。

二、综合题

1. 简述网络故障的诊断方法及常见的排错过程。

2. 简述用 ping 命令诊断网络故障的步骤。

3. 举例说明如何进行计算机网络故障的查找和排除。

4. 操作题：现在有一台计算机不能访问 Internet 上的 Web 服务器，使用 ping 命令操作并找出
　 故障的位置。

第10章
计算机网络安全技术

📖 【学习目标】

　　随着信息技术的不断发展，网络应用日益增多，网络安全威胁日益严重。本章主要讲述与安全相关的基础知识，主要包括网络安全的定义及关键技术、防火墙技术、杀毒软件的使用等。通过本章的学习，读者应能掌握基本安全技术的使用，保证网络的安全。

🔊 【学习要点】

1. 了解网络安全的定义和面临的威胁
2. 掌握防火墙的相关概念，理解常见的防火墙系统结构
3. 了解病毒的概念，掌握360杀毒软件的使用方式

10.1　网络安全概述

　　❓我们在建筑物中能看到类似"消防箱"、"避雷针"之类的设备，它是一种建筑装饰吗？当然不是，这是一种为了安全而设立的安全设施。设立安全系统或者是安全设施的目的是：当发生安全故障时，能及时把它们派上用场；当一切正常时，它们不会影响正常生活。那么，在计算机网络世界里的"安全"是指什么，我们又能通过什么措施来增强计算机网络的安全性呢？

　　众所周知，信息是社会发展的重要战略资源。国际上围绕着信息的获取、使用和控制的斗争愈演愈烈，信息安全成为维护国家安全、经济安全和社会稳定的一个焦点，网络安全从本质上说就是网络上的信息安全。

10.1.1　网络面临的安全威胁

在日益网络化的社会，网络安全问题也不断涌现。网络安全面临的威胁主要表现为以下几点。

① 敏感信息为非授权用户所获取。

② 网络服务不能或不正常运行，甚至使合法用户不能进入计算机网络系统。

③ 黑客攻击。

④ 硬件或软件方面的漏洞。

⑤ 利用网络传播病毒。

1.　网络安全的概念

网络安全是指网络系统的硬件、软件及其系统中的数据受到保护，不受偶然的因素或恶意的攻击而遭到破坏、更改、泄露，系统能连续可靠正常运行，网络服务不中断。

网络安全具备以下 4 个特征。

（1）保密性

保密性是指信息不泄露给非授权用户、实体或过程，或供其利用的特性，即敏感数据在传播或存储介质中不会被有意或无意泄露。

（2）完整性

完整性是指数据未经授权不能进行改变的特性，即信息在存储或传输过程中，保持不被修改、不被破坏和丢失的特性。

（3）可用性

可用性是指信息可被授权实体访问并按需求使用的特性，即当需要时能允许存取所需的信息。例如，网络环境下拒绝服务、破坏网络和有关系统的正常运行等都属于对可用性的攻击。

（4）可控性

可控性是指对信息的传播及内容具有控制能力的特性。

随着网络的逐步普及，网络安全已成为当今网络技术的一个重要课题，网络安全技术也不断出现。主要的网络安全技术有防病毒技术、防火墙技术、加密技术、数字签名技术。

2.　网络安全威胁

威胁是指对安全性的潜在破坏。网络安全威胁是指对网络信息的潜在危害，分为人为和自然两种，人为又分为有意和无意两类。另外，网络安全威胁也与网络的管理和用户使用时对安全的重视程度有很大关系，管理的疏忽会导致更严重的安全威胁。

自然威胁因素主要是指自然灾害造成的不安全因素，如因地震、水灾、火灾、战争等原因造成网络的中断、系统的破坏、数据的丢失等。该威胁主要可以通过对软硬件系统的选择、机房的选址与设计、双机热备份、数据备份等方法解决。

常见的安全威胁主要有以下几类。

（1）信息泄露

信息泄露是指信息被透露给非授权的实体。 常见的信息泄露有如下几种。

● 网络监听：指信息在网络上传播时，攻击者利用工具和设备，收集或捕获在网络中传输的信息。

- 业务流分析：指通过对业务流模式进行观察，导致信息被泄露给未授权的实体。
- 电磁、射频截获：指信息从电子或机电设备所发出的无线射频或其他电磁场辐射中被分析提取出来。
- 人员有意或无意破坏：指授权用户在金钱或利益的驱动下，或者在无意的情况下，将信息泄露给非授权用户。
- 媒体清理：指信息从废弃的光盘、磁盘或打印过的媒体中获得。如当计算机出现故障时，涉密硬盘中的数据在修理过程中可能会被泄露。
- 漏洞利用：指攻击者利用网络设备和系统存在的漏洞进行非授权的访问。由于管理者没有对设备和软件进行合理的设置，留下了安全漏洞，就可能被非授权的用户利用。
- 授权侵犯：指用户本身是授权用户，但是他做的操作却是权限许可之外的。
- 物理侵入：指用户绕过物理控制措施，获得对系统的访问权限。
- 病毒、木马、后门、流氓软件：病毒、木马、后门、流氓软件如果被攻击者利用，则能绕过安全策略，实现对数据的非授权访问。
- 网络钓鱼：指攻击者通过假冒银行网站、电子商务网站、网络游戏网站，利用木马或病毒，或诱使用户输入机密的信息，致使非授权访问用户的机密信息。

（2）完整性破坏

可以通过漏洞利用、物理侵犯、授权侵犯、病毒、木马、漏洞来等方式实现。

（3）拒绝服务攻击

对信息或资源合法的访问被拒绝或者推迟与时间密切相关的操作。

（4）网络滥用

合法的用户滥用网络，引入不必要的安全威胁，主要包括如下几类。

- 非法外联：即绕过安全措施（如防火墙）通过无线或 MODEM 上网。
- 非法内联：即非授权的用户非法的接入网络。
- 移动风险：移动设备（如移动存储设备，笔记本等），提供零距离接触互联网的机会，容易引入安全威胁。
- 设备滥用：如随意拔插网络和主机上的设备，造成硬件资产上的流失。
- 业务滥用：用户访问与业务无关的资源，进行与业务无关的活动、如上班时间聊天，玩游戏，访问不健康网站等。

10.1.2　计算机网络安全的内容

计算机网络安全是涉及计算机科学、网络技术、通信技术、密码技术、信息安全技术、应用数学、数论、信息论等多种学科的综合学科，它包括网络管理、数据安全及数据传输安全等很多方面。

网络安全主要是指网络上的信息安全，包括物理安全、逻辑安全、操作系统安全、网络传输安全。

1. 物理安全

物理安全是指用来保护计算机硬件和存储介质的装置和工作程序。物理安全包括防盗、防火、防静电、防雷击和防电磁泄漏等内容。

① 防盗：计算机如果被盗，尤其是硬盘被窃，信息丢失所造成的损失可能远远超过计算机硬

件本身的价值，防盗是物理安全的重要一环。

② 防火：由于电气设备和线路过载、短路、接触不良等原因引起的电打火而导致火灾；操作人员乱扔烟头、操作不慎可导致火灾；人为故意纵火或者外部火灾蔓延可导致机房火灾。

③ 防静电：静电是由物体间相互摩擦接触产生的。静电产生后，如未能释放而留在物体内部，可能在不知不觉中使大规模电路损坏，保持适当的湿度有助于防静电。

④ 防雷击：主要是根据电气、微电子设备的不同功能及不同受保护程序和所属保护层，确定防护要点作分类保护；也可根据雷电和操作瞬间过电压危害的可能通道，从电源线到数据通信线路做多级层保护。

⑤ 防电磁泄漏：有效措施是采取屏蔽，屏蔽主要有电屏蔽、磁屏蔽和电磁屏蔽 3 种类型。

2. 逻辑安全

计算机的逻辑安全主要是用口令、文件许可、加密、检查日志等方法来实现。防止黑客入侵主要依赖于计算机的逻辑安全。

逻辑安全可以通过以下措施来加强。

① 限制登录的次数，对试探操作加上时间限制。

② 把重要的文档、程序和文件加密。

③ 限制存取非本用户自己的文件，除非得到明确的授权。

④ 跟踪可疑的、未授权的存取企图。

3. 操作系统安全

操作系统是计算机中最基本、最重要的软件。同一计算机可以安装几种不同的操作系统。如果计算机系统需要提供给许多人使用，操作系统必须能区分用户，防止他们相互干扰。一些安全性高、功能较强的操作系统可以为计算机的每个用户分配账户。不同账户有不同的权限。操作系统不允许一个用户修改由另一个账户产生的数据。

操作系统分为网络操作系统和个人操作系统，其安全内容主要包括如下几方面。

① 系统本身的漏洞。

② 内部和外部用户的安全威胁。

③ 通信协议本身的安全性。

④ 病毒感染。

4. 网络传输安全

网络传输安全是指信息在传播过程中出现丢失、泄露、受到破坏等情况。其主要内容如下。

① 访问控制服务：用来保护计算机和连网资源不被非授权使用。

② 通信安全服务：用来认证数据的保密性和完整性，以及各通信的可信赖性。

10.1.3 网络安全的关键技术

1. 数据加密技术

信息加密是保障信息安全的最基本、最核心的技术措施和理论基础，信息加密也是现代密码学的主要组成部分。信息加密过程由形形色色的加密算法来具体实施，它以很小的代价提供很大的安全保护。在多数情况下，信息加密是保证信息机密性的唯一方法。据不完全统计，到目前为止，已经公开发表的各种加密算法多达数百种。如果按照收发双方密钥是否相同来分类，可以将这些加密算法分为对称加密算法（私钥密码体系）和非对称加密算法（公钥密码体系）。

在私钥密码中，收信方和发信方使用相同的密钥，即加密密钥和脱密密钥是相同或等价的。在众多的常规密码中影响最大的是 DES 密码。

在公钥密码中，收信方和发信方使用的密钥互不相同，而且几乎不可能由加密密钥推导出脱密密钥。最有影响的公钥加密算法是 RSA，它能够抵抗到目前为止已知的所有密码攻击。

2. 信息确认技术

信息确认技术通过严格限定信息的共享范围来达到防止信息被非法伪造、篡改和假冒。一个安全的信息确认方案应该具备以下几点。

- 合法的接收者能够验证他收到的消息是否真实。
- 发信者无法抵赖自己发出的消息。
- 除合法发信者外，别人无法伪造消息。
- 发生争执时可由第三人仲裁。

按照其具体目的，信息确认系统可分为消息确认、身份确认和数字签名。消息确认使约定的接收者能够证实消息是否是约定发信者送出的、且在通信过程中未被篡改过的消息。身份确认使得用户的身份能够被正确判定。最简单但却最常用的身份确认方法有个人识别号、口令、个人特征（如指纹）等。数字签名与日常生活中的手写签名效果一样，它不但能使消息接收者确认消息是否来自合法方，而且可以为仲裁者提供发信者对消息签名的证据。

用于消息确认的常用算法有 ElGamal 签名、数字签名标准（DSS）、One-time 签名、Undeniable 签名、Fail-stop 签名、Schnorr 确认方案、Okamoto 确认方案、Guillou-Quisquater 确认方案、Snefru、Nhash、MD4、MD5 等，其中最著名的算法应该是数字签名标准（DSS）算法。

3. 防火墙技术

尽管近年来各种网络安全技术在不断涌现，但到目前为止防火墙仍是网络系统安全保护中最常用的技术。

防火墙系统是一种网络安全部件，它可以是硬件，也可以是软件，也可能是硬件和软件的结合。这种安全部件处于被保护网络和其他网络的边界，接收进出被保护网络的数据流，并根据防火墙所配置的访问控制策略进行过滤或做出其他操作。防火墙系统不仅能够保护网络资源不受外部的侵入，而且还能够拦截从被保护网络向外传送有价值的信息。防火墙系统可以用于内部网络与 Internet 之间的隔离，也可用于内部网络不同网段的隔离，后者通常称为 Intranet 防火墙。

目前的防火墙系统根据其实现方式大致可分为两种，即包过滤防火墙和应用层网关。包过滤防火墙的主要功能是接收被保护网络和外部网络之间的数据包，根据防火墙的访问控制策略对数据包进行过滤，只准许授权的数据包通行。

应用层网关位于 TCP/IP 的应用层，实现对用户身份的验证，接收被保护网络和外部之间的数据流并对之进行检查。

防火墙虽然可以通过对内部网络的访问控制及其他安全策略，降低内部网络的安全风险，保护内部网络的安全。但防火墙自身的特点，使其无法避免某些安全风险，如网络内部的攻击，内部网络与 Internet 的直接连接等。由于防火墙处于被保护网络和外部的交界，网络内部的攻击并不通过防火墙，因而防火墙对这种攻击无能为力；而网络内部和外部的直接连接，如内部用户直接拨号连接到外部网络，也能越过防火墙而使防火墙失效。

4．网络安全扫描技术

网络安全扫描技术是为使系统管理员能够及时了解系统中存在的安全漏洞，并采取相应防范措施，从而降低系统安全风险而发展起来的一种安全技术。利用安全扫描技术，可以对局域网络、Web 站点、主机操作系统、系统服务以及防火墙系统的安全漏洞进行扫描，系统管理员可以了解在运行的网络系统中存在的不安全的网络服务，在操作系统上存在的可能导致遭受缓冲区溢出攻击或者拒绝服务攻击的安全漏洞，还可以检测主机系统中是否被安装了窃听程序，防火墙系统是否存在安全漏洞和配置错误。网络安全扫描技术主要有网络远程安全扫描、防火墙系统扫描、Web 网站扫描、系统安全扫描等几种方式。

5．网络入侵检测技术

网络入侵检测技术也叫网络实时监控技术，它通过硬件或软件对网络上的数据流进行实时检查，并与系统中的入侵特征数据库进行比较，一旦发现有被攻击的迹象，立刻根据用户所定义的动作做出反应，如切断网络连接，或通知防火墙系统对访问控制策略进行调整，将入侵的数据包过滤掉等。

利用网络入侵检测技术可以实现网络安全检测和实时攻击识别，但它只能作为网络安全的一个重要的安全组件，网络系统的实际安全实现应该结合使用防火墙等技术来组成一个完整的网络安全解决方案。其原因在于网络入侵检测技术虽然也能对网络攻击进行识别并做出反应，但其侧重点还是在于发现，而不能代替防火墙系统执行整个网络的访问控制策略。防火墙系统能够将一些预期的网络攻击阻挡于网络外面，而网络入侵检测技术除了减小网络系统的安全风险之外，还能对一些非预期的攻击进行识别并做出反应，切断攻击连接或通知防火墙系统修改控制准则，将下一次的类似攻击阻挡于网络外部。因此网络安全检测技术和防火墙系统结合，可以实现一个完整的网络安全解决方案。

6．黑客诱骗技术

黑客诱骗技术是近期发展起来的一种网络安全技术，通过一个由网络安全专家精心设置的特殊系统来引诱黑客，并对黑客进行跟踪和记录。这种黑客诱骗系统通常也称为蜜罐（Honeypot）系统，最重要的功能是一种特殊设置，用来对系统中所有操作进行监视和记录。网络安全专家通过精心的伪装使得黑客在进入目标系统后，仍不知晓自己所有的行为已处于系统的监视之中。为了吸引黑客，网络安全专家通常还在蜜罐系统上故意留下一些安全后门来吸引黑客上钩，或者放置一些网络攻击者希望得到的敏感信息，当然这些信息都是虚假的。这样，当黑客正为攻入目标系统而沾沾自喜的时候，他在目标系统中的所有行为，包括输入的字符、执行的操作都已经为蜜罐系统所记录。有些蜜罐系统甚至可以对黑客网上聊天的内容进行记录。蜜罐系统管理人员通过研究和分析这些记录，可以知道黑客采用的攻击工具、攻击手段、攻击目的和攻击水平。通过分析黑客的网上聊天内容，还可以获得黑客的活动范围以及下一步的攻击目标。根据这些信息，管理人员可以提前对系统进行保护。在蜜罐系统中记录下的信息，还可以作为对黑客进行起诉的证据。

 在实际网络系统的安全实施中，我们可以根据系统的安全需求，配合使用各种安全技术来实现一个完整的网络安全解决方案。在本章，我们重点介绍防火墙技术。

10.2 防火墙技术

部门办公室内某成员的计算机经常有其他计算机对其进行 ping 操作，在使用过程中增加了不少烦恼与不便，该怎么阻止这种状况的发生呢？

另外，为了避免黑客了解内部网络结构进入内部网络，或者是内部员工有意或无意地泄露内部秘密，该采取什么措施呢？

防火墙是一种网络安全保障手段，一种有效的网络安全机制，是保证主机和网络安全必不可少的工具。其主要目标是通过控制进、出网络的资源权限，迫使所有的连接都经过该工具的检查，防止需要保护的网络遭外界因素的干扰和破坏。

防火墙是网络之间一种特殊的访问控制设施，在 Internet 网络与内部网之间设置一道屏障，防止黑客进入内部网，用于确定哪些内部资源允许外部访问、哪些内部网络可以访问外部网络。

防火墙在网络中的位置如图 10-1 所示。

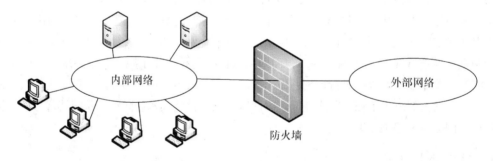

图 10-1　防火墙的网络位置图

10.2.1　防火墙概述

1. 防火墙的定义

防火墙是置于不同网络安全域之间的一系列部件的组合，它是不同网络安全域间通信流的唯一通道，能根据企业有关的安全政策（允许、拒绝、监视、记录）控制进出网络访问行为。

防火墙本身具有较强的抗攻击能力，是提供信息安全服务、实现网络和信息安全的基础设施。在逻辑上，防火墙是一个分离器，限制器，也是一个分析器，它能够有效地监控内部网和 Internet

之间的任何活动，保证了内部网络的安全。

 防火墙本身不是单独的一个计算机程序或设备，而是能提高安全策略及其实现方式的完整系统。

2. 防火墙的分类

（1）按形态分类

按形态，可将防火墙分为软件防火墙和硬件防火墙两种。两种防火墙的比较如表 10-1 所示。

表 10-1　　　　　　　　　　　软件防火墙与硬件防火墙的比较

	软件防火墙	硬件防火墙
使用环境	只有防火墙软件，需要额外的操作系统	硬件和软件的集合，不需要额外的操作系统
安全依赖性	依赖低层操作系统	依赖于专用的操作系统
网络适应性	弱	强
稳定性	高	较高
软件升级	方便灵活	更新不太灵活

（2）按保护对象分类

按保护对象可将防火墙分为单机防火墙和网络防火墙两种。两种防火墙的比较如表 10-2 所示。

表 10-2　　　　　　　　　　　单机防火墙与网络防火墙比较

	单机防火墙	网络防火墙
产品形态	软件	硬件或软件
安装点	单台主机	网络边界
安全策略	分散在各安全点	对整个网络有效
保护范围	单台主机	一个网段
管理方式	分散管理	集中管理
功能	单一	复杂多样
安全措施	单点	全局

（3）按使用核心技术分类

按使用的核心技术，可把防火墙分为包过滤防火墙（根据流经防火墙的数据包头信息，决定是否允许该数据包通过）、状态检测防火墙、应用代理防火墙和复合型防火墙。

3. 防火墙的特性

一个好的防火墙系统应具有 3 个方面的特性。

- 所有在内部网络和外部网络之间传输的数据必须通过防火墙。
- 只有被授权的合法数据即防火墙系统中安全策略允许的数据可以通过防火墙。
- 防火墙本身不受各种攻击的影响。

4．防火墙的局限性

防火墙能过滤进出网络的数据包，能管理进出网络的访问行为。但防火墙不是万能的，还存在一定程度的局限性。

- 防火墙不能防范不经过防火墙的攻击，如拨号访问、内部攻击等。
- 防火墙不能防范利用电子邮件夹带的病毒等恶性程序。
- 防火墙不能解决来自内部网络的攻击和安全问题。
- 防火墙不能防止策略配置不当或错误配置引起的安全威胁。
- 防火墙不能防止利用标准网络协议中的缺陷进行的攻击。
- 防火墙不能防止利用服务器系统漏洞所进行的攻击。
- 防火墙不能防止数据驱动式的攻击，有些表面看来无害的数据被邮寄或拷贝到内部网的主机上并被执行时，可能会发生数据驱动式的攻击。
- 防火墙不能防止本身安全漏洞的威胁。

5．常用的防火墙实现策略

（1）允许所有除明确拒绝之外的通信或服务

很少考虑这种策略，因为这样的防火墙可能带来许多风险和安全问题。攻击者完全可以使用一种拒绝策略中没有定义的服务而被允许并攻击网络。

（2）拒绝所有除明确允许之外的通信或服务

通常使用该策略，但操作困难，并有可能拒绝网络用户的正常需求与合法服务。

10.2.2　防火墙系统结构

防火墙通过检查所有进出内部网络的数据包，检查数据包的合法性，判断是否会对网络安全构成威胁，为内部网络建立一条安全边界（Security Perimeter）。

防火墙系统由两个基本部件构成：一是包过滤路由器（Packet Filtering Router），二是应用级网关（Application Gateway）。最简单的防火墙由一个包过滤路由器组成，而复杂的防火墙系统由包过滤路由器和应用级网关组合而成。根据组合方式的不同，防火墙系统的结构也有多种形式。

1．包过滤路由器结构

（1）结构

包过滤路由器的结构如图 10-2 所示。

（2）工作流程

包过滤防火墙的工作流程如图 10-3 所示。

　　包过滤防火墙是防火墙的初级产品，顺序检查规则表中的每一条规则，与包过滤规则中的相符则发送数据包，如不相符则检查下一条规则，依次往下检查，直到最后一条规则，如仍然不能匹配则丢弃该数据包。

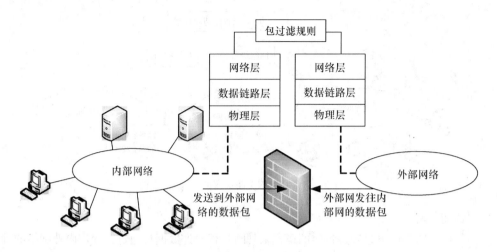

图 10-2　包过滤路由器的结构示意图

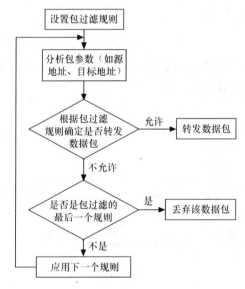

图 10-3　包过滤防火墙的工作流程图

（3）性能分析

● 优点：价格低廉，易于使用。

● 缺点：过滤规则的创建非常重要，如果配置错误则不但不会阻挡威胁，甚至还出现允许某些威胁通过的缺陷；不隐藏内部网络配置，任何被允许访问的用户都可看到网络的布局和结构；对网络的监视和日志功能较弱。

2. 应用级网关

（1）概念

应用级网关是在每个需要保护的主机上放置高度专用的应用软件，实现协议过滤和转发功能。

（2）结构

应用级网关防火墙的结构如图 10-4 所示。

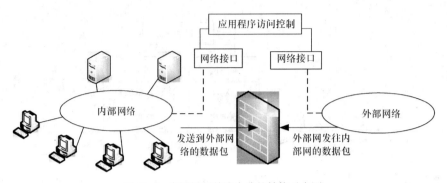

图 10-4　应用级网关防火墙的结构示意图

（3）性能分析

应用级网关防火墙也是通过特定的逻辑来判断是否允许数据包通过，允许内外网络的计算机建立直接联系，外部网络用户能直接了解内部网络的结构，这给黑客的入侵和攻击提供了机会。

3. 双宿堡垒主机防火墙

（1）堡垒主机

堡垒主机是处于防火墙关键部位、运行应用级网关软件的计算机系统。堡垒主机上装有两块网卡，一块连接内网，一块连接外部网络。

（2）结构

双宿堡垒主机防火墙的结构如图 10-5 所示。

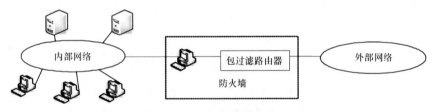

图 10-5　双宿堡垒主机防火墙的结构图

（3）数据传输过程

双宿堡垒主机防火墙的数据传输过程如图 10-6 所示。

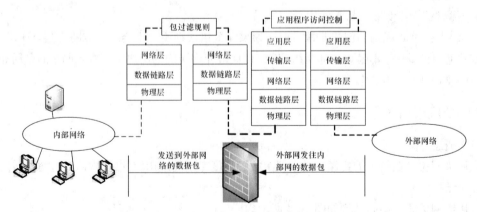

图 10-6　双宿堡垒主机防火墙的数据传输过程图

（4）性能分析

双宿堡垒主机有两个网络接口，强行让进出内部网络的数据通过堡垒主机，避免了黑客绕过堡垒主机而直接进入内部网络的可能，即使受到攻击，也只有堡垒主机遭到破坏，堡垒主机会记录日志，有利于问题的查找和系统的维护。

4. DMZ 防火墙

（1）什么是 DMZ 防火墙

DMZ（Demilitarized Zone，非军事区）防火墙也称为屏蔽子网（Screened Subnet）防火墙，是在内部网络和外部网络之间建立一个被隔离的子网。例如，将内网中需要向外部网络提供服务的服务器（WWW，FTP，SMTP，DNS 等），放在处于 Internet 与内部网络间的一个单独的网段，该网段或子网就叫做 DMZ。

（2）DMZ 防火墙的结构

DMZ 防火墙的结构如图 10-7 所示。

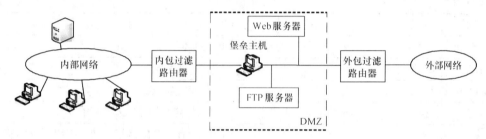

图 10-7　DMZ 防火墙的结构图

① 外部网络进入内部网络的信息。

外包过滤路由器防范外部 Internet 上的攻击并管理 Internet 到 DMZ 的访问，只允许外部网络访问堡垒主机和信息服务器。内包过滤路由器则只接受源于堡垒主机的数据包，管理 DMZ 到内部网络的访问。

② 内部网络通向外部网络的信息。

内包过滤路由器管理内部网络到 DMZ 的访问，允许内部网络只访问堡垒主机和信息服务器。

（3）DMZ 防火墙的性能分析

① 安全性高。

该防火墙包括 3 个不同的设备，入侵者如果想要入侵内部网络，必须不被内部包过滤路由器、堡垒主机、外部包过滤路由器 3 个设备发现才有可能。

② 隐藏内部结构。

内部网络对于外部网络而言，是不可见的。因为 DMZ 区相当于隔离带，所有进出的数据包都只能送到 DMZ 区，不能直接与 Internet 连接，因此黑客很难了解内部网络结构。

10.3　杀毒软件的应用

刚刚还能正常使用的计算机，在运行了 Internet 上下载下来的一个程序后，系统就变得奇慢无比，不停重启，无法正常使用，这是为什么呢？

10.3.1 杀毒软件介绍

1. 常用杀毒软件介绍

某些人利用计算机软、硬件所固有的脆弱性，编制了具有特殊功能的程序代码，这就是计算机病毒。如果这些病毒放在网络上，借助网络进行广泛传播，这就是网络病毒。病毒具有很强的传染性和破坏性，如果没有适当的防御措施很可能导致网络瘫痪、程序不可使用、系统崩溃、信息被窃取等破坏，给人们的工作、生活、学习带来很大的阻碍和麻烦。

为了抵御病毒的侵袭和破坏，人们根据病毒的特征编制了删除和防范病毒的程序，这就是常说的杀毒软件。目前流行的杀毒软件种类很多，功能也各有差异，常用的防病毒软件主要如表 10-3 所示。

表 10-3 　　　　　　　　　　　　常用的防病毒软件

种　类	公　司	主要技术	主　要　功　能
金山毒霸	金山	嵌入式反病毒技术	即时通信工具进行嵌入挂接
KILL	CA&金辰	病毒检测	保护桌面系统
KV3000	江民		查毒和硬盘救护
瑞星	瑞星	病毒行为分析判断	实时监控、实时升级、智能安装
卡巴斯基	卡巴斯基实验室	启发式病毒分析和脚本分析	防御所有当今的网络威胁，卡巴斯基实验室结合三项保护技术防御病毒，木马和蠕虫，keyloggers， rootkits 和其他威胁
360	360	木马云查杀引擎	查杀恶意软件、诊断与修复、清理使用痕迹、木马防御
诺顿	赛门铁克公司（ Nasdaq SYMC）	启发式行为检测技术	自动防护、自动实时清除、自动更新程式、智能主动防御

常见的病毒表现形式有以下几种：计算机不能正常启动；运行速度降低；磁盘空间迅速变小；文件内容和长度有所改变；外部设备工作异常；经常出现"死机"等。如果计算机出现了以上某一种现象，就应该考虑是不是计算机感染了病毒，可以用专用的杀毒软件进行查杀。

2. 使用杀毒软件的几个误区

几乎每个用计算机的人都遇到过计算机病毒，也使用过杀毒软件。但是，许多人对病毒和杀毒软件的认识还存在误区。

误区一：好的杀毒软件可以查杀所有的病毒。

许多人认为杀毒软件可以查杀所有已知和未知的病毒，这是不正确的。对于一个病毒，杀毒软件厂商首先要先将其截获，然后进行分析，提取病毒特征，测试，然后升级给用户使用。虽然，目前许多杀毒软件厂商都在不断努力查杀未知病毒，有些厂商甚至宣称可以100%查杀未知病毒。不幸的是，经过专家论证这是不可能的。杀毒软件厂商只能尽可能地去发现更多的未知病毒，但还远远达不到100%的标准。甚至，对于一些已知病毒，如覆盖型病毒，由于病毒本身就将原有的系统文件覆盖了，因此，即使杀毒软件将病毒杀死也不能恢复操作系统的正常运行。

误区二：杀毒软件是专门查杀病毒的，木马专杀才是专门杀木马的。

计算机病毒在《中华人民共和国计算机信息系统安全保护条例》中被明确定义，病毒是指"编制或者在计算机程序中插入的破坏计算机功能或者破坏数据，影响计算机使用并且能够自我复制的一组计算机指令或者程序代码"。随着信息安全技术的不断发展，病毒的定义已经被扩大化。

随着技术的不断发展，计算机病毒的定义已经被广义化，它大致包含引导区病毒、文件型病毒、宏病毒、蠕虫病毒、特洛伊木马、后门程序、恶意脚本、恶意程序、键盘记录器、黑客工具等。可以看出木马是病毒的一个子集，杀毒软件完全可以将其查杀。从杀毒软件角度讲，清除木马和清除蠕虫没有本制的区别，甚至查杀木马比清除文件型病毒更简单。因此，没有必要单独安装木马查杀软件。

误区三：我的机器没重要数据，有病毒重装系统，不用杀毒软件。

许多计算机用户，特别是一些网络游戏玩家，认为自己的计算机上没有重要的文件，计算机感染病毒，直接格式化重新安装操作系统就万事大吉，不用安装杀毒软件。这种观点是不正确的。几年前，病毒编写者撰写病毒主要是为了寻找乐趣或是证明自己。这些病毒往往采用高超的编写技术，有着明显的发作特征（如某月某日发作，删除所有文件等）。

但是，近几年的病毒已经发生了巨大的变化，病毒编写者以获取经济利益为目的。病毒没有明显的特征，不会删除用户计算机上的数据。但是，它们会在后台悄悄运行，盗取游戏玩家的账号信息、QQ 密码甚至是银行卡的账号。这些病毒可以直接给用户带来经济损失，因此对于个人用户来说，它的危害性比传统的病毒更大。对于此种病毒，往往发现感染病毒时，用户的账号信息就已经被盗用。即使格式化计算机重新安装系统，被盗账号所带来的经济损失已找不回来了。

误区四：查毒速度快的杀毒软件才好。

不少人都认为，查毒速度快的杀毒软件才是最好的，甚至不少媒体进行杀毒软件评测时都将查杀速度作为重要指标之一。不可否认，目前各个杀毒软件厂商都在不断努力改进杀毒软件引擎，以达到更高的查杀速度。但仅仅以查毒速度快慢来评价杀毒软件的好坏是片面的。

杀毒软件查毒速度的快慢主要与引擎和病毒特征有关。举个例子，一款杀毒软件可以查杀 10 万个病毒，另一款杀毒软件只能查杀 100 个病毒。杀毒软件查毒时需要对每一条记录进行匹配，因此查杀 100 个病毒的杀毒软件速度肯定会更快些。

一个好的杀毒软件引擎需要对文件进行分析、脱壳甚至虚拟执行，这些操作都需要耗费一定的时间。而有些杀毒软件的引擎比较简单，对文件不做过多的分析，只进行特征匹配。这种杀毒软件的查毒速度很快，但它却有可能会漏查比较多的病毒。由此可见，虽然提高杀毒速度是各个厂商不断努力奋斗的目标，但仅从查毒速度快慢来衡量杀毒软件好坏是不科学的。

误区五：杀毒软件不管正版盗版，随便装一个能用的就行。

目前，有很多机器上安装着盗版的杀毒软件，他们认为只要装上杀毒软件就万无一失了，这种观点是不正确的。杀毒软件与其他软件不太一样，杀毒软件需要经常不断升级才能够查杀最新最流行的病毒。此外，大多数盗版杀毒软件都在破解过程中或多或少地损坏了一些数据，造成某些关键功能无法使用，系统不稳定或杀毒软件对某些病毒漏查漏杀等。更有一些居心不良的破解者，直接在破解的杀毒软件中捆绑了病毒、木马或者后门程序等，给用户带来不必要的麻烦。

杀毒软件买的是服务，只有正版的杀毒软件，才能得到持续不断的升级和售后服务。盗版软件用户在真的遇到无法解决的问题时，不能享受和正版软件用户一样的售后服务，使用盗版软件看似占了便宜，实际得不偿失。

误区六：根据任务管理器中的内存占用判断杀毒软件的资源占用。

很多人，包括一些媒体进行杀毒软件评测，都用 Windows 自带的任务管理器来查看杀毒软件的内存占用，进而判断一款杀毒软件的资源占用情况，这是值得商榷的。

不同杀毒软件的功能不尽相同，例如，一款优秀的杀毒软件有注册表、漏洞攻击、邮件发送、接收、网页、引导区、内存等监控系统。比起只有文件监控的杀毒软件，内存占用肯定会更多，但却提供了更全面的安全防护。也有一小部分杀毒软件厂商为了对付评测，故意在程序中限定杀毒软件可占用内存数的大小，使这些数值看上去很小，一般在 100KB 甚至几十 KB 左右。实际上，内存占用虽然小了，但杀毒软件却要频繁地进行硬盘读写，反倒降低了软件的运行效率。

误区七：只要不用移动存储设备，不乱下载东西就不会中毒。

目前，计算机病毒的传播有很多途径，可以通过软盘、U 盘、移动硬盘、局域网、文件，甚至是系统漏洞等。一台存在漏洞的计算机，只要连入互联网，即使不做任何操作，都会被病毒感染。因此，仅仅从使用计算机的习惯上来防范计算机病毒难度很大，一定要配合杀毒软件进行整体防护。

误区八：杀毒软件应该至少装 3 个才能保障系统安全。

尽管杀毒软件的开发厂商不同，宣称使用的技术不同，但他们的实现原理却可能是相似或相同的，同时开启多个杀毒软件的实时监控程序很可能会产生冲突，如多个病毒防火墙可能会同时争抢一个文件进行扫描。安装有多种杀毒软件的计算机往往运行速度缓慢并且很不稳定，因此，我们并不推荐一般用户安装多个杀毒软件，即使真的要同时安装，也不要同时开启它们的实时监控程序（病毒防火墙）。

误区九：杀毒软件和个人防火墙装一个就行了。

许多人把杀毒软件的实时监控程序认为是防火墙，确实有一些杀毒软件将实时监控称为"病毒防火墙"。实际上，杀毒软件的实时监控程序和个人防火墙完全是两个不同的产品。

通俗地说，杀毒软件是防病毒的软件，而个人防火墙是防黑客的软件，二者功能不同，缺一不可。建议用户同时安装这两种软件，对计算机进行整体防御。

误区十：专杀工具比杀毒软件好，有病毒先找专杀。

不少人都认为杀毒软件厂商推出专杀工具是因为杀毒软件存在问题，杀不干净此类病毒，事实上并非如此。针对一些具有严重破坏能力的病毒，以及传播较为迅速的病毒，杀毒软件厂商会义务地推出针对该病毒的免费专杀工具，但这并不意味着杀毒软件本身无法查杀此类病毒。如果你的机器安装有杀毒软件，完全没有必要再去使用专杀工具。

专杀工具只是在用户的计算机上已经感染了病毒后进行清除的一个小工具。与完整的杀毒软件相比，它不具备实时监控功能。专杀工具的引擎一般都比较简单，不会查杀压缩文件、邮件中的病毒，并且一般也不会对文件进行脱壳检查。

10.3.2　杀毒软件的使用实例

实例 10-1　安装并设置 360 杀毒软件。

（1）360 杀毒软件的安装

360 杀毒软件是 360 安全中心出品的一款免费的云安全杀毒软件，它具有查杀率高、资源占用少、升级迅速，可以与其他杀毒软件共存等特点。360 杀毒无缝整合了国际知名的 BitDefender 病毒查杀引擎，以及 360 安全中心潜心研发的木马云查杀引擎。双引擎的机制拥有完善的病毒防护体系，不但查杀能力出色，而且对于新产生病毒木马能够第一时间进行防御，是一个理想杀毒备选方案，是一款一次性通过 VB100 认证的国产杀毒软件。

① 首先通过 360 杀毒官方网站 sd.360.cn 或其他软件下载网站下载最新版本的 360 杀毒软件安装程序，下载完成后，运行安装程序，出现欢迎界面。

② 单击"下一步"按钮，会出现最终用户使用协议窗口，阅读许可协议，并单击"我接受"按钮，然后单击"下一步"按钮，如果不同意许可协议，可以单击"取消"按钮退出安装。

③ 接下来出现选择安装路径的窗口，如图 10-8 所示，可以选择将 360 杀毒软件安装到指定目录下，建议按照默认设置即可，也可以单击"浏览"按钮选择安装目录。

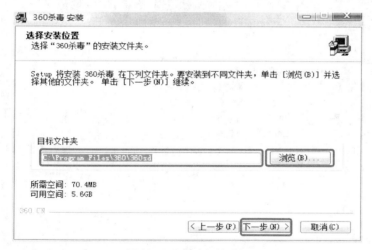

图 10-8　安装路径的选择

④ 输入想在开始菜单显示的程序组名称，然后单击"安装"按钮，安装程序会开始复制文件。

⑤ 文件复制完成后，会显示安装完成窗口。单击"完成"按钮，360 杀毒就已经成功地安装到计算机上了。

安装 360 杀毒软件，请先卸载以前的版本，并重新启动计算机。360 杀毒软件可以同时与其他杀毒软件安装在同一台计算机的同一个操作系统中。

（2）360 杀毒软件的卸载

从 Windows 的开始菜单中，单击"开始"→"程序"→"360 安全中心"，单击"360 杀毒"，选择"卸载 360 杀毒"菜单项，如图 10-9 所示。

360 杀毒软件会询问您是否要卸载程序，单击"是"开始进行杀毒软件的卸载。卸载程序会开始删除程序文件。在卸载过程中，卸载程序会询问是否删除文件恢复区中的文件。如果是准备重装 360 杀毒，建议选择"否"保留文件恢复区中的文件，否则请选择"是"删除文件。

卸载完成后，会提示重启系统，此时可根据实际情况选择是否立即重启。重启之后，360 杀毒卸载完成。

图 10-9　360 卸载

（3）360 杀毒软件的病毒查杀

360 杀毒具有实时病毒防护和手动扫描功能，为计算机系统提供全面的安全防护。实时防护功能在文件被访问时对文件进行扫描，及时拦截活动的病毒。在发现病毒时会通过提示窗口警告用户。

360 杀毒提供了 4 种手动病毒扫描方式：快速扫描、全盘扫描、指定位置扫描及右键扫描，如图 10-10 所示。

快速扫描指扫描 Windows 系统目录及 Program Files 目录；全盘扫描扫描所有磁盘；指定位置扫描扫描用户指定的目录；而右键扫描集成到右键菜单中，当您在文件或文件夹上单击鼠标右键时，可以选择"使用 360 杀毒扫描"对选中文件或文件夹进行扫描，如图 10-11 所示。

图 10-10　360 杀毒方式

其中前 3 种扫描都已经在 360 杀毒主界面中作为快捷任务列出，只需单击相关任务就可以开始扫描。启动扫描之后，会显示扫描进度窗口，在这个窗口中可以看到正在扫描的文件、总体进度，以及发现问题的文件。

如果希望 360 杀毒在扫描完后自动关闭计算机，请选中"扫描完成后关闭计算机"选项，如图 10-12 所示。

只有在将发现病毒的处理方式设置为"360 杀毒自动处理"时，"扫描完成后关闭计算机"选项才有效。如果选择了其他病毒处理方式，扫描完成后不会自动关闭计算机。

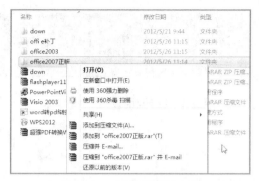

图 10-11　右键扫描杀毒方式

图 10-12　扫描后自动关闭计算机选项

（4）360 杀毒软件的设置

① 运行 360 杀毒程序时，出现的界面是"智巧模式"。单击"切换到专业模式"选项，可以从"智巧模式"切换到"专业模式"，如图 10-13 所示。

② 进入到专业模式，如图 10-14 所示，选择"设置"可以进行病毒查杀的相关设置。

图 10- 13　智巧模式

图 10-14　专业模式

在设置选项卡中，有常规设置、升级设置、病毒扫描设置、实时防护设置、白名单设置、系统修复设置等选项，如图 10-15 所示。在这里，只对其中部分设置选项进行说明。

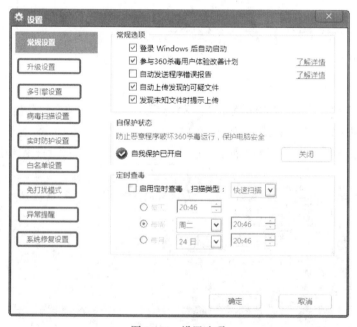

图 10-15　设置选项

　　a. 多引擎设置。

　　360 杀毒内含多个领先的查杀引擎，用户可以根据自己的计算机配置及查杀需求进行相关配置，如图 10-16 所示。云查杀引擎指通过互联网服务器上存放的数据进行本地文件比对来进行查杀的方式；QVM 启发式引擎指通过学习大量的病毒文件和正常文件特征获取的数据进行比对的查杀方式；常规反病毒引擎指通过病毒库和特征码进行查杀的方式，通常有 BitDefender 和 Avira（小红伞）两种查杀引擎。常规查杀引擎都是国际知名查杀引擎，BitDefender 查杀引擎对宏病毒有较好的查杀能力，Avira 查杀引擎查杀能力强，但误报率稍高。

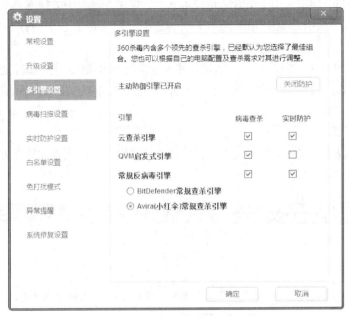

图 10-16　多引擎设置

b. 病毒扫描设置。

在"病毒扫描"设置选项中，可以对需要扫描的文件类型、发现病毒的处理方式及其他扫描方式等进行设置，如图 10-17 所示。

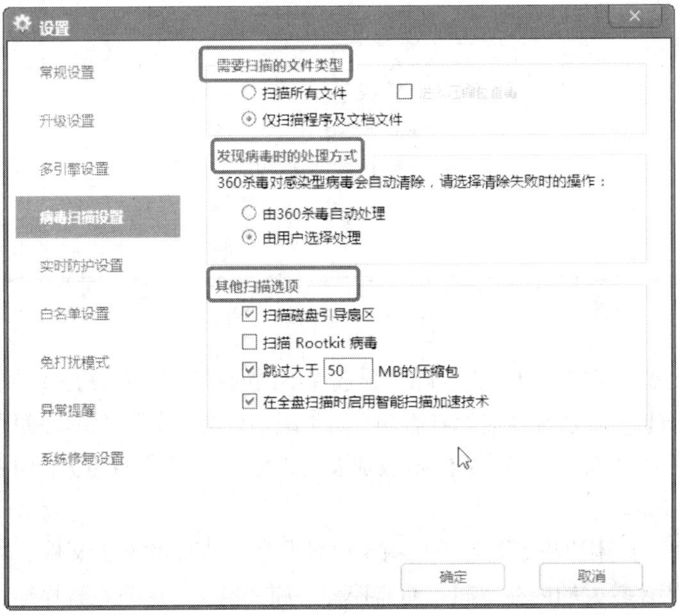

图 10-17　病毒扫描设置

发现病毒的处理方式对于用户来说是非常重要的，选择"360 杀毒自动处理"，在计算机扫描出病毒的同时，杀毒软件会自行清除病毒。选择"由用户选择处理"时，在计算机扫描出病毒后，让用户选择怎样处理病毒。

由于系统内存和引导扇区中也会有病毒侵入其中，这比在硬盘中的病毒更危险。如果把"其他扫描选项"中的"扫描磁盘引导扇区"选项勾选上，就可以实现对内存和引导扇区的病毒扫描。

Rootkit 是隐藏型病毒，电脑病毒、间谍软件等也常使用 Rootkit 来隐藏踪迹，因此，Rootkit 已被大多数的防毒软件归类为具危害性的恶意软件。选择勾选"扫描 Rootkit 病毒"可以实现对此类软件的扫描与识别。

c. 实时防护设置。

在实时防护设置中，可以对防护级别、监控的文件类型、发现病毒的处理方式及其他防护选项进行设置，如图 10-18 所示。

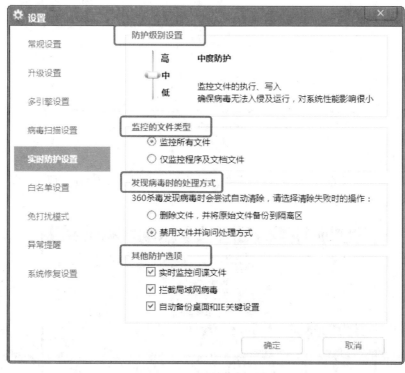

图 10-18   实时防护设置

● 防护级别设置：用户可以根据实际情况选择不同的防护级别。防护级别设为"低"，可以实现对文件的轻巧防护，对系统性能没有影响；防护级别设为"中"，实现中度防护，将监控文件的写入及执行，对系统性能影响很小；防护级别设为"高"，实现严格防护，监控对文件的任何访问，对系统性能有一定影响。

● 监控的文件：让用户决定是监控所有文件还是监控程序和文档文件。如果选择是监控所有文件，可能会占用比较大的内存空间。而监控程序和文档文件，只在程序运行时对其监控或者只在文档文件打开时进行监控。

● 发现病毒的处理方法：不管用户选择哪个选项，360 发现病毒都会尝试自动清除，如果清除失败时，则可以通过设置选择删除文件或是禁止访问被感染文件。

　　d. 白名单设置。

　　在白名单设置选项中，可以把指定的文件及目录加入到白名单中，也可以设置文件扩展名白名单，如图 10-19 所示。

图 10-19　白名单设置

● 设置文件及目录白名单：如果确定文件或目录没毒，可以将文件或目录加入白名单。加入白名单的文件及目录在病毒扫描和实时防护时将被跳过。如果在加入白名单后文件的大小或日期发生改变，该条目将会失效。

● 设置文件扩展名白名单：带有白名单扩展名的文件在病毒扫描和实时防护时将被跳过，有些用户自己开发的软件的文件扩展名被杀毒软件误认为病毒，可以用此选项过滤掉。

（5）360 杀毒软件的升级

　　360 杀毒具有自动升级功能，如果开启了自动升级功能，360 杀毒软件会在有升级可用时自动下载并安装升级文件。自动升级完成后会通过气泡窗口提示您。

　　如果想手动进行升级，在 360 杀毒主界面单击"升级"标签，如图 10-20 所示，进入升级界面，并单击"检查更新"按钮。升级程序会连接服务器检查是否有可用更新，如果有的话就会下载并安装升级文件。升级完成后会提示您："恭喜您！现在，360 杀毒已经可以查杀最新病毒啦！"

图 10-20　360 杀毒软件的升级

实例 10-2　360 安全卫士的使用。

① 双击桌面上的 360 安全卫士图标 。

② 首次运行 360 安全卫士，会进行第一次系统全面检测。

③ 360 安全卫士界面集"电脑体检、查杀木马、漏洞修复、系统修复、电脑清理、优化加速、电脑门诊、功能大全"等多种功能为一身，如图 10-21 所示，并独创了"木马防火墙"、"360 保镖"等功能，同时还具备开机加速、安全桌面等多种系统优化功能，可大大加快电脑运行速度，内含的 360 软件管家还可帮助用户轻松下载、升级和强力卸载各种应用软件，并且还提供多种实用工具帮您解决电脑问题和保护系统安全。

"电脑体验"可以对电脑系统进行快速一键扫描，对木马病毒、系统漏洞、差评插件等问题进行修复，并全面解决潜在的安全风险，提高电脑的运行速度。

"查杀木马"是先进的启发式引擎，具有智能查杀未知木马和云安全引擎功能，如果在使用常规扫描后感觉电脑仍然存在问题，还可尝试 360 强力查杀模式。

"漏洞修复"可以及时修复漏洞，保证系统安全。

"系统修复"可以一键解决浏览器主页、开始菜单、桌面图标、文件夹、系统设置等被恶意篡改的诸多问题，使系统迅速恢复到"健康状态"。

"电脑清理"可以全面清理电脑中的垃圾、痕迹和插件，节省磁盘空间，让系统运行更流畅、更有效。

"优化加速"可以智能分析操作系统，帮助优化开机启动项目。

"电脑门诊"对上网异常、系统图标、系统性能、游戏环境、常用软件等问题提供了一系列解决方案，可以选择相应的解决方案对系统进行修复。

"软件管家"可以显示已安装的软件名称，并且提供软件升级、软件卸载、开机加速、运行的软件管理等功能。

"功能大全"中提供了 360 手机助手、360 手机卫士、360 保镖、流量防火墙、文件粉碎机、一键装机、360 木马防火墙、360 系统急救箱等实用小工具，有针对性地帮您解决电脑问题，提高电脑速度。

图 10-21　安全卫士

练习与思考

一、多项选择题

1. 网络的安全性包括（　　　）。

    A. 可用性　　　　　　　　　　　B. 完整性

    C. 保密性　　　　　　　　　　　D. 不可抵赖性

2. 目前网络中存在的安全隐患有（　　　）。

    A. 非授权访问　　　　　　　　　B. 破坏数据完整性

    C. 病毒　　　　　　　　　　　　D. 信息泄露

3. 常用的网络内部安全技术有（　　　）。

    A. 漏洞扫描　　　　　　　　　　B. 入侵检测

    C. 安全审计　　　　　　　　　　D. 病毒防范

4. 在制定网络安全策略时，经常采用的是（　　　）思想方法。

    A. 凡是没有明确表示允许的就要被禁止

    B. 凡是没有明确表示禁止的就要被允许

    C. 凡是没有明确表示允许的就要被允许

    D. 凡是没有明确表示禁止的就要被禁止

5. 信息被（　　　），是指信息从源节点传输到目的节点的中途被攻击者非法截获，攻击者在截获的信息中进行修改或插入欺骗性信息，然后将修改后的错误信息发送目的节点。

A. 伪造　　　　　　　　　　　B. 窃听

C. 篡改　　　　　　　　　　　D. 截获

6. 计算机病毒会造成计算机_____的损坏。

A. 硬件、软件和数据　　　　　B. 硬件和软件

C. 软件和数据　　　　　　　　D. 硬件和数据

7. 以下对计算机病毒的描述哪一点是不正确的。

A. 计算机病毒是人为编制的一段恶意程序。

B. 计算机病毒不会破坏计算机硬件系统。

C. 计算机病毒的传播途径主要是数据存储介质的交换以及网络链接。

D. 计算机病毒具有潜伏性。

8. 网上"黑客"是指_____的人。

A. 匿名上网　　　　　　　　　B. 总在晚上上网

C. 在网上私闯他人计算机系统　D. 不花钱上网

9. 计算机病毒是一种_____。

A. 传染性细菌　　　　　　　　B. 机器故障

C. 能自我复制的程序　　　　　D. 机器部件

10. 常见计算机病毒的特点有_____。

A. 良性、恶性、明显性和周期性

B. 周期性、隐蔽性、复发性和良性

C. 隐蔽性、潜伏性、传染性和破坏性

D. 只读性、趣味性、隐蔽性和传染性

11. 在企业内部网与外部网之间，用来检查网络请求分组是否合法，保护网络资源不被非法使用的技术是_____。

A. 防病毒技术　　　　　　　　B. 防火墙技术

C. 差错控制技术　　　　　　　D. 流量控制技术

12. 网络安全机制主要解决的是_____。

A. 网络文件共享

B. 因硬件损坏而造成的损失

C. 保护网络资源不被复制、修改和窃取

D. 提供更多的资源共享服务

13. 为了保证计算机网络信息交换过程的合法性和有效性，通常要对用户身份进行鉴别。下面不属于用户身份鉴别的方法是_____。

A. 报文鉴别　　　　　　　　　B. 身份认证

C. 数字签名　　　　　　　　　D. 安全扫描

二、判断对错

请判断下列描述是否正确（正确的在下划线上写Y，错误的写N）。

_____1. 网络管理员不应该限制用户对网络资源的访问方式，网络用户应该可以随意地访问网络的所有资源。

_____2. 网络用户口令可以让其他人知道，因为这样做不会对网络安全造成危害。

_____3. 限定网络用户定期更改口令会给用户带来很多麻烦。

_____4. Intranet 中的任何用户如果不通过网络管理员的批准，私自和外部网络建立双向数据交换的连接是不符合网络安全规定的。

_____5. 防火墙可以完全控制外部用户对 Intranet 的非法入侵与破坏。

_____6. 网络安全中采取了数据备份与恢复措施后，可以不考虑采用网络防病毒措施，因为两者的最终效果是相同的。

_____7. 应该允许用户将自己家庭微机的软盘、游戏盘等带到办公室，在办公室的网络工作站上运行。

_____8. 企业内部网用户使用网络资源时不需要交费，因此就用不着计费管理功能。

三、问答题

1. 局域网可采用什么安全措施来防止用户侦听局域网上传输的所有信息包？
2. 防火墙的主要作用是什么？目前使用的防火墙有哪几种？
3. 简述防火墙中包过滤技术的操作流程。
4. 你认为制定网络安全策略的两种思想方法哪一种是正确的？为什么？
5. 从网络安全角度来看，网络用户的责任是什么？网络管理员的责任是什么？
6. 在一个 Intranet 中，是否允许网络用户不经允许私自与外部网络建立连接，并且进行双向数据交换？为什么？如何预防这种情况发生？
7. 在组建 Intranet 时，为什么要设置防火墙？防火墙的基本结构是怎样的？
8. 在网络系统设计中，需要从哪几个方面采取防病毒措施？
9. 如果你是一个网络管理员，并且管理着一个运行 NetWare 的局域网系统，那么你认为只依靠操作系统内置的网络管理功能够不够？为什么？

第11章
实际技能训练

11.1 实训 1 网线的制作

一、实训目的

① 认识和熟悉网线制作的专用工具。
② 了解双绞线的类型和特点，熟悉 5 类双绞线。
③ 掌握网线的制作标准。
④ 掌握直通电缆和交叉电缆的含义和制作。

二、实训环境

硬件环境：带网卡（有 RJ-45 口）的计算机、5 类非屏蔽双绞线、RJ-45 水晶头、压线钳、通断测线仪。

三、实训内容和步骤

以直通电缆的制作为例介绍网线的制作步骤。

1. 剥线

准备一段符合布线长度要求的双绞线，用压线钳把 5 类双绞线的一端剪齐，然后把剪齐的一端插入到网线钳用于剥线的缺口中，直到顶住网线钳后面的挡位，稍微握紧压线钳慢慢旋转一圈，让刀口划开双绞线的保护胶皮，拔下胶皮（也可用专门的剥线工具来剥线皮），剥线的长度为 13～15mm，如图 11-1 所示。

图 11-1　用压线钳剥线示意图

 　　网线钳挡位离剥线刀口长度通常恰好为水晶头长度，这样可有效避免剥线过长或过短。剥线过长一方面不美观，另一方面网线不能被水晶头卡住，容易松动；剥线过短，因有包皮存在，太厚，不能完全插到水晶头底部，造成水晶头插针不能与网线芯线完好接触，致使网线制作不成功。

2．理线

先把 4 对芯线一字并排排列，然后再把每对芯线分开（此时注意不跨线排列，也就是说每对芯线都相邻排列），并按统一的排列顺序（如左边统一为主颜色芯线，右边统一为相应颜色的花白芯线）排列。

 　　注意每条芯线都要拉直，并且要相互分开并列排列，不能重叠。然后用网线钳垂直于芯线排列方向剪齐。如果双绞线保护层的颜色不是很清晰，那就更要注意不要把线序弄乱了。

3．插线

用手水平握住水晶头（有弹片一侧向下），然后把已剪齐、并列排列的 8 条芯线对准水晶头开口并排插入水晶头中。

 　　注意一定要使各条芯线都插到水晶头的底部，不能弯曲。

4．压线

确认所有芯线都插到水晶头底部后，即可将插入网线的水晶头直接放入压线钳夹槽中。水晶头放好后，使劲压下网线钳手柄，使水晶头的插针都能插入到网线芯线之中，与之接触良好。然后再用手轻轻拉一下网线与水晶头，看是否压紧，最好多压一次，最重要的是要注意所压位置一定要正确，如图 11-2 所示。

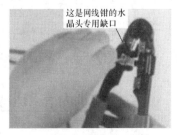

这是网线钳的水晶头专用缺口

图 11-2　压线钳压线示意图

这样，网线的一端就已经制作好了，另一端的制作方法与之相同。

如果是制作交叉电缆则另一端的线序要发生变化，若一端使用 EIA/TIA 568A 标准，则另一端需要使用 EIA/TIA 568B 标准。

5. 检测双绞线

把网线两端的 RJ-45 接口插入电缆测试仪后，打开测试仪，可以看到测试仪上的两组指示灯按同样的顺序闪动。如一端的灯亮，而另一端却没有任何灯亮起，则可能是导线中间断了，或是两端至少有一个金属片未接触该条芯线。

使用电缆测试仪检测交叉电缆时，其中一端按 1、2、3、4、5、6、7、8 的顺序闪动绿灯，而另外一端则会按 3、6、1、4、5、2、7、8 的顺序闪动绿灯，这表示网线制作成功，可以进行数据的发送和接收。如果出现红灯或黄灯，就说明存在接触不良等现象，此时最好先用压线钳压制两端水晶头一次，再测。如果故障依旧存在，就检查一下芯线的排列顺序是否正确。如仍显示红色灯或黄色灯，则表明其中肯定存在对应芯线接触不好的情况，此时就需要重做水晶头了。

四、实训思考

① 交叉线怎么制作？
② 平行线和交叉线各适用于连接什么对象？

11.2　实训 2　对等局域网的组建与设置

一、实训目的

① 了解对等局域网的含义，熟悉局域网组建所需要的服务和协议。
② 掌握网卡驱动程序的安装方法。
③ 掌握对等网络各参数的配置方法。
④ 掌握对等网络中共享资源的使用方法。

二、实训环境

① 硬件环境：已经建立网络连接的两台计算机，两块网卡及其网卡驱动程序。
② 软件环境：Windows XP/Windows 2003/Windows 7/Windows 2008 操作系统。

三、实训内容和步骤

对等网的硬件部分连接好后，犹如人有了躯壳而没有灵魂，还是不能让网络中的计算机实现通信。也就是说，除了硬件部分的连接外，还需要安装软件。软件主要包括应用软件和协议软件，这里主要介绍网卡驱动程序的安装和通信所需要的协议软件的配置。

1．网卡驱动程序的安装

① 打开机箱插入网卡（主板集成网卡则无需此操作），连接网线，启动 Windows Server 2008 Enterprise 系统，以超级管理员 Administrator 身份登录系统。

此时会提示发现新硬件，按照安装提示完成网卡安装（如果 Windows XP/Windows2003/Windows7/Windows 2008 支持该网卡，则无需另外安装驱动程序）。如不能完成安装，则单击"开始"→"控制面板"→"设备管理器"，找到该网卡，右键单击，在弹出的菜单中选择"更新驱动程序软件"→"浏览计算机以查找驱动程序软件"→"浏览"，选择该网卡驱动程序目录，然后单击"下一步"→"完成"按钮。

② 双击"控制面板"中的"网络和共享中心"图标，打开"网络和共享中心"窗口。单击"网络管理连接"，查看是否出现"本地连接"图标，如出现，则表示安装成功。

如果实训前，网卡及驱动程序已经安装，可以单击"开始"→"控制面板"→"设备管理器"，找到该网卡，右键单击，在弹出的菜单中选择"卸载"，然后通过"设备管理器"重新安装。

2．协议软件配置

（1）检查是否安装了网络组件

如果没有安装，则单击"开始"→"设置"→"控制面板"→"网络和共享中心"→"管理网络连接"→"本地连接"右键单击，在弹出的菜单中选择"属性"→"安装"，从中选取所需的功能组件。

在 Windows 2000 以上操作系统环境下上述组件一般都已默认安装。

"客户端"组件：允许将该计算机连接到其他运行 TCP/IP 的计算机上。

"协议"组件：网络通信协议。

"服务"组件中的"Microsoft 网络上的文件与打印共享"：实现计算机之间的资源共享。

（2）为计算机设置标识

① 在桌面上鼠标右键单击"计算机"，在弹出的菜单中选择"属性"，进入"系统属性"对话框，在该页面上单击"更改设置"，选择"计算机名"选项卡，如图 11-3 所示。

② 单击"更改"按钮，进入"计算机名/域更改"对话框，输入计算机名称和选择隶属于"组"或"域"，如图 11-4 所示。

（3）配置 TCP/IP 参数

① 鼠标右键单击"网络"，在弹出的对话框中选择"属性"→"管理网络连接"。

② 鼠标右键单击"本地连接"，在弹出的对话框中选择"属性"，打开"本地连接属性"对话框，如图 11-5 所示。

③ 选中"Internet 协议版本 4（TCP/IPv4）"，单击"属性"按钮，进入"Internet 协议版本 4（TCP/IPv4）属性"对话框，如图 11-6 所示。

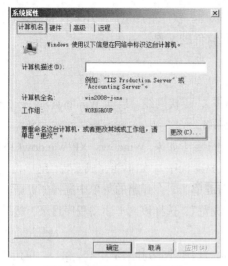

图 11-3 "系统属性"对话框

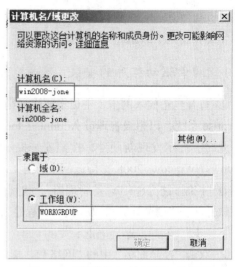

图 11-4 "计算机名/域更改"对话框

图 11-5 "本地连接属性"对话框

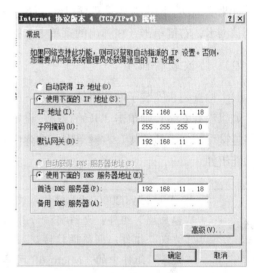

图 11-6 "Internet 协议版本 4（TCP/IPv4）属性"对话框

④ 分别在各框中输入对应的 IP 地址、子网掩码、默认网关、DNS 服务器的 IP 地址等内容，单击"确定"按钮。

（4）共享某主机提供的共享资源

在桌面上双击"网络"，可看到连接在对等网中的所有计算机主机名称。双击某主机名称，就可以共享对方提供的共享资源。

四、实训思考

① 不安装"服务"组件中的"Microsoft 网络上的文件与打印共享"是否可以？

② 同一工作组中的主机，在计算机名和工作组名的设置上，分别有什么要求？

③ 网络中的资源共享，是否意味着不受限制的访问？请举例说明你的结论。

11.3 实训 3 有中心拓扑结构的无线局域网的组建

一、实训目的

① 了解无线路由器的结构和作用。
② 掌握无线路由器的配置。
③ 熟悉无线路由器组建无线局域网的过程。

二、实训环境

① 硬件环境：笔记本电脑若干台，无线路由器一台（D-Link dir 618），交换机一台，能连入 Internet 的有线网络。
② 软件环境：无线路由器管理 IOS。

三、实训内容和步骤

现在会议室临时要举行一个会议,此会议室是旧式建筑,装修时也没有考虑到网络布线；该会议室有一台台式 PC，采用 ADSL 方式接入 Internet 网络，与会者成员 15 人，每人一台笔记本电脑，具体的网络结构如图 11-7 所示。

首先对网络环境进行分析，网络中的笔记本电脑要上网,需要通过现有环境中的有线网络实现,这需要采用 Infrastructure 结构，以无线路由器为中心组建网络。具体实施步骤如下。

图 11-7 网络结构图

1. 硬件安装

① 在笔记本电脑上安装好无线网卡驱动，打开笔记本电脑的无线网络开关。

笔记本电脑自带无线网卡，无线网卡驱动已经正确安装（如果驱动安装不正确，请重新安装）。

如果笔记本电脑没有自带无线网卡，则需要另外安装，可选用 TP-Link TL-WN821N 网卡，安装过程与无线对等网组建实训中类似。

② 安装无线路由器。

a. 安放位置。按拓扑结构图连接网络，将与无线路由器分离的天线固定到对应接口上，将无线路由器放置在一个最佳的位置。通常是将无线路由器放置于无线网络环境的中心位置，且放在较高处，以达到比较好的信号收发效果。如果网络中有多个无线路由器，则应选择不同的频段，确保各设备间不发生干扰。

b. 连接。如图 11-7 所示，将与交换机连接的电缆连接到无线路由器的 WAN 端口。将无线路由器通过 LAN 端口连接到计算机上，这样就可以用计算机对无线路由器进行配置，以实现无线路由器和有线局域网的互连。

c. 将无线路由器连接上电源。

2．设备配置

（1）配置无线路由器

初始化无线路由器，配置好无线路由器的基本参数。

方式一：通过设备附带的软件进行配置。

将附带的光盘放入光驱，运行"autorun.exe"，单击"应用软件"，按照向导界面完成对无线路由器的各项配置，如图 11-8 所示。

图 11-8　软件向导安装界面

方式二：采用 Web 方式配置。

① 用一条直通电缆把无线路由器的局域网端口与台式计算机上网卡端口连接起来。

② 开启计算机电源和无线路由器电源。

③ 设置台式计算机 IP 地址，与无线路由器处于同一个网段，设置好后启动浏览器，对无线路由器进行配置。

④ 在浏览器地址栏中输入无线路由器的默认 IP 地址 192.168.0.1（不同品牌和型号的无线路由器地址可能不一样，如不清楚请查看设备说明书）。

⑤ 进入默认页面后，要求输入默认用户名和密码（默认情况下，用户名和密码都是 Admin，有时密码也为空），单击"确定"按钮，进入无线路由器的配置界面。

⑥ 进入配置页面后，可以采用两种方式进行配置，一是运行配置向导，按照向导逐步配置；二是采用菜单配置方式，打开界面上的每个菜单进行配置。在配置页面中可对密码、用户名、模式、信道、安全、服务集标志符（Service Set Identifier，SSID）等内容进行配置。

以 D-Link dir 618 为例，对其常用功能进行设置。

IP 地址：输入用户密码通过认证后，单击"手动设置"，在新页面中选择"因特网连接是"→"动态 IP"（如果局域网上有 DHCP 服务器，如没有请选择静态 IP，手动输入 IP 地址）→"保存设置"。

无线连接：单击左边"无线连接"→"无线模式：Wireless Router"→"无线网络名称：输入针对性的友好名称"→"安全模式：选择适合的加密方式"→"保存设置"，其他设置针对需求进行更改。如图 11-9 所示。

图 11-9　"无线连接"属性窗口

　　　　无线路由器默认有 13 个信道，通常采用第 6 信道。但要注意，同一无线网络中的无线路由器不能设置相同的信道。如果同一无线网络中有几个无线路由器的情况，一般采用 1、6、11 或者 2、7、12 或者 3、8、13 这样的组合，目的是避免各无线路由器发出的信号出现干扰和冲突。

四、实训思考

① 在该网络配置中，采用什么办法可保证只允许与会的 15 台笔记本电脑访问网络？
② 为什么在安装管理软件后要手动关机？

11.4　实训 4　交换机与路由器的初始化配置

一、实训目的

① 了解路由器与交换机的功能。
② 掌握路由器与交换机的区别。
③ 熟悉交换机与路由器的初始化配置。

二、实训环境

① 硬件环境：Cisco2950 交换机一台，Cisco7200 路由器一台，计算机一台，控制线一根。

② 软件环境：计算机上安装有超级终端软件。

交换机初始化结构如图 11-10 所示。

图 11-10　交换机初始化结构图

三、实训内容和步骤

1. 以广泛应用的 Cisco Catalyst 2950 交换机为例，简要介绍交换机的配置方法

（1）打开交换机

给 Cisco Catalyst 2950 交换机加电以后，经过一段时间的开机自检（POST），在无需外界干预的情况下，交换机即可正常工作。

 交换机启动时，所有端口指示灯变绿，每个端口自检完毕，对应的指示灯熄灭。如果端口自检失败，对应指示灯呈黄色；如果没有自检失败，自检过程完成，指示灯闪亮后熄灭。

（2）交换机的配置

交换机的配置方法很多，但由于交换机首次运行时没有配置 IP 地址，因此只能使用超级终端进行配置，通过 Console 端口连接交换机。

① 用随机附送的双绞线和 RJ45-To-DB9 转换头（控制线），将计算机的串口和交换机的控制口相连，如图 11-11 所示。

② 单击"开始"→"程序"→"附件"→"通讯"→"超级终端"，启动超级终端，如图 11-12 所示。

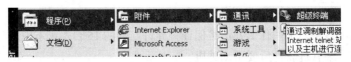

图 11-12　启动"超级终端"界面图

交换机的Console 端口

图 11-11　连接示意图

在"连接描述"对话框中输入连接名称，如图 11-13 所示。单击"确定"按钮后，选择与实际连接相符的 COM 口，单击"确定"按钮。

弹出 COM 属性对话框，属性参数设置如图 11-14 所示，设置好后，单击"确定"按钮。

图 11-13　"连接描述"对话框

图 11-14　端口属性设置

③ 开始连接登录交换机，显示交换机的初始化状态如下，表示连接成功。

```
Would you like to enter the initial configuration dialog? [yes/no]: no
Press RETURN to get started!
00:00:53: %LINK-5-CONFIG: Configured from NVRAM by console
00:0:54: %LINEPROTO-5-RESTART:System restarted
Cisco Internetwork Operating System Software
IOS ™ C2950 Software (C2950-C3H2S-M), Version 12.0(5.3 ERIM SOFTWARE
Copyright © 1986-2001 by cisco System, Inc.
Compiled Mon 30-APR-01 07:56 by devgoval
Switch>
```

2．以 Cisco7200 为例介绍路由器初始化

路由器的初始化方法与交换机相同，第一次配置也需采用 Console 端口与路由器连接进行配置。

① 执行上电自检，检测 CPU、内存和接口电路。

② 启动加载程序。

如不存在启动加载程序，则会加载 Flash 文件系统中的第一个文件。

③ 载入系统 IOS 镜像文件。

说明路由器操作系统的类型，版本号，CPU、内存等信息的参数。

④ 接口初始化。

首先操作系统将接口和端口信息下载到低地址内存,然后确定路由器的工作硬件和软件部分,并在屏幕上显示其结果。

如果 NVRAM 中设有有效的配置文件，则进入 Setup 会话模式，按照模式的步骤逐步进行设置。若从 Setup 中退出，只要键入【Ctrl】+【C】组合键。

四、实训思考

交换机和路由器的初始化过程可以使用 Telnet 方式吗？

11.5　实训 5　VLAN 之间的通信

一、实训目的

① 了解 VLAN 定义和功能。

② 掌握 VLAN 的划分方法。

③ 熟悉 VLAN 的配置方法和具体配置。

二、实训环境

① 硬件环境：交换机 2 台，PC 4 台，可用的 IP 地址及若干连接线。

② 软件环境：如果没有相应的硬件工作环境，则可准备模拟软件 Boson NetSim 软件。

三、实训内容和步骤

某单位两个办公室要合作完成一个项目，该项目有两个任务，现将两个办公室分成两个小组，任务分别分配给两个小组，小组一包括办公室一的 PC1 和办公室二的 PC3 等计算机，小组二包括办公室一的 PC2 和办公室二的 PC4 等计算机。任务完成过程中各小组成员间需要沟通和协商，但小组之间除了工作进度和任务执行情况需要汇报外，其余时候是不能相互通信的。

根据任务分析得出：该问题是小组内部能相互通信，而小组之间只有需要的时候才允许通信，一般情况是不能通信的。

因此将该网络划分为两个虚拟局域网，即 VLAN2 和 VLAN3。两个 VLAN 的成员分别分布在两个办公室中。其拓扑结构如图 11-15 所示。

划分 VLAN 的具体实施步骤如下。

（1）画出网络拓扑结构图

（2）按照网络拓扑结构图连接好设备

（3）规划 IP 地址与 VLAN

将网络划分为两个 VLAN，PC1 和 PC3 为一个 VLAN，PC2 和 PC4 为另一个 VLAN。

（4）配置 IP 地址和网关

① S1 交换机上设置 VLAN2（172.16.2.1/24），S2 交换机上设置 VLAN3（172.16.3.1/24），形成两个 VLAN。

② 将 PC1（172.16.2.12/24）、PC3（172.16.2.13/24）加入 VLAN2，PC1 与 PC3 网关均为 172.16.2.1；将 PC2（172.16.3.12/24）、PC4（172.16.3.14/24）加入 VLAN3，PC2、PC4 网关均为 172.16.3.1。

（5）在交换机上配置

① 设置 VTP DOMAIN（管理域）。

VTP（VLAN Trunking Protocol，VLAN 链路聚集协议）是用于在建立了汇聚链路的交换机之间同步和传递 VLAN 配置信息的协议，以在同一个 VTP 域中维持 VLAN 配置的一致性。VTP 有 3 种工作模式，分别为 Server、Client、Transparent。

```
S1#vlan database            进入 VLAN 配置模式
S1(vlan)#vtp domain S1      设置 VTP 管理域名称 S1
S1(vlan)#vtp server         设置交换机为服务器模式
S2#vlan database            进入 VLAN 配置模式
S2(vlan)#vtp domain S1      设置 VTP 管理域名称 S1
S2(vlan)#vtp Client         设置交换机为客户端模式
```

Server 模式是指允许在该交换机上创建、修改、删除 VLAN 及其他一些对整个 VTP 域的配置参数，同步本 VTP 域中其他交换机传递来的最新的 VLAN 信息。Client 模式是指本交换机不能创建、删除、修改 VLAN 配置，也不能在 NVRAM 中存储 VLAN 配置，但可同步由本 VTP 域中其他交换机传递来的 VLAN 信息。Transparent 模式可以创建、修改和删除本地 VLAN 数据库中的 VLAN，但不传播 VLAN 配置的变化信息给其他的交换机，即对 VLAN 的配置改变，只对处于透明模式的交换机自身有效。

② 配置中继（保证管理域能够覆盖所有的分支交换机）。

在核心交换机端配置如下：

```
S1(config)#interface FastEthernet 0/5              进入快速以太接口
S1(config-if)#switchport trunk encapsulation dot1q  配置中继协议
S1(config-if)#switchport mode trunk                设置 Trunk 模式
```

在分支交换机端配置如下：

```
S2(config)#interface FastEthernet 0/5
S2(config-if)#switchport mode trunk
```

Trunk 是在交换机之间或交换机与路由器之间，互相连接端口上配置的中继模式，使得属于不同 VLAN 的数据帧都可以通过这条中继链路进行传输。

Trunk 链路为汇聚链路，承载了所有 VLAN 的通信流量。为了标识数据帧属于哪一个 VLAN，需要对流经汇聚链路的数据帧进行封装，以附加 VLAN 信息。目前支持交换机封装的协议有 IEEE 802.1q 和 ISL：IEEE802.1q 属于国际标准协议，适用于各种类型的交换机，通常写成 dot1q；ISL（Inter Switch Link）只能用于 Cisco 网络设备的互连，也就是说只有当汇聚链路连接的都是 Cisco 交换机时，才能使用 ISL 进行封装。如果 Trunk 一端连接的是 Cisco 交换机，另一端是其他类型的交换机，则使用 IEEE 802.1q 封装。

③ 创建 VLAN。

```
S1#vlan database          进入 VLAN 配置模式
S1(vlan)#Vlan 2 name vlan2    创建一个编号为 2，名字为 vlan2 的 VLAN
S1(vlan)#Vlan 3 name vlan3    创建一个编号为 3，名字为 vlan3 的 VLAN
```

本例是在核心交换机上建立的 VLAN，实际上在管理域中任何一台 VTP 属性为 Server 的交换机上都可建立 VLAN，它会通过 VTP 通告整个管理域中的所有交换机。VTP 会通告 VLAN 的更改，但如果要将具体的交换机端口划入某个 VLAN，VTP 不会通告，必须在该端口所属的交换机上进行设置。

④ 将交换机端口划入 VLAN。

```
S1#conf t
S1(config)#interface fastEthernet 0/1 配置端口 1
S1(config-if)#switchport access vlan 2 归属 VLAN2
S1(config-if)#exit
S1(config)#interface fastEthernet 0/3 配置端口 2
S1(config-if)#switchport access vlan 3 归属 VLAN3
S1(config-if)#end
S1#write
S2#conf t
S2(config)#interface fastEthernet 0/2 配置端口 1
S2(config-if)#switchport access vlan 2 归属 VLAN2
S2(config-if)#exit
S2(config)#interface fastEthernet 0/4 配置端口 2
S2(config-if)#switchport access vlan 3 归属 VLAN3
S2(config-if)#end
S2#write
```

⑤ 配置三层交换，给 VLAN 所有的节点分配静态 IP 地址。

在核心交换机上分别设置各 VLAN 的接口 IP 地址。

```
S1(config)#interface vlan 2
S1(config-if)#ip address 172.16.2.1  255.255.255.0 VLAN2 接口 IP
S1(config)#interface vlan 3
S1(config-if)#ip address 172.16.3.1  255.255.255.0 VLAN3 接口 IP
```

⑥ 测试。

在 PC1 上 ping PC3，能通，即同一 VLAN 内可以实现通信。

在 PC1 上 ping PC4，能通，即 VLAN2 与 VLAN3 可以通信，不同 VLAN 间实现了通信。

还可以在 PC2 上对 PC3、PC4 进行连通性测试，比较测试结果是否相同。

四、实训思考

为什么进行 VLAN 设置时，不设 VLAN1？

11.6 实训6　Windows Server 2008中VPN的配置

一、实训目的

① 了解 VPN 的定义。

② 掌握 Windows Server 2008 VPN 服务端的安装配置。

③ 掌握 Windows Server 2008 VPN 客户端的安装配置。

二、实训环境

① 硬件环境：每人一台计算机，能够接入 Internet 的局域网络。

② 软件环境：Windows Server 2008。

三、实训内容和步骤

1. Windows Server 2008 VPN 服务端的安装配置

（1）服务器的配置

① 首先安装服务，单击"开始"→"控制面板"→"程序和功能"→"打开或关闭 Windows 功能"→"角色"→"添加角色"，选中"网络策略和访问服务"，单击"下一步"按钮，选中"网络策略服务器及路由和远程访问服务"，单击"下一步"按钮，选择"安装"后单击"关闭"按钮。安装完成后单击"开始"→"管理工具"→"路由和远程访问"，打开"路由和远程访问"属性窗口。在窗口右边右击本地计算机名，选择"配置并启用路由和远程访问"，如图 11-16 所示。

② 在出现的配置向导窗口中单击"下一步"按钮，进入服务选择窗口。如果服务器只有一块网卡，那只能选择"自定义配置"，如图 11-17 所示。但标准 VPN 配置需要两块网卡，如果服务器有两块网卡，则可有针对性地选择第一项或第三项，如图 11-18 所示；然后单击"下一步"按钮，完成开启配置后即可开始 VPN 服务了。

路由和远程访问
文件(F)　操作(A)　查看(V)　帮助(H)
路由和远程访问
服务器状态
WIN2008-JONE (本地)
WIN2008-JONE (本地)
配置并启用路由和远程访问(C)
禁用路由和远程访问(S)
所有任务(K)
查看(V)
删除(D)
刷新(F)
属性(R)
帮助(H)

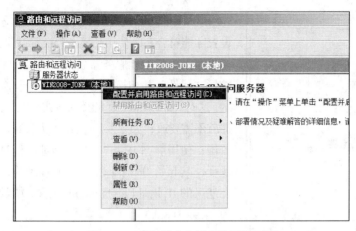

图 11-16　配置路由和远程访问服务器

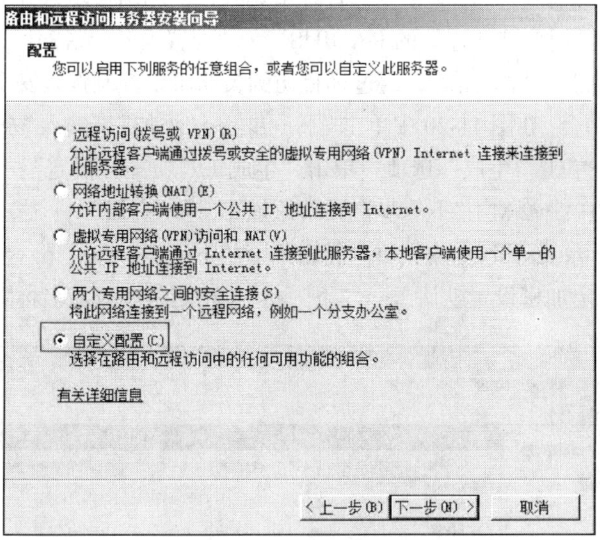
路由和远程访问服务器安装向导
配置
您可以启用下列服务的任意组合，或者您可以自定义此服务器。
远程访问(拨号或 VPN)(R)
允许远程客户端通过拨号或安全的虚拟专用网络(VPN) Internet 连接来连接到此服务器。
网络地址转换(NAT)(E)
允许内部客户端使用一个公共 IP 地址连接到 Internet。
虚拟专用网络(VPN)访问和 NAT(V)
允许远程客户端通过 Internet 连接到此服务器，本地客户端使用一个单一的公共 IP 地址连接到 Internet。
两个专用网络之间的安全连接(S)
将此网络连接到一个远程网络，例如一个分支办公室。
自定义配置(C)
选择在路由和远程访问中的任何可用功能的组合。
有关详细信息
< 上一步(B)　下一步(N) >　取消

图 11-17　配置服务器

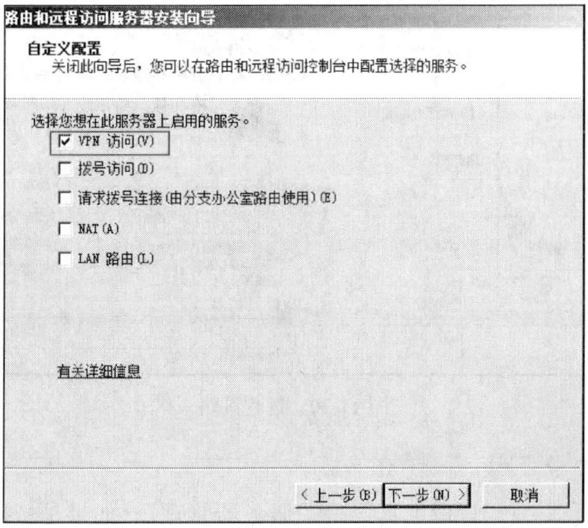
路由和远程访问服务器安装向导
自定义配置
关闭此向导后，您可以在路由和远程访问控制台中配置选择的服务。
选择您想在此服务器上启用的服务。
VPN 访问(V)
拨号访问(D)
请求拨号连接(由分支办公室路由使用)(E)
NAT(A)
LAN 路由(L)
有关详细信息
< 上一步(B)　下一步(N) >　取消

图 11-18　选择要提供的服务类型

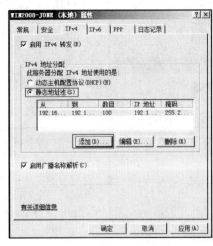

图 11-19 地址分配

③ 以上两步只开启了 VPN 服务，还要经过必要的设置才能符合实际使用环境。为设置 IP 地址，右击右边树形目录里的本地服务器名，如 WIN2008-JONE（本地），选择"属性"并切换到"IPv4"选项卡，如图 11-19 所示。这时，如果 Internet 的接入方式为宽带路由接入方式，那就不需要改；如果采用 DHCP 动态 IP，网络速度相对较慢；使用静态 IP 可减少 IP 地址解析时间，提升网络速度，其起始 IP 地址和结束 IP 地址的设置可以依据所在地区的 IP 地址段，也可自行定义，如常见的局域网段为"192.168.0.X"。

④ 远程访问策略的使用，单击"开始"→"程序"→"管理工具"→"网络策略服务器"，在"标准配置"选项栏中选择"用于拨号和 VPN 连接的 RADIUS"→"配置 VPN 或拨号"，选中"虚拟专用网络（VPN）连接（V）"，如图 11-20 所示。通过远程访问策略可以控制拨入安全和管理拨入，具体的设置要与实际环境相结合。在图 11-20 中单击"下一步"→"添加"→输入"友好名称"（如 VPNtest）→地址（127.0.0.1）→单击"生成"选项→单击"生成（T）"→"确定"→默认（Microsoft 加密身份验证版本 2 MS-CHAPv2 M）"下一步"→"添加"→"高级"→"立即查找"（在查找结果中分两次添加 Administrators 和 Users）→"确定"→"下一步"→"下一步"（指定 IP 筛选器默认）→"下一步"（指定加密设置默认）→"下一步"（指定一个领域名称默认空）→"完成"。

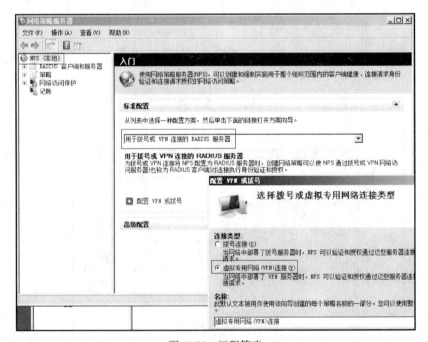

图 11-20 远程策略

（2）拨入账号管理

① 依次选择"开始"→"管理工具"→"服务器管理"。如果是域控制器，则打开域控制器进行用户添加和设置，在"服务器管理"窗口中单击"配置"→"本地用户和组"，右击"用

户"，在弹出的菜单中选择"新用户"，新建一个用户 VPN，并设置密码为 a1,b2/c3，如图 11-21 所示。

② 打开新建的用于拨入账号的属性页，单击"VPN"账号，右击，在弹出的菜单中选择"属性"，选择"拨入"选项卡，单击"通过 NPS 网络策略控制访问（P）"选项，进行相关设置，如图 11-22 所示。

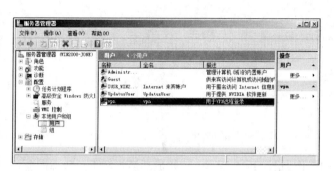

图 11-21　建立用户

图 11-22　拨入选项

2. Windows Server 2008 VPN 客户端的配置

客户端配置相对简单，只需建立一个到 VPN 服务端的专用连接即可。首先，客户端也要接入 Internet 网络，本书同样以 Windows Server 2008 客户端为例说明。

① 在"控制面板中"打开"网络与共享中心"，单击"设置连接或网络"，选中"连接到工作区"，如图 11-23 所示。继续单击"下一步"按钮，选择"使用我的 Internet 连接（VPN）（I）"项→"我稍候设置 Internet 连接（I）"。

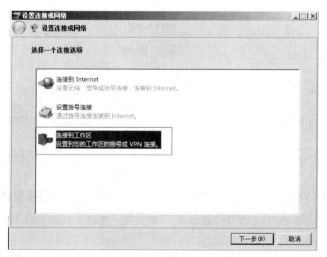

图 11-23　选择网络连接类型

② 在"连接到工作区"窗口中，需要输入的是 VPN 服务端的固定内容，可以是固定 IP，也可以是域名，以及目标名称，如图 11-24 所示。

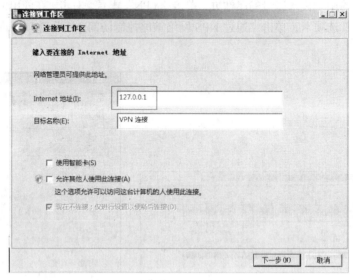

图 11-24　要连接的服务端的域名或 IP

③ 输入访问 VPN 服务端合法账户的操作如图 11-25 所示。连接成功后在右下角状态栏会有图标显示（RAS Dial In Interface 访问），或者通过"网络和共享中心"→"管理网络连接"来查看，如图 11-26 所示。

图 11-25　访问账号及密码

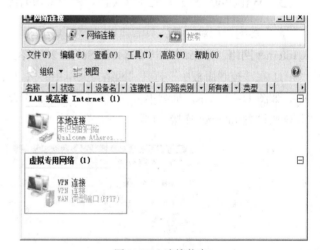

图 11-26　连接状态

3. 连接后的共享操作

一种办法是通过"网上邻居"查找 VPN 服务端共享目录；另一种办法是在浏览器里输入 VPN 服务端固定 IP 地址或动态域名，也可打开共享目录资源。这其实已经跟在同一个局域网内的操作没什么区别了。

四、实训思考

对于拨入账号管理有几种方式？分别是通过什么方法来实现的？

11.7 实训 7 DNS 服务器的配置与管理

一、实训目的

① 了解域名解析的方法。
② 熟悉 DNS 的基本概念。
③ 掌握 DNS 服务器的安装与配置。

二、实训环境

① 硬件环境：局域网，每人一台计算机，Windows Server 2008 Enterprise 安装盘。
② 软件环境：Windows Server 2008 Enterprise 操作系统，Windows 自带的 DNS 组件，准备好 IP 地址的分配方式和域名结构。

三、实训内容和步骤

计算机在网络上通信时只能识别如 "192.168.11.18" 之类的数字地址，我们把该数字地址称为 IP 地址。为什么当我们打开浏览器，在地址栏中输入如 "http://www.test18.com" 的域名后，就能看到我们所需要的页面呢？这是因为在我们输入域名后，有一种 "DNS 服务器" 计算机，自动把我们的域名 "翻译" 成了相应的 IP 地址，然后调出那个 IP 地址所对应的网页，传回给我们的浏览器，于是我们才能得到结果。

1. 配置 IP 地址

在任务栏选择 "开始" → "设置" → "网络连接"，在新窗口中单击 "本地连接"，选择 "属性"，打开 "本地连接属性" 对话框。双击 "Internet 协议版本 4（TCP/IPv4）"，在新窗口中填上 IP 地址、子网掩码、默认网关和首选 DNS 服务器地址，如图 11-27 所示。

IP 地址表示为 192.168.11.XX，为了避免冲突，也为了便于识别，XX 最好用本人学号的最后两位。

2. DNS 服务程序的安装

① 在任务栏中选择 "开始" → "控制面板" → "程序和功能" 窗口。

② 单击"打开或关闭 Windows 功能"→"角色"→"添加角色"，进入服务器"添加角色向导"，选中"DNS 服务器"复选框，如图 11-28 所示。

③ 单击"下一步"按钮后系统进入"DNS 服务器简介"窗口，再单击"下一步"按钮。

④ 进入安装界面，单击"安装"按钮，即开始安装 DNS 服务所需的系统文件。

⑤ 安装完后单击"关闭"按钮即可，此时在"管理工具"下增加了"DNS"菜单项。

3. DNS 服务器的设置

① 选择"开始"→"程序"→"管理工具"→"DNS"，打开 DNS 控制台，如图 11-29 所示。

② 建立域名"admin.test18.com"映射 IP 地址"192.168.11.18"的主机记录。

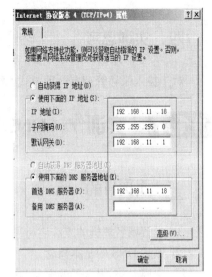

图 11-27　设置 IP 地址

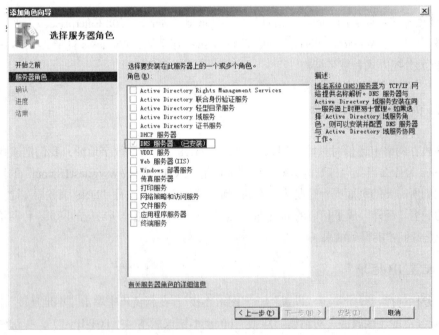

图 11-28　选择"域名系统（DNS）"对话框

建立"com"区域：选择"DNS"→"WIN2008-JONE（你的服务器名）"→"正向查找区域"，右击后在弹出的菜单中选中"新建区域"，进入"新建区域"向导。然后根据提示单击"下一步"，选择"主要区域"，再单击"下一步"按钮，在"区域名称"中输入"com"，单击"下一步"按钮，直至完成。

建立"test18"域：选中"com"，右击，在弹出的菜单中选择"新建域"，在"键入新域名"处输入"test18"，单击"确定"按钮，如图 11-30 所示。

图 11-29　DNS 控制台

图 11-30　新建 DNS 域

建立"admin"主机：选中"test18"，右击，在弹出的菜单中选择"新建主机"，在"名称"处输入"admin"，"IP 地址"处输入"192.168.1.20"，再单击"添加主机"按钮，如图 11-31 所示。

③ 建立域名"www.test18.com"映射 IP 地址"192.168.11.18"的主机记录。

由于域名"www.test18.com"和域名"admin.test18.com"均位于同一个"区域"和"域"中，在上一步都已建立好，因此可以直接使用，只需再在"域"中添加相应"主机名"即可。

建立"www"主机：选"test18"，右击，在弹出的菜单中选择"新建主机"，在"名称"处输入"www"，"IP 地址"处输入"192.168.11.18"，最后再"添加主机"即可。

④ 建立域名"ftp.test18.com"映射 IP 地址"192.168.11.19"的主机记录方法同上。

⑤ 建立域名"test18.com"映射 IP 地址"192.168.11.18"的主机记录方法也和上述相同，只是必须保持"名称"一项为空，建立好后它的"名称"处将显示"与父文件夹相同"。建立好的 DNS 控制台如图 11-32 所示。

图 11-31　添加主机

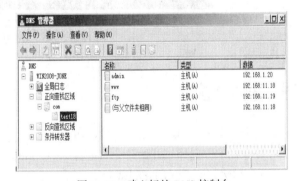

图 11-32　建立好的 DNS 控制台

提示

　　建立更多的主机记录或其他各种记录方法类似。建立时也可以采用将"abc.com"整个作为"区域"，然后在它下面直接建立"主机"的做法。不过同类记录较多时，这种方法显得不那么方便。

4．创建反向查找区域

反向查找区域不一定非要创建，但是加上它，可以使用 nslookup 工具来诊断 DNS 服务器故障。

① 在"DNS 管理器窗口"中右击"反向查找区域"，在弹出的菜单中选择"新建区域"→"新建区域向导"→"下一步"→"（主要区域）下一步"→"（Ipv4 反向查找区域）下一步"。

② 在"网络 ID（E）"中填入 IP 地址网络号"192.168.11"，单击"下一步"按钮。

③ 进入"区域文件"窗口，单击"下一步"按钮，直至"完成"按钮，至此"反向搜索区域"的安装完成。这样你就拥有了两个区域，正向查找区域和反向查找区域。

④ 右击"反向查找区域"下的"11.168.192.in-addr.arpa"选择"新建指针"，主机 IP 号为"192.168.11.18"，主机名为"www.test18.com"。单击"确定"按钮，则建立了一个 IP 地址到域名的 PTR 记录。

5．DNS 设置后的验证

为了测试所进行的设置是否成功，通常采用 Windows 自带的"ping"命令来完成。例如，格式为"ping www.test18.com"。成功的测试如图 11-33 所示。

图 11-33　DNS 的测试

四、实训思考

① 如何在一个 IP 地址上建立多个域名服务？

② 在任务栏中，选择"开始"→"运行"→"cmd"，进入命令方式，输入 nslookup/？，了解 nslookup 的用法，然后利用它测试 DNS。

11.8　实训 8　使用 IIS 构建 WWW 服务器和 FTP 服务器

一、实训目的

① 通过实训理解 IIS 服务的概念及其所具有的功能。

② 掌握 IIS 服务组件的安装方法。

③ 掌握 WWW 服务器和 FTP 服务器的配置方法。

④ 熟悉 WWW 服务和 FTP 服务的应用。

二、实训环境

① 硬件环境：有静态 IP 地址的局域网，每人一台计算机，Windows Server 2008 Enterprise 安装盘。

② 软件环境：Windows Server 2008 Enterprise 操作系统，Windows 自带的网络功能组件，准备一个网页文件，将其保存到 D 盘的文件夹 testXX 下。

三、实训内容和步骤

在做本次实训前最好先进行 DNS 的实训，否则在下面的域名处就只能输入 IP 地址了。具体步骤如下。

1. 设置静态 IP

参考实训 2 中静态 IP 地址的设置方法进行。

2. IIS 的安装

选择"开始"→"设置"→"控制面板"→"程序和功能"→"打开或关闭 windows 功能" →"角色"→"添加角色"，进入"选择服务器角色"选择清单，选中"WEB 服务器（IIS）"，在弹出的窗口中单击"添加必要的功能"，再单击 2 次"下一步"按钮，进入"选择角色服务"界面，很多角色已经默认选中，这些是运行 IIS 必不可少的功能组件，如对 IIS 还有更高的需求，可以针对性的从中选择，如"应用程序开发"、"IIS6 管理兼容性"、"FTP 发布服务"等，对于不需要的服务，最好不要安装，这是安全的做法。然后单击"下一步"→"安装"→"下一步"，开始 IIS 系统文件的安装，安装完成后会显示安装后的功能服务组件，单击"关闭"按钮即完成了 IIS 的安装。

3. WWW 服务器的配置及使用

依次单击"开始"→"程序"→"管理工具"→"Internet 信息服务（IIS）管理器"，打开 Internet 信息服务窗口，展开后即可看到计算机 WIN2008-JONE 上安装的 WEB 服务器及默认创建的 WEB 站点和 FTP 站点，如图 11-34 所示。

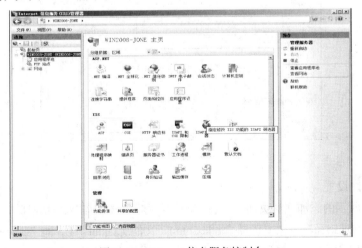

图 11-34　Internet 信息服务控制台

（1）添加网站

在添加网站之前需要准备一个测试网页，便于进行设置及结果的查看。我们可以利用网页制作工具 DreamWeaver 或 FrontPage 创建一个简单的文本网页，也可以使用系统自带的记事本工具创建，为了方便起见，我们选用记事本创建，新建一个文本文件，在里面输入"大家好，这是我的测试网站"，在保存时选中保存类型为"任何文件"，然后保存成"index.html"的文件。把该文件放到 C:\inetpub\wwwroot 目录下，这是系统默认的网站文件目录，当然，我们也可以应需求放到任一盘符的任一目录下，但目录名建议不要使用中文，以免造成不必要的麻烦。然后双击打开进行查看，如图 11-35 所示。

图 11-35　index.html 文件查看

在添加网站时我们为了安全性及用户的可管理性，一般不使用系统默认的站点，在这里我们删除掉默认站点，单击"网站"，选中"Default Web Site"，右击，在弹出的菜单中选择"删除"，默认网站删除后再重新添加网站，右击"网站"，在弹出的菜单中选择"添加网站"，出现"添加网站"对话框，如图 11-36 所示。

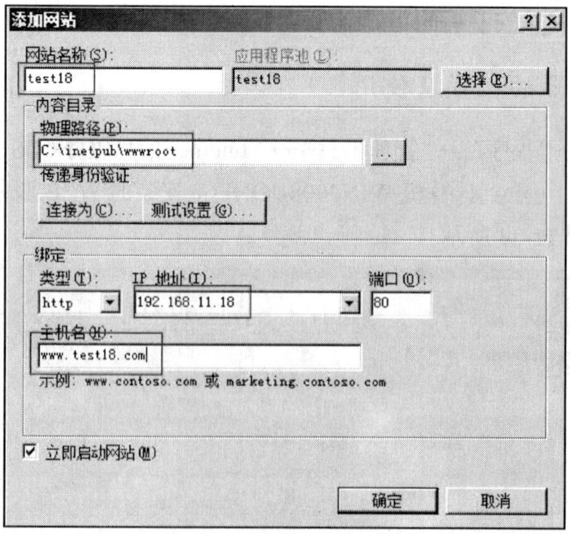

图 11-36　添加网站属性

（2）网站属性设置

在图 11-36 所示的添加网站页面上，在"网站名称"一栏中输入"test18"，该名称可以根据需求更改。在"物理路径"一栏中选择"index.html"文件所在的路径，即"C:\inetpub\wwwroot"。"类型"一栏使用默认的"HTTP"，"IP 地址"一栏选择本机 IP 地址"192.168.11.18"，"端口"一栏使用默认的"80"端口，也可以根据需求更改该端口号。"主机名"一栏输入"www.test18.com"。单击"确定"按钮。

（3）测试新建网站

打开开浏览器，在地址栏输入"http://www.test18.com"，即可以看到前面建立的 "index.html"的文件内容，如图 11-37 所示。我们没有指定要查看哪个文档，而 IIS 默认打开的就是"index.html"文档，这是因为"index.html"文件是我们 IIS 默认的打开文件。所以在各种网站系统中一般都有一个 index.html。

图 11-37　网站浏览

（4）启动/停止服务

右键单击"test18"，在弹出的菜单中选择"管理网站"→"停止"或启动该站点。启动和停止后，分别在客户端浏览器的地址栏内输入 http://www.test18.com 和 http://www.test18.com:80 浏览网页。

（5）IIS 常用功能

端口修改：默认的 HTTP 访问端口号为 80，但可以更改为自己需要的端口号，修改该站点端口为 8080，展开新建网站 test18，单击鼠标右键，在弹出的菜单中选择"编辑绑定"，在网站绑定窗口中选择对应主机名，单击"编辑"按钮，输入想更改的端口号，如 8080，单击"确定"按钮，关闭网站绑定窗口，然后再使用 http://www.test18.com:8080 进行浏览。

更改主目录：对添加的新网站也可以更改主目录，单击新建网站名称，如 test18，单击鼠标右键，在弹出的菜单中选择"管理网站"→"高级设置"→"物理路径"，从中选择所需要更改的网站目录，更改目录后需要把原有网站的所有文件拷贝到该目录下，否则该网站将不能运行。

配置默认文档：IIS 默认支持的是 HTML，对于 JAVA/ASP.NET/PHP/ASP 的文件要增添默认文档，否则在运行中会出错，展开新建网站，选中"App_Data"，单击"默认文档"，单击右边的添加按钮，如 index.asp，然后确定，上移到顶端即可。

4．FTP 服务器的配置与使用

打开"Internet 信息服务 IIS 管理器"窗口，单击"FTP 站点"，单击"单击此处启动"选项，打开"Internet 信息服务（IIS）6.0 管理器"窗口，如图 11-38 所示。

（1）新建 FTP 站点

右击"FTP 站点"在弹出的菜单中选择"新建"→"FTP 站点（F）..."，打开"FTP 站点新建向导"窗口，单击"下一步"按钮，输入 FTP 站点描述，如 test18，单击"下一步"按钮，在

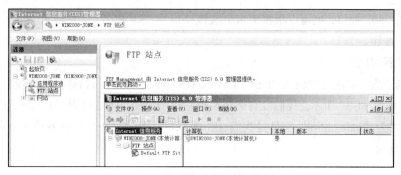

图 11-38　FTP 站点属性

"FTP 站点使用的 IP 地址"一栏中选择或输入本机 IP 地址，FTP 的 TCP 端口号默认是 21，也可以设置为其他端口号，如 2121，单击"下一步"按钮→"不隔离用户"→"下一步"→输入 FTP 站点的主目录路径，如："D:\ FTP"→"下一步"→选择相应的权限（读取与写入）应用户要求选择→"下一步"→"完成"。

在"IP 地址"中选择本机 IP"192.168.11.18"，TCP 端口号默认是 21，在连接栏，根据系统的容量和带宽，限制连接的数量，一个下载窗口就是一个连接。启用日志记录与 WWW 属性类似。

单击当前会话按钮，将列出连接到 FTP 服务器的所有用户、它们的 IP 地址和已经连接的次数。

（2）安全账户

在 FTP 服务器上，通常有两种用户连接：匿名登录和用户登录。匿名登录在 Internet 下非常普遍，使用的用户名是"anonymous"。如果你的 FTP 公开，通常允许匿名登录。用户登录方式，需要用合法的用户名和密码才能登录进去。

（3）消息

FTP 的客户界面比较单一，但是我们可以设置个性化的界面。用户登录后，可发送欢迎消息；用户退出后，给出退出信息。如果服务器已达到限制的最大连接数目，就会发送一条最大连接数的消息给用户，并立刻断开连接。

（4）主目录

FTP 站点的内容位置可以来自于本机或共享目录，如设置为 D:\ftp，如图 11-39 所示。此处与 WWW 属性页中的设置类似，但权限只有 3 项：读取、写入和记录访问。

图 11-39　FTP 站点主目录

（5）目录安全性

在这个页面中可以设置只被允许或只被拒绝登录此 FTP 服务器的某台计算机和某组计算机，输入相应的 IP 地址或网络即可实现允许或拒绝访问。

（6）启动/停止服务

右击新建的 FTP 名称，如 "test18"，在弹出的菜单中选择启动、停止或暂停服务器的 FTP 服务。启动和停止服务之后，在浏览器窗口输入 ftp://127.0.0.1，看是否成功。也可以用命令行方式，或利用 FTP 工具。在浏览器方式下，命令格式为 "FTP://本机地址：端口号"，如 ftp://192.168.11.18 或 ftp://www.test18.com。

四、实训思考

① WWW 服务器的配置要点有哪几点？
② 端口有什么作用？

11.9　实训 9　防火墙的配置

一、实训目的

① 安装、设置个人防火墙。
② 根据实际情况，设置相应的安全策略。
③ 掌握基本的包过滤规则设置。
④ 验证规则的设置。
⑤ 了解防火墙管理方式，初步掌握防火墙用户界面的使用方法。
⑥ 资源的下载和使用。

二、实训环境

① 配件环境：每人一台计算机，接入 Internet 的局域网。
② 软件环境：防火墙安装程序软件。

三、实训内容和步骤

1. 搜索、下载天网防火墙

天网的网址为 http://www.sky.net.cn。

2. 安装天网防火墙

直接运行 SkynetPFW_Trial_Release_v3.0_Build0611_huajun.exe 文件，进入天网防火墙安装过程。

如果以前已经安装了天网防火墙旧版本，请先卸载。

① 天网防火墙安装欢迎界面。在未选中"我接受此协议"复选框时，"下一步"按钮是灰色的。只有选中该复选框，"下一步"按钮才变为黑色，才能继续进行安装，如图 11-40 所示。

图 11-40　天网防火墙安装欢迎界面

② 选择安装路径。可以使用默认的安装路径，也可通过选择"浏览"来设置安装路径。单击"OK"按钮后，选中安装路径，返回"选择安装目标文件夹"对话框。

③ 进入"安装"进程。

④ 进入天网防火墙设置向导欢迎界面。

⑤ 单击"下一步"按钮，进入"天网防火墙设置向导"安全级别设置，选择所需要的安全级别。安全级别有"低"、"中""高"和"自定义"4 种。

⑥ 单击"下一步"按钮，进入"天网防火墙设置向导"局域网信息设置，选择复选框并设置其内容，如图 11-41 所示。

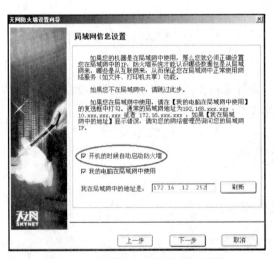

图 11-41　天网防火墙局域网信息设置

⑦ 单击"下一步"按钮，进入"天网防火墙设置向导"常用应用程序设置，选择复选框设置

防火墙允许访问网络的程序，如图 11-42 所示。

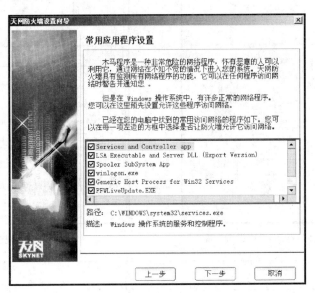

图 11-42 天网防火墙常用应用程序设置

⑧ 单击"下一步"按钮，进入"天网防火墙设置向导"向导设置完成界面。

⑨ 单击"结束"按钮，进入"安装已完成"界面，单击"完成"按钮，整个防火墙安装完成。至此，天网防火墙安装完毕，重新启动后，打开天网防火墙就可以了。

3. 运行天网防火墙

重新启动计算机后，在右下角会显示 图标。在程序中有如图 11-43 所示的变化。选中天网防火墙试用版，单击进入天网防火墙程序。

图 11-43 安装成功

4. 天网防火墙设置

（1）默认设置

如图 11-44 所示，这是天网防火墙的系统设置界面。可对"基本设置"、"管理权限设置"、"在线升级设置"、"日志管理"、"入侵检测设置"等选项进行详细设置。设置完成后，单击"确定"按钮保存设置。

（2）IP 规则设置

IP 规则是一系列的比较条件和一个对数据包的动作组合，它能根据数据包的每一个部分来与设置的条件进行比较。当符合条件时，就可以确定对该包放行或者阻挡。通过合理的设置规则，可以把有害的数据包阻挡在你的机器之外，也可为某些有合法网络请求的程序开辟绿色通道。

单击"IP 规则管理"，显示已经设置的 IP 规则，如图 11-45 所示。

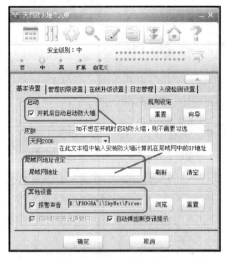

图 11-44　天网防火墙系统设置界面

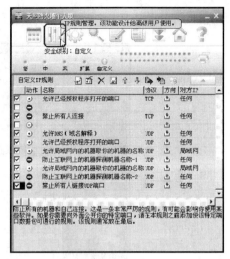

图 11-45　IP 规则管理

　　该规则的设定直接关系到软件及网络的使用，设置一定要慎重。

　　① 修改规则。

　　如果需要对某一规则进行修改，只需双击要修改的规则，出现如图 11-46 所示的对话框。在相应的修改项目中单击 ▼ 图标，显示多个选项，选择需要的一个，最后单击"确定"按钮，IP 规则就修改完成了。

　　该设置可分为以下 4 个部分。

　　第 1 部分：修改 IP 规则的说明部分，可以取有代表性的名字，如"打开 w6881-6889 端口"，说明详细点也可以。还有数据包方向的选择，分为接收、发送、接收和发送 3 种，可以根据具体情况决定。

　　第 2 部分：对方 IP 地址部分，分任何地址、局域网内地址、指定地址和指定网络地址 4 种。

　　第 3 部分：IP 规则使用的各种协议，有 IP、TCP、UDP、ICMP 和 IGMP 5 种协议，可以根据具体情况选用并设置，如开放 IP 地址的是 IP，QQ 使用的是 UDP 等。

　　第 4 部分：决定上面设置的规则是允许还是拒绝，在满足条件时是通行还是拦截还是继续下一规则，要不要记录，由用户自己决定。

　　如果设置好了 IP 规则，单击"确定"按钮后保存，并把规则上移到该协议组的顶部，即完成了新的 IP 规则的建立，并立即生效。

　　② 添加规则。

　　添加规则的步骤如下。

　　第一步：单击系统托盘中的天网图标打开程序界面，在主界面的左侧单击第二个图标"IP 规则管理"。

　　第二步：单击"增加规则"按钮，弹出"增加 IP 规则"对话框，在"名称"中输入一个将要显示在 IP 规则列表中的名字，在下方的"说明"中填写对该条规则的描述，防止以后忘了该规则的用途。如需建立 FTP 服务器，在"数据包方向"中通过下拉菜单选中"接收和发送"。如果都没有固定的 IP 地址，可在"对方 IP 地址"中选择"任何地址"。另外，由于 FTP 服务器是基于 TCP/IP 的，并且需要开放本机的 21 端口，因此在"数据包协议类型"中选择"TCP"，在"本地端口"中输

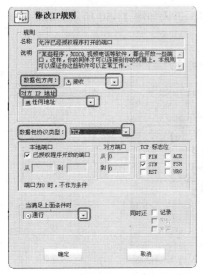

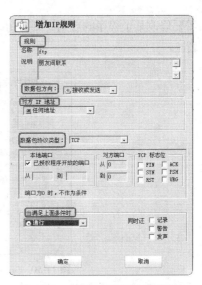

图 11-46　"修改 IP 规则"对话框　　　　　图 11-47　"增加 IP 规则"对话框

入 "0" 和 "21" 开放该端口。由于不限制对方使用何种端口进行连接，所以可在 "对方端口" 中保持默认的 "0"。最后，在 "当满足上面条件时" 下拉菜单中选择 "通行" 来放行，单击 "确定" 按钮即可，如图 11-47 所示。

③ 备份与恢复规则。

如果已经创建或修改了很多的 IP 规则，当需要重新安装系统或天网的时候，还要来设置这些规则。因此，采用导出后备份，当需要时再导入恢复是最简单的方法。

单击 "导出规则" 按钮，打开导出设置窗口，在 "文件名" 中设定保存备份的文件夹，在下方的 IP 规则列表中选中自己创建的 IP 规则（也可单击 "全选" 按钮，备份全部 IP 规则），单击 "确定" 按钮后即可导出进行备份了，如图 11-48 所示。

当需要恢复时，只要单击 "导入规则"，通过 "打开" 窗口找到并双击备份的 IP 规则文件即可导入。

如果不知道网络服务程序需要开放哪些端口，可以启动被阻止的程序，打开天网防火墙的安全日志，看看它到底阻止了哪个端口，那个端口就是需要用 IP 规则开放的端口。

（3）应用程序规则设置

单击 "应用程序规则" 按钮，显示如图 11-49 所示的应用程序规则设置。

图 11-48　导出 IP 规则

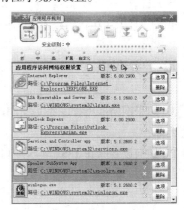

图 11-49　应用程序规则设置

如需要修改某个程序的规则，则单击"选项"按钮，进入如图 11-50 所示的对话框，对各项进行设置。

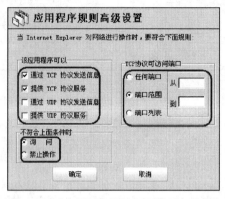

图 11-50 "应用程序规则高级设置"对话框

（4）应用程序网络使用状况

单击"应用程序网络使用状况"图标，如图 11-51 所示。

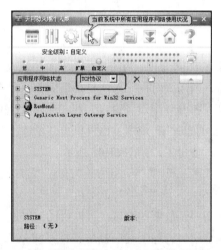

图 11-51 "当前系统中所有应用程序网络使用状况"对话框

（5）日志

单击"日志"按钮，查看日志记录。

四、实训思考

① 如果网络服务程序不是使用的默认端口，就不知道网络服务程序需要开放哪些端口。这时该怎么办？

② 如何设置禁止 135、445 端口？